人力资源和社会保障部全国计算机信息高新技术考试指定教材

全国计算机信息高新技术考试指定教材
OSTA
BHP
人力资源和社会保障部职业技能鉴定中心
北京希望电子出版社
Occupational Skill Testing Authority Ministry of MOLSS
Beijing Hope Electronic Press

微型计算机安装调试与维修

职业技能培训教程

Core及Athlon CPU，兼容Windows 2000/XP/Vista

★（操作员级）★

全国计算机信息高新技术考试
教材编写委员会 编写

北京希望电子出版社
Beijing Hope Electronic Press
www.bhp.com.cn

内容简介

由人力资源和社会保障部职业技能鉴定中心在全国统一组织实施的全国计算机信息高新技术考试是面向广大社会劳动者举办的计算机职业技能考试，考试采用国际通行的专项职业技能鉴定方式，测定应试者的计算机应用操作能力，以适应社会发展和科技进步的需要。

本教程共分九章，包括微型计算机基础知识，PC 机基本结构原理，微机部件的安装，系统扩充外部设备，Windows 下的软硬件设置，ROM-BIOS、DOS 及 DOS 文件的执行，微机常用工具软件，微机故障的诊断与维修及计算机日常维护等内容。

本教程不但是人力资源和社会保障部全国计算机信息高新技术考试指定教材，同时也可作为各级各类大中专院校、技校、职高和社会相关领域培训班的首选教材。本教程对学习微型计算机安装调试与维修知识，自测计算机安装调试与维修应用技能的广大读者同样适用。

需要本书或技术支持的读者，请与北京海淀区中关村大街 22 号中科大厦 A 座 9 层 906 室（邮编：100190）发行部联系，电话：010-62978181（总机），传真：010-82702698，E-mail：bhpjc@bhp.com.cn。体验高新技术考试教材及其网络服务，请访问 www.bhp.com.cn 或 www.citt.org.cn 网站。

图书在版编目（CIP）数据

微型计算机安装调试与维修 Core 及 Athlon CPU，兼容 Windows 2000/XP/Vista 职业技能培训教程 ：操作员级 / 全国计算机信息高新技术考试教材编写委员会编写. --北京 ：北京希望电子出版社，2015.2

人力资源和社会保障部全国计算机信息高新技术考试指定教材

ISBN 978-7-83002-254-9

Ⅰ. ①微… Ⅱ. ①全… Ⅲ. ①微型计算机－组装－技术培训－教材②微型计算机－维修－技术培训－教材Ⅳ. ①TP36

中国版本图书馆 CIP 数据核字(2015)第 031961 号

出版：北京希望电子出版社

地址：北京市海淀区中关村大街 22 号
中科大厦 A 座 9 层 906 室

邮编：100190

网址：www.bhp.com.cn

电话：010-62978181（总机）转发行部
010-82702675（邮购）

传真：010-82702698

经销：各地新华书店

封面：张　洁

编辑：石文涛

校对：全　卫

开本：787mm×1092mm　1/16

印张：16.75

印数：1-100

字数：397 千字

印刷：北京教图印刷有限公司

版次：2015 年 7 月 1 版 1 次印刷

定价：32.00 元

国家职业技能鉴定专家委员会

计算机专业委员会名单

主 任 委 员：路甬祥

副主任委员：张亚男　周明陶

委　　　员：（按姓氏笔画排序）

丁建民　王　林　王　鹏　尤晋元　石　峰

冯登国　刘　旸　刘永澎　孙武钢　杨守君

李　华　李一凡　李京申　李建刚　李明树

求伯君　肖　睿　何新华　张训军　陈　钟

陈　禹　陈　敏　陈　蕾　陈孟锋　季　平

金志农　金茂忠　郑人杰　胡昆山　赵宏利

赵曙秋　钟玉琢　姚春生　袁莉娅　顾　明

徐广懋　高　文　高晓红　唐　群　唐韶华

桑桂玉　葛恒双　谢小庆　雷　毅

秘　书　长：赵伯雄

副秘书长：刘永澎　陈　彤　何文莉　陈　敏

全国计算机信息高新技术考试

教材编委会名单

全国计算机信息高新技术考试简介

全国计算机信息高新技术考试是根据原劳动部发[1996]19 号《关于开展计算机信息高新技术培训考核工作的通知》文件，由人力资源和社会保障部职业技能鉴定中心统一组织的计算机及信息技术领域新职业国家考试。

原劳动部劳培司字[1997]63 号文件明确指出，参加培训并考试合格者由原劳动部职业技能鉴定中心统一核发**《全国计算机信息高新技术考试合格证书》**。“该证书作为反映计算机操作技能水平的基础性职业资格证书，在要求计算机操作能力并实行岗位准入控制的相应职业作为上岗证；在其他就业和职业评聘领域作为计算机相应操作能力的证明。通过计算机信息高新技术考试，获得操作员、高级操作员资格者，分别视同于中华人民共和国中级、高级技术等级，其使用及待遇参照国家相应规定执行；获得操作师、高级操作师资格者，参加技师、高级技师技术职务评聘时分别作为其专业技能的依据”。

劳社鉴发[2004]18 号文中，又进一步明确**“全国计算机信息高新技术考试作为国家职业鉴定工作和职业资格证书制度的有机组成部分”**。

全国计算机信息高新技术考试面向各类院校学生和社会劳动者，重点测评考生掌握计算机各类实际应用技能的水平。其考试内容主要是计算机信息应用技术。考试采用了一种新型的国际通用的专项职业技能鉴定方式。根据计算机信息技术在不同应用领域的特征，划分模块和平台，各模块按不同平台、不同等级分别进行考试。个人可根据实际需要选取考试模块，可根据职业和工作的需要选取若干相应模块进行组合而形成综合能力。目前划分了以下五个级别。

序号	级别	与国家职业资格对应关系
1	高级操作师级	中华人民共和国职业资格证书国家职业资格一级
2	操作师级	中华人民共和国职业资格证书国家职业资格二级
3	高级操作员级	中华人民共和国职业资格证书国家职业资格三级
4	操作员级	中华人民共和国职业资格证书国家职业资格四级
5	初级操作员级	中华人民共和国职业资格证书国家职业资格五级

目前划分了 14 个模块，45 个系列，67 个软件版本。

序号	模块	模 块 名 称	编号	平　　台
1	00	初级操作员	001	Windows/Office（初级操作员）
		办公软件应用	002	Windows 平台（MS Office）（中、高级）
			003	Windows 平台（WPS）（中级）
2	01	数据库应用	012	Visual FoxPro 平台（中级）
			013	SQL Server 平台（中级）
			014	Access 平台（中级）
3	02	计算机辅助设计	021	AutoCAD 平台（中、高级）
			022	Protel 平台（中级）
4	03	图形图像处理	032	Photoshop 平台（中、高级）
			034	3D Studio MAX 平台（中、高级）
			035	CorelDRAW 平台（中、高级）
			036	Illustrator 平台（中级）

续表

序号	模块	模 块 名 称	编号	平 台
5	04	专业排版	042	PageMaker 平台（中级）
			043	Word 平台（中级）
6	05	因特网应用	052	Internet Explorer 平台（中级）
			053	ASP 平台（高级）
			054	电子政务（中级）
7	06	计算机中文速记	061	双文速记平台（初、中、高级）
8	07	微型计算机安装调试维修	071	IBM-PC 兼容机（中级）
9	08	局域网管理	081	Windows NT/2000 平台（中、高级）
			083	信息安全（中、高级）
10	09	多媒体软件制作	091	Director 平台（中级）
			092	Authorware 平台（中、高级）
11	10	应用程序设计编制	101	Visual Basic 平台（中级）
			102	Visual C++平台（中级）
			103	Delphi 平台（中级）
			104	Visual C#平台（中级）
12	11	会计软件应用	111	用友软件系列（中、高级）
			112	金蝶软件系列（中级）
13	12	网页制作	121	Dreamweaver 平台（中级）
			122	Fireworks 平台（中级）
			123	Flash 平台（中级）
			124	FrontPage 平台（中级）
			125	Macromedia 平台（高级）
14	13	视频编辑	131	Premiere 平台（中级）
			132	After Effects 平台（中级）

全国计算机信息高新技术考试密切结合计算机技术迅速发展的实际情况，根据软硬件发展的特点来设计考试内容和考核标准及方法，尽量采用优秀国产软件，采用标准化考试方法，重在考核计算机软件的操作能力，侧重专门软件的应用，培养具有熟练的计算机相关软件操作能力的劳动者。在考试管理上，采用随培随考的方法，不搞全国统一时间的考试，以适应考生需要。向社会公开考题和答案，不搞猜题战术，以求公平并提高学习效率。

人力资源和社会保障部职业技能鉴定中心根据“统一标准、统一命题、统一考务管理、统一考评员资格、统一培训考核机构条件标准、统一颁发证书”的原则进行质量管理，每一个考核模块都制定了相应的鉴定标准和考试大纲以及专门的培训教材，各地区的培训和考试都执行国家统一的标准和考试大纲，并使用统一教材，以避免“因人而异”的随意性，使证书获得者的水平具有等价性。

全国计算机高新技术考试面对广大计算机技术应用者，致力于计算机应用技术的普及和推广，提高应用人员的操作技术水平和高新技术装备的使用效率。为高新技术应用人员提供一个应用能力与水平的标准证明，以促进就业和人才流动。

详情请访问全国计算机信息高新技术考试教材服务网站（www.citt.org.cn），或是拨打咨询电话（010-82626210、010-62978181）进行咨询。

出 版 说 明

全国计算机信息高新技术考试是人力资源和社会保障部为适应社会发展和科技进步的需要，提高劳动力素质和促进就业，加强计算机信息高新技术领域新职业、新工种职业技能鉴定工作，授权人力资源和社会保障部职业技能鉴定中心在全国范围内统一组织实施的社会化职业技能鉴定考试。

根据职业技能鉴定要求和劳动力市场化管理需要，职业技能鉴定必须做到操作直观、项目明确、能力确定、水平相当且可操作性强。因此，全国计算机信息高新技术考试采用了一种新型的、国际通用的专项职业技能鉴定方式。根据计算机不同应用领域的特征，划分了模块和平台，各平台按等级分别独立进行考试，应试者可根据自己工作岗位的需要，选择考试模块和参加培训。

全国计算机信息高新技术考试特别强调规范性，人力资源和社会保障部职业技能鉴定中心根据“统一命题、统一考务管理、统一考评员资格、统一培训考核机构条件标准、统一颁发证书”的原则进行质量管理，每一个考试模块都制订了相应的鉴定标准和考试大纲，各地区进行培训和考试执行统一的标准和大纲，并使用统一教材，以避免“因人而异”的随意性，使证书获得者的水平具有等价性。

为保证考试与培训的需要，每个模块的教材由两种指定教材组成。其中一种是汇集了本模块全部试题的《试题汇编》，另一种是用于系统教学使用的《培训教程》。

本教程共 9 章，包括微型计算机基础知识，PC 机基本结构原理，微机部件的安装，系统扩充外部设备，Windows 下的软硬件设置，ROM-BIOS、DOS 及 DOS 文件的执行，微机常用工具软件，微机故障的诊断与维修及计算机日常维护等内容。

本教程不但是人力资源和社会保障部全国计算机信息高新技术考试指定教材，同时也可作为各级各类大中专院校、技校、职高和社会相关领域培训班的首选教材。本教程对学习微型计算机安装调试与维修知识，自测计算机安装调试与维修应用技能的广大读者同样适用。

本书执笔人：张发海、姜颖、邹呐群、孙竞、苏红丽、冯淑伶、谢泳江、孙盛、李志生、张继东。

关于本书的不足之处，敬请批评指正。

目　录

第 1 章　微型计算机基础知识

计算机是人类社会 20 世纪的重大科技成果之一，它的出现具有重大的意义，有力地推动着人类社会经济、文化、教育和科技等的发展。随着计算机及网络技术的应用和普及，计算机已经成为人们日常生活中不可缺少的工具。

本章重点：

- 微型计算机系统概述
- 计算机硬件的组成
- 计算机软件的概念、功能及分类
- 微型计算机基本工作原理
- 微型计算机的输入与输出
- 微型计算机中的性能指标及数据的表示

1.1　微型计算机系统概述

1.1.1　计算机的发展概况

自 1946 年第一台电子计算机 ENIAC（Electronic Numerical Integrator And Calculator）问世以来，计算机的发展先后经历了四代，即电子管、晶体管、中小规模集成电路、大规模/超大规模集成电路四个发展时代。计算机的应用也从早期单一的科学计算，发展到现在的信息处理（如文字、图像和声音的识别等）、事务管理、工业控制、计算机辅助设计（CAD）、计算机辅助制造（CAM）、计算机辅助教学（CAI）等各个领域。现在，大到宇宙空间探测，小到分子结构研究，从卫星发射，到会计算账，都离不开计算机的应用。可以这样说，计算机的应用已经深入到人类生活的各个领域。

1.1.2　微型计算机的发展概况

目前广泛使用的微型计算机（Microcomputer，简称微机）是计算机的第四代产品，是以微处理器作为中央处理器的计算机。微型计算机以其体积小、重量轻、功能强、价格低等优点深受用户青睐。自 20 世纪 70 年代崛起以来，微型计算机发展极为迅速，无论是硬件技术还是软件水平，都称得上是日新月异。

微机的发展与微处理器的发展密切相关，先进的微处理器作为微机系统的 CPU（中央处理器），是微机技术发展不可缺少的。在众多的微机系统中，以 IBM PC（美国国际商业机器公司个人计算机的简称）及其兼容机的发展最具代表性，在 Intel X86 微处理器不断更新换代的推动下，微机系统也在不断地推陈出新，从 8086、80286、80386、80486、Pentium、PentiumⅡ、PentiumⅢ、Pentium 4 发展到现在的 Pentium M（Dothan）、酷睿双核。随着 CPU 性能的不断提高，以及大容量存储器的广泛配置，使得微机的整机性能进一步提高。技术的进步，生产的发展，市场的竞争，致使微机硬件产品价格不断下降，使更多的人能够买得起属于自己的微机，从而极大地推动了计算机技术的普及与提高。

与此同时，各种计算机软件也不断推出，例如 DOS 操作系统从 1981 年问世推出 PC-DOS 1.0 至 1994 年 6 月推出 MS-DOS 6.22 为止，已有了十多个版本。1990 年以后推出的具有图形界面的 Windows 操作系统比 DOS 操作系统功能更强，使用更方便。其版本有 Windows 3.1、Windows 3.2、Windows 95、Windows 98、Windows 2000、Windows NT、Windows Me、Windows XP、Windows Server 2003、Vista 等。

微机的发展对人类的影响十分巨大，多媒体与网络技术的兴起把微机技术又推向了一个新的高潮。一台配置齐全的多媒体个人计算机系统，不仅能够交互式地处理和管理数据、文字、图形、视频、音频、动画等多媒体信息。还可兼有报纸、广播、电视、电话、传真、等现代设备的功能。总之，随着计算机技术的不断发展，计算机的性能越来越高，而价格却越来越低，软件越来越丰富，应用也越来越广泛。

1.2 计算机硬件基本结构

计算机一开始是作为计算工具出现的，它的运算过程和人们利用算盘计算差不多。在理论上通常将计算机硬件结构划分为控制器、运算器、存储器、输入设备、输出设备五大部分。其结构如图 1-1 所示。

在计算机中有三种信息在流动，数据信息、地址信息及控制信息，它们在不同的线路上传送，称为三总线。各种原始数据、中间结果、计算程序都要由输入设备输入到存储器内存储，在运算过程中根据存储在存储器中的计算程序，到指定地址找到所需数据，送到运算器进行运算，运算结果再放入存储器或由输出设备输出，整个过程在控制器的控制下完成。

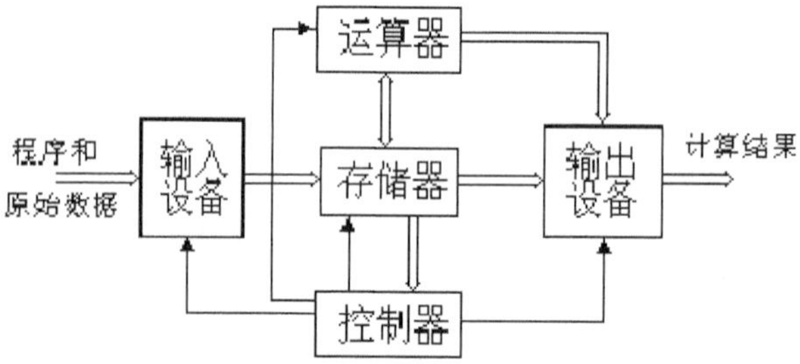

图 1-1 计算机硬件结构框图

1. 控制器

控制器就好像大脑的神经中枢，是整个计算机硬件系统的指挥控制中心。它主要由指令译码器、指令寄存器、控制逻辑等部件组成。它的基本任务是根据人们预先编好的程序，依次从存储器中取出各条指令，存放在指令寄存器中，再由指令译码器对指令进行译码分析，判别应该进行什么操作，然后通过控制逻辑发出相应的控制信号，指挥确定的部件执行指令规定的操作。接着再从存储器取出下一条指令。依此类推，直到执行完所有的指令为止。

2. 运算器

运算器是对信息进行加工的部件，主要由算术逻辑单元、寄存器、累加器等组成。它的功能是进行算术运算（加、减、乘、除等）及逻辑运算（与、或、异或等）。

通常把运算器和控制器合在一起称为中央处理器，简称为 CPU。CPU 是微型计算机的核心部件，担负着主要的运算和分析任务。因此，CPU 的性能常常代表着一台计算机的基本性能水平。如通常人们所说的 Pentium 4 计算机，就表示在这台计算机内的 CPU 型号是 Pentium 4 的。

3. 存储器

存储器是用来存放程序指令和数据的部件。人们习惯上将其分为内部存储器（简称内存）和外部存储器（简称外存）两大类，但从原理上讲，这里的存储器只是指内部存储器。通常 CPU 的操作需要经过内存，从内存中取程序和数据，计算完后再将结果放回到内存中，所以内存是计算机必不可少的组成部分。内存安装在主板上，与 CPU 直接相连，它由半导体存储器组成，用来存放当前要用的程序和数据，其存取速度快，但存储容量小。

按存取方式来分，内存又可分为 ROM 和 RAM 两种。ROM 是只读存储器，顾名思义，即用户只能读出 ROM 中的信息，而不能向 ROM 中写入信息，并且 ROM 中的信息不会因断电而丢失，所以 ROM 一般用来存放永久性的系统程序和服务程序。这些程序由计算机厂家固化在 ROM 中，用户只能使用，不能随意改写。ROM 的存取速度较慢。

RAM 是随机读写存储器，存储单元的内容可由用户随时读写，但在 RAM 上所存的内容会因断电而丢失。RAM 一般用来暂存计算机在工作中使用的程序和数据，CPU 根据程序来处理数据，处理完的结果，则要及时放到外存储器中保存。所有程序和数据，只有放到内存中才能运行。一般来说，RAM 的容量越大越好，有些软件对 RAM 有特殊要求。目前常见的微机内存大小有 128MB、256MB、512MB、1G、2G 等。RAM 的存取速度较快。

4. 输入设备

输入设备负责将计算程序和原始数据等转换为二进制代码，在控制器的控制下，按地址顺序地送入计算机内存。常用的输入设备有：键盘、鼠标器、扫描仪、光笔、语音输入器等。其中键盘和鼠标器的应用最为广泛，被视为微机系统不可缺少的输入设备。操作者可通过键盘向计算机发出指令和输入数据，而在运行图形窗口的软件时鼠标比键盘更为方便。目前，为了方便用户，很多软件都使用鼠标，如 Windows 软件等。

5. 输出设备

输出设备负责将计算机的运算结果，以人们容易识别的形式，在控制器的控制下输出。输出形式可以是数字、字符、图形、声音、视频图像等，常用的输出设备有显示器、打印机、绘图仪、语音输出装置等。显示器把计算机处理的结果显示出来供操作者阅读，是人机交互必不可少的，也是微机系统的重要设备之一。显示器输出信息的速度比打印机快，但信息不能永久保留，因此配置打印机可使信息以书面形式输出，便于长期保留。打印机的种类主要有针式打印机、喷墨打印机和激光打印机等。

输入设备和输出设备都是实现计算机与外界进行信息交流的设备，所以，一般将各种输入输出设备统称为计算机的外部设备。外部存储器既可作为一种存储设备存储数据，又可作为一种输入输出设备，输入输出数据，所以一般将外部存储器划归为外部设备。

以上五大部件构成微机硬件系统，在这个系统中，各部件被三总线（地址总线、数据总线和控制总线）联系起来，互通信息，在 CPU 的管理下，协调一致地工作。

1.3 计算机软件系统及构成

一个完整的计算机系统，由两大部分组成：即硬件部分和软件部分。只有硬件性能优良，软件品种丰富完善，才能使计算机充分发挥作用。那么什么是软件呢？软件是各种程序的总称。其基本功能是控制、管理、维护计算机系统的运行，解决用户的各种实际问题。通常软件可分为系统软件和应用软件两大类。

系统软件是我们应用微机的基础，它的主要功能是管理微机软硬件资源，执行用户命令，方便用户使用以及维护和开发微机。系统软件一般是由计算机厂家或专门的软件公司开发，系统软件包括各种操作系统、语言处理系统和例行服务程序。其中操作系统是软件中最重要的，也是最挨近硬件的一层软件，是所有软件的基础。所有的计算机都必须配置操作系统，并在其统一管理下运行。通俗地说，操作系统就如同大乐队的指挥，使各部分协调有效地工作。微机中使用的操作系统很多，主要代表有 DOS、CP/M、OS/2、Unix、Linux、Windows 等。

应用软件是为解决各行各业实际工作问题而设计的各种程序，它们可以帮助用户提高工作质量和效率。例如，财务管理软件、辅助教学软件、医疗诊断软件等。

综合前面所讲的计算机硬件部分，一个完整的微型计算机系统如图 1-2 所示。

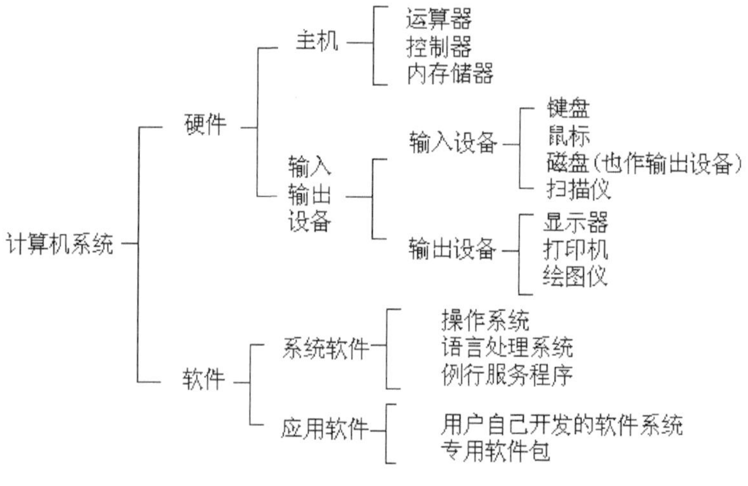

图 1-2 计算机系统总体结构图

1.4　微型计算机基本工作原理

1. 指令和程序

我们知道，计算机之所以能够自动地进行工作，是由于人们把实现计算的步骤用命令的形式预先输入到存储器中。在工作时，计算机把这些命令一条一条地取出来，加以翻译和执行。把要求计算机执行的各种操作，用命令的形式表示出来就称为指令。通常一条指令对应着一种基本操作，它指示计算机做什么操作和对哪些数据进行操作。但是计算机怎么能辨别和执行这些操作呢？这是由设计人员设计计算机时决定的，一台计算机能执行怎样的操作，能做多少种操作，是由计算机的指令系统所决定的。不同类型的计算机有不同的指令系统，指令系统中指令类型的多少，是计算机功能强弱的具体体现。

程序是人们为了解决某一实际问题而设计的一系列指令的有序集合。计算机程序可分为机器语言程序、汇编语言程序和高级语言程序。机器语言程序是用机器指令（二进制代码表示）编写的，计算机能够直接识别和执行。汇编语言程序是用汇编指令（助记符表示）编写的，必须经汇编程序汇编（翻译）为机器语言程序，计算机才能识别和执行。高级语言程序是使用一些接近人们书写习惯的英语和数学表达式形式的语言编写的，同样需要翻译（编译）成机器语言程序，计算机才能执行。就是说，机器语言程序是计算机唯一能直接识别并执行的程序。

2. CPU 时序

计算机的任何一条指令，都是在统一的时钟脉冲控制下，通过按一定顺序执行的一系列微操作来完成的，这种操作的顺序就是 CPU 的时序。CPU 操作的最小时间单位称为时钟周期（又称节拍），一般由若干个节拍构成一个机器周期。机器周期是指完成某一明确规定动作的基本操作周期，而 CPU 执行一条指令所需要的时间称为指令周期，它是以机器周期为单位的。图 1-3 为指令周期、机器周期和时钟周期的关系示意图。

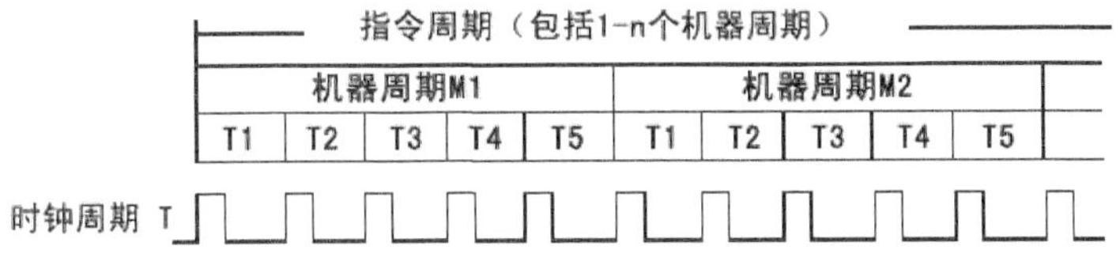

图 1-3　指令周期、机器周期和时钟周期的关系

3. 计算机的基本操作过程

在正常情况下，计算机一接通电源，就开始从一个特定地址运行某个程序。所谓运行程序就是逐条地从存储器中取出程序中的指令，把指令码翻译成一系列控制信号，将这些控制信号发向有关部件，控制相应部件完成指令规定的操作。因此可以说，计算机的工作过程是取指令、分析指令、执行指令的过程。指令的操作可以是某种运算，也可以是存储器、寄存器之间或与某个外部设备之间的数据传送。

1.5 微型计算机的性能指标及数据表示

1.5.1 微型计算机的性能指标

微型计算机的性能可以根据 CPU 的性能、内存容量和硬盘空间的大小来衡量。

1. 字长

字是计算机内 CPU 进行数据处理的基本单位，通常它与 CPU 内部的寄存器、运算装置、总线宽度相一致。一般将计算机数据总线所包含的二进制位数称为字长。

字长的大小直接反映了计算机的数据处理能力，字长越长，一次可同时处理的数据越大，计算机的功能越强。不同类型的计算机有不同的字长，一般为 16～64 位。如 80286 级微机的字长为 16 位，80386、80486 级微机的字长为 32 位，Pentium MMX 级微机的字长为准 64 位（内部 32 位，外部 64 位），酷睿系列的字长是 64 位（内部 64 位，外部 64 位）等。

2. 存储容量

存储容量是指存储器所能记忆信息的总量。常用字节（Byte）来表示，一个字节为 8 个二进制位。另外还用千字节（KB）、兆字节（MB）、千兆字节（GB）等单位来表示存储容量。换算关系如下：

1KB=1024B　　　1MB=1024KB　　　1GB=1024MB

存储器的容量反映计算机记忆信息的能力，存储器的容量越大，则记忆的信息越多，计算机的功能就越强。计算机在工作时，CPU 要与内存进行大量的信息交换，而从内存中存取数据，比从其他存储介质中存取速度要快，所以内存容量越大，CPU 交换信息就越方便，存取速度就越快，微机的速度就越高。因此内存容量的大小，是计算机性能的一项重要指标。目前，微机的内存容量一般在几十兆字节至上千兆字节，硬盘容量在几百兆字节至几百千兆字节。

3. 运算速度

计算机的运算速度是衡量计算机性能的一项重要指标，它取决于指令的执行时间，通常用每秒钟计算机所能执行指令的条数来表示。因为执行不同类型的指令所需的时间不同，因而有不同的计算运算速度的方法。

- 用计算机最短指令执行时间来计算；
- 用各种指令执行时间的平均值来计算；
- 用每秒钟执行加法指令的条数来计算。

4. 时钟频率（主频）

时钟频率是指 CPU 在单位时间内发出的脉冲数，通常以兆赫兹（MHz）或 GHz（1024MHz）为单位。时钟频率越高运算速度越快。Pentium III的主频达到 1GHz，Pentium 4 达到 2GHz 以上。以上只是一些主要性能指标，还有一些其他指标，如外设配置，主要指输入输出数据的传送率。

1.5.2 计算机中的数制与编码

1. 计算机中的数制

计算机中流动着的信号（如数据信号和控制信号），都是用二进制表示的。二进制有“0”和“1”两个数字符号，按逢二进一的规则进行计数。在位数较多时，为了阅读方便还可用十六进制表示，十六进制有 0,1,2,…,9,A,B,C,D,E,F 共 16 个数字符号，按逢十六进一的规则进行计数。平时大家习惯于用十进制表示数字，十进制有 0,1,2,…,9 共 10 个数字符号，按逢十进一的规则进行计数。不同进制之间的关系如表 1.1 所示。

表 1.1

十进制	十六进制	二进制	十进制	十六进制	二进制
0	0	0000	9	9	1001
1	1	0001	10	A	1010
2	2	0010	11	B	1011
3	3	0011	12	C	1100
4	4	0100	13	D	1101
5	5	0101	14	E	1110
6	6	0110	15	F	1111
7	7	0111	16	10	10000
8	8	1000			

2. 计算机中的编码

（1）BCD 码。

如前所述，在计算机内部是使用二进制代码表示信息的。但由于人们习惯于使用十进制数，所以通常采用四位二进制编码表示一位十进制数，称为 BCD 码。四位二进制编码有十六种组合，原则上可任选其中的十种作为代码，分别代表十进制中 0～9 这十个数字。较常用的是 8421 BCD 码，8,4,2,1 分别是四位二进制数的权值。表 1.2 给出了十进制数和 BCD 码（二进制编码）的对应关系。

表 1.2

十进制数	8421BCD 码	十进制数	8421BCD 码
0	0000	5	0101
1	0001	6	0110
2	0010	7	0111
3	0011	8	1000
4	0100	9	1001

（2）ASCII 码。

由于在计算机内任何信息都是用二进制代码表示的，所以信息的输入输出也采用字符代码形式。目前国际上使用的字符编码系统有许多种。在微型计算机中普遍采用的是美国标准信息交换码，即 ASCII 码（American Standard Code for Information Interchange）。ASCII 码包括标准 ASCII 码和扩展 ASCII 码两部分。标准 ASCII 码采用 7 位二进制代码来对字符进行编码，用来表示 10 个十进制数码，52 个英文大小写字母，32 个专用符号，34 个控制符号，总共 128 个常用符号。扩展 ASCII 码部分也有 128 个字符，用来表示常用的图形和画线字符等。

1.6 微型计算机的输入与输出

1. 输入输出接口

随着微型计算机应用越来越广泛，外部设备的种类也越来越多，有机械式、电子式、电动式以及一些其他形式。各类设备的组成和工作原理差异很大，与微机的连接和传输数据的方式也很不相同。例如，它们与 CPU 交换信息的形式有数字量、模拟量、开关量等，而传送方式可以是串行传送或并行传送。因此，外设一般不能直接与 CPU 相连，必须通过接口电路，以便把外部设备送给微机的信息转换成与微机相容的格式，从而解决外设与 CPU 之间信息传送的匹配问题。像 CPU 能区分不同的存储单元一样，不同的接口电路有不同的地址。

接口电路一般具有以下基本功能。

- 信号电平的转换；
- 数据格式的转换；
- 数据的寄存和缓冲；
- 对外部设备的控制和监视；
- 产生中断请求及 DMA 请求。

在计算机内，主机通过主板上的扩展总线插槽和插槽上的接口卡与外部设备进行通信联系，如显示卡、声卡、多功能卡等。一般来说，一个外设可占用多个地址以传送不同的信息。如外设状态口，外设控制口，外设读数据口，外设写数据口等。但不同的外设不能使用相同的地址。

2. 输入输出传送方式

主机与外设之间传送数据的方式大致可分为如下几种。

- 无条件传送方式：这种传送方式用于外部控制过程的动作时间是固定的，即已知外部设备是准备好的，在传送信息时，不必查询外设状态，直接执行输入输出指令即可。这种传送方式的优点是硬件和编程简单，但必须预知外设的状态，否则就会出错。该方式较少使用。
- 查询传送方式：这种方式在进行输入输出之前，要先查询外设的状态，当外设准备好时，就进行输入或输出操作，如果外设没有准备好，就等待并继续查询，直到外设准备就绪再进行输入或输出操作。这种输入输出方式的优点是简单、容易实现。但存在明显缺点，查询浪费了 CPU 的大量时间，使得 CPU 效率低下。

- 中断传送方式：当 CPU 与外设交换信息时，若采用查询方式，则 CPU 就要浪费很多时间去等待外设。这样就存在一个快速的 CPU 与慢速的外设之间的矛盾，中断方式就是为了解决这一问题而引入的。当外设需要输入或输出时，由外设向 CPU 发出中断申请，CPU 暂停执行原来的主程序，转去执行输入输出操作（中断服务程序），待输入输出操作完成后，CPU 再继续执行原来的程序。这样就大大提高了 CPU 的效率。中断方式是微型计算机与外设之间交换数据常采用的一种方式，它是一种高效的传送方式。应注意中断是外设提出的，处理的是外设的随机事件。
- 直接数据传送（DMA）方式：这是一种用硬件在外设与内存之间直接进行数据交换（DMA）而不须 CPU 干预的一种传送方式，是几种传送方式中传输速度最快的。其数据传输速度的上限取决于外设和存储器的工作速度。

3. 中断系统

在微机系统中，中断功能是靠微处理器本身的功能和与之配合的外部逻辑共同实现的，这种外部逻辑通常是以中断控制器为核心组成的。中断可分为两类：非屏蔽中断和可屏蔽中断。非屏蔽中断不受中断允许标志的屏蔽，任何时候到来，CPU 都必须响应并立即进行处理。通常整个系统只能有一个非屏蔽中断。可屏蔽中断是可以屏蔽掉的，即 CPU 可以不响应这种中断请求，只有当中断允许标志是“允许”时 CPU 才处理这类中断。可屏蔽中断可以有多个。在 286 以上计算机中，通常采用两片中断控制器，用来提供 16 个系统中断号供外部设备使用，中断号为 IRQ 0～IRQ 15。其中部分中断为系统占用，不能挪作它用；部分为各种插卡使用，通常也有约定。一般来说，不同的外设不能使用同一个中断。若使用了将造成一个或几个外设不能正常使用，这称为中断冲突。

在 PC 机中，还有一种中断叫软件中断（又称程序中断、软中断）。软件中断是由软件的某条指令或者软件对标志寄存器的某一中断标志位的设置而产生的。为区别起见，通常将软件中断称为内部中断。相对于软件中断，前面讲的中断又称为硬件中断。硬件中断又称为外部中断，是通过外部设备产生的中断，与软中断有本质上的不同。在 PC 机中，软件中断很多（远多于硬件中断，如 DOS 的 INT 21h），其标示为 INT XX。

4. DMA 系统

DMA（Direct Memory Access）的含义是直接存储器存取。在 DMA 方式下，外部设备利用专门的接口电路直接和存储器进行高速的数据传输，而不经过 CPU。在 286 以上计算机中，通常采用两片 DMA 控制器来提供 8 个 DMA 通道，DMA 通道号为 DMA 0～DMA 7。其中 DMA 0～DMA 3 用于 8 位数据传输；DMA 4～DMA 7 用于 16 位数据传输。一般来说，一个 DMA 通道只能分配给一个设备使用。

在 PC 机中，外设地址（外设和主板上的 I/O 芯片）、中断号以及 DMA 通道号的一些约定，请见“附录 1　PC 机的系统资源”。

第 2 章　PC 机基本结构原理

本章讲述 PC 机的基本组成结构，并简要介绍其工作原理，使我们对计算机能有一个感性认识。

本章重点：

- 中央处理器
- 主板与总线
- 内存
- 显卡
- 接口等

2.1　PC 机的基本部件

从 IBM 推出世界上第一台个人计算机（PC）开始，PC 机的结构就采用了应用至今的大板结构。这种结构将能够完成各种功能的电路集成在一块电路板或插卡上，只要将我们需要的板卡插接在一起，就能组成一台微型计算机。采用这种结构有很多优点，升级也比较方便。

目前常见的 PC 机主要由以下部件组成：主板、CPU、内存（条）、显示卡、声卡、网卡、MODEM、硬盘、光驱、键盘、鼠标、显示器等。PC 主机结构如图 2-1 所示。

主板是计算机内部最大的电路板，是整个计算机的组织核心。主板是计算机中最重要的部件之一，从功能上讲它主要包括以下部分：各种芯片，包括北桥芯片（统管总线、传输、数据的调运），南桥芯片（统管外设、PCI 设备、声音、打印机之类）；I/O 设备（也就是输入输出设备，是各种外接接口，比如鼠标、键盘 PS2、USB 接口、音频接口等）；各类插槽和接口，分别有 CPU 插槽、内存插槽、SATA 接口（硬盘等）、IDE 接口（USB 设备输入输出口，1394、IEEE 设备都通过 IDE 接口实现）、PCI 接口（外接声卡、网卡的插槽），PCI-E 接口（独立显卡的接口）。除此之外，还有一个大的 20Pin 的主板供电电源插口，再之后就是各种电容电阻以及各类电感元器件了。

图 2-1　PC 机内部结构示意图

CPU 是计算机的大脑，当然是计算机必不可少的部件。CPU 又称为运算控制器，综合了运算器和控制器的功能。内存，就是计算机上的存储器，也是计算机必不可少的部件。

2.2 CPU

2.2.1 CPU 概述

CPU，中文称为“中央处理器”或“中央处理单元”，有的又称为“微处理器”，因为它是将计算机五大组成部分中的运算器和控制器集成在一块芯片中，所以又可以称它为“运算控制器”。它是计算机的核心部件，其运行速度和性能很大程度上决定了计算机的整体性能。随着电子技术的发展，CPU 的集成度越来越高，其运行速度也在成倍的增长，从而促进了计算机技术的发展，从某种角度上讲，计算机技术的发展和 CPU 的发展是密切相关的。

2.2.2 CPU 的产生与发展历史

20 世纪 70 年代初期，随着大规模集成电路技术的发展，运算器和控制器（即 CPU）被集成在一个芯片上，称之为微处理器。最早的微处理器是由 Intel 公司生产的 4004 微处理器芯片，它的产生标志着计算机微机时代的到来。之后 Intel 公司又生产了 8008 微处理器，它们都没有得到很广泛的应用。直到 Intel 公司于 1978 年和 1979 年制造成功 8086/8088 CPU 芯片，在新芯片被广泛地应用到 IBM PC、PC/XT 及一些兼容机中后，微机时代才真正开始。

8086 微处理器，其内部和外部数据总线都为 16 位，是一种 16 位微处理器，其地址总线为 20 位，可寻址范围为 1 MB。8088 芯片内部数据总线为 16 位，而芯片外部的数据总线为 8 位，是准 16 位微处理器。后来 Intel 公司又生产了 80186 和 80188 芯片，但使用较少。

1982 年 Intel 公司生产出了 80286 CPU，这种微处理器的内部/外部数据总线都为 16 位，是一个标准的 16 位处理器芯片。其地址总线为 24 位，可以使用 16 MB 的实际内存和 1GB 的虚拟内存。80286 芯片的性能比 8088/8086 有了很大的提高。

80386 是 Intel 公司于 1985 年制造成功的，最初芯片的时钟频率为 12.5 MHz，后来很快就提高到了 16MHz、20 MHz、25 MHz、33 MHz（某些计算机厂商还生产了 40 MHz、50 MHz 的 80386 芯片）。80386 内部数据总线和外部的数据总线都是 32 位的，是一种真正的 32 位微处理器，地址总线为 32 位，可以管理使用高达 4 GB 的实际内存和 64TB 的虚拟内存。

Intel 公司于 1989 年研制成功 80486 芯片，它把 80386 CPU 与数学协处理器 80387、8KB 的高速缓冲存储器（L1 Cache）集成在一个芯片内，且支持二级 Cache（L2 Cache），使 CPU 的性能大大提高。Intel 公司 1993 年推出的 Pentium 处理器是微处理器产品中非常成功的产品，俗称 586。其最初时钟频率为 60 MHz 和 66 MHz，后来又发展到 200 MHz。之后，Intel 推出了 Pentium Pro CPU，这种 CPU 将高达 512 KB 的 L2 Cache 做在 CPU 芯片上，与 CPU 同频工作。不久 Intel 公司又推出 Pentium MMX，俗称“多能奔腾”。这种 CPU 支持 MMX 多媒体指令集，大大加强了多媒体处理方面的性能。后来，Intel 公司为了抢占市场，先后推出了采用 Slot 1 接口的 Pentium Ⅱ处理器、Socket 370 接口的 Celeron 处理器、Socket 370 接口的 Pentium Ⅲ处理器、Socket 423/478 接口的 Pentium 4 处理器等。以后又陆续推出多种不同的 Pentium 4 的 CPU 以及双核的 Pentium D、酷睿、酷睿二代等 CPU。

Intel 研制出 X86 系列微处理器以后，对计算机行业产生了巨大的影响，不少有生产能力的厂商也生产了与 Intel 公司兼容的产品。AMD、Cyrix、IDT、TI 等公司都曾在 CPU 市场上有过不错的表现和业绩，但是除了 AMD 公司一直活跃至今，依靠技术和 Intel 作正面交锋并分庭抗礼外，其他厂商都陆续退出了主流个人电脑 CPU 市场的竞争。

AMD 公司是 Intel 公司最大的竞争对手，他们早期生产 AM386、AM486 等 Intel 兼容 CPU。在 Pentium 时代，AMD 生产的 K5、K6、K6-2 等 CPU 曾以优异的性能及低廉的价格，在市场中占有相当大的份额；其 K7 系列的 Duron、Athlon、Athlon XP 等 CPU 更以先进的技术及价格上的优势，对 Intel 公司的产品产生了较大的冲击；目前 AMD 生产的 K8 系列 Sempron、Athlon 64、Athlon 64 X2、Athlon 64 FX 等系列产品也具有相当高的性价比优势。

从 Intel 公司的 Pentium 4 以及 AMD 公司的 K7 系列开始，两个厂商生产的 CPU 的型号非常复杂，并且同一系列的 CPU 频率跨度比较大、核心类型繁多，制程和封装类型也有所不同。我们将在下文做详细介绍。

2.2.3 CPU 的性能参数

CPU 承担着系统大部分的运算处理任务，指挥、协调着整个电脑系统的正常运行。因此，一台 PC 的性能与其使用的 CPU 的性能有着最直接的关系。那么 CPU 的性能如何来衡量呢？下面将详细介绍一下 CPU 相关的性能参数，以便大家对 CPU 有个全面的了解。

CPU 的性能参数有很多，主要有主频、外频、前端总线（FSB）频率、倍频、缓存、CPU 的位宽、核心类型、CPU 扩展指令集、工作电压等，如图 2-2 所示。

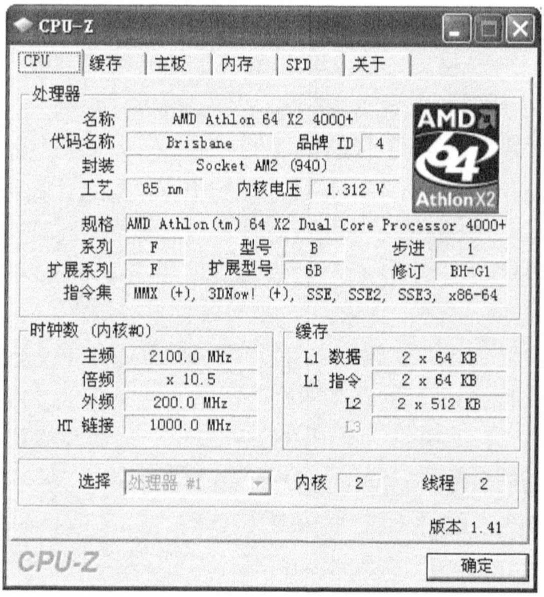

图 2-2 CPU 的性能参数

1. 主频

主频也叫时钟频率，单位是 MHz 或者 GHz，用来表示 CPU 的运算速度。CPU 的主频＝外频×倍频系数。很多人认为主频就决定着 CPU 的运行速度，这个看法是片面的，至今，没有一条确定的公式能够确定主频和实际的运算速度两者之间的数值关系，主频仅仅表示在 CPU 内数字脉冲信号震荡的速度，CPU 的运算速度还要看 CPU 的流水线的各方面的性能指标（缓存、指令集、CPU 的位数等）。例如，AMD 和 Intel 的 CPU 在相同主频下，性能往往差异很大。当然，主频和实际的运算速度是有关的，只能说主频是 CPU 性能表现的一个方面，而不能代表 CPU 的整体性能。

2. 外频

外频是 CPU 的基准频率，单位也是 MHz。CPU 的外频是 CPU 与主板总线之间同步运行的速度。前几年绝大部分电脑系统中外频也是内存与主板之间的同步运行的速度，在这种方式下，可以理解为 CPU 的外频直接与内存相连通，实现两者间的同步运行状态。外频与前端总线（FSB）频率很容易被混为一谈，下面的前端总线介绍我们谈谈两者的区别。

3. 前端总线（FSB）频率

在 Pentium Ⅲ和 K7 时代，外频和前端总线频率都是相同的，但是到了 Pentium 4 和 Athlon 时代，Pentium 4 采用了 Quard Pump 总线，Athlon 采用了 Alpha EV6 总线，使得前端总线频率分别是处理器外频的 4 倍和 2 倍，从此这两者不再等同。

按照 Intel 对前端总线的定义：处理器与北桥之间的连接线称为前端总线，主要负责内存、图形以及外设与处理器之间的数据传输。前端总线频率（即总线频率）直接影响 CPU 与内存交换数据的速度。有一条公式可以计算，即数据带宽＝（总线频率×数据位宽）/8，数据传输最大带宽取决于所有同时传输的数据的宽度和传输频率。比如，64 位的至强 Nocona，前端总线是 800 Mhz，按照公式，它的数据传输最大带宽是 6.4GB/秒。

外频与前端总线频率的区别：前端总线的速度指的是数据传输的速度，外频是 CPU 与主板之间同步运行的速度。也就是说，100 Mhz 外频特指数字脉冲信号在每秒钟震荡一千万次，而 100 Mhz 前端总线指的是每秒钟 CPU 可接受的数据传输量是 100 Mhz×64 bit÷8 Byte/bit=800 MB/S。

4. 倍频系数

倍频系数是指 CPU 主频与外频之间的相对比例关系。在相同的外频下，倍频越高 CPU 的频率也越高。但实际上，在相同外频的前提下，单纯提高倍频，对 CPU 本身意义并不大。这是因为 CPU 与系统之间数据传输速度是有限的，一味追求高倍频而得到高主频的 CPU 就会出现明显的“瓶颈”效应。CPU 从系统中得到数据的极限速度不能够满足 CPU 运算的速度，高出来的主频发挥不了作用。

5. CPU 的位和字长

位：在数字电路和电脑技术中采用二进制，代码只有“0”和“1”，其中无论是“0”

或是“1”在 CPU 中都是一“位”。

字长：对 CPU 在单位时间内（同一时间）能一次处理的二进制数的位数叫字长。所以能处理字长为 8 位数据的 CPU 通常就叫 8 位的 CPU。同理 32 位的 CPU 就能在单位时间内处理字长为 32 位的二进制数据。字节和字长的区别：由于常用的英文字符用 8 位二进制就可以表示，所以通常就将 8 位称为一个字节。字长的长度是不固定的，对于不同的 CPU、字长的长度也不一样。8 位的 CPU 一次只能处理一个字节，而 32 位的 CPU 一次就能处理 4 个字节，同理，字长为 64 位的 CPU 一次可以处理 8 个字节。

6. 缓存

缓存是指可以进行高速数据交换的存储器，缓存的结构和大小对 CPU 速度的影响非常大，CPU 内缓存的运行频率极高，一般是和处理器同频运作，工作效率远远大于系统内存和硬盘。实际工作时，CPU 往往需要重复读取同样的数据块，而缓存容量的增大，可以大幅度提升 CPU 内部读取数据的命中率，而不用再到内存或者硬盘上寻找，以此提高系统性能。但从 CPU 芯片面积和成本的因素来考虑，缓存不能做得很大。

L1 Cache（一级缓存）是 CPU 第一层高速缓存，分为数据缓存和指令缓存。内置的 L1 高速缓存的容量和结构对 CPU 的性能影响较大，不过高速缓冲存储器均由静态 RAM 组成，结构较复杂，在 CPU 管芯面积不能太大的情况下，L1 高速缓存的容量不可能做得太大。L1 缓存的容量通常在 32 KB～256 KB。

L2 Cache（二级缓存）是 CPU 的第二层高速缓存，分内部和外部两种芯片。内部的芯片二级缓存运行速度与主频相同，而外部的二级缓存的速度则只有主频的一半。L2 高速缓存容量也会影响 CPU 的性能，原则是越大越好，现在主流 CPU 的 L2 高速缓存容量多在 256 KB 到 4 MB 之间。

目前 CPU 的缓存标准往往都是以 L2 容量大小来衡量的。Intel 将在新一代处理器中加大二级缓存容量，而 AMD 则为新一代处理器引入共享三级缓存。

7. CPU 扩展指令集

CPU 依靠指令来计算和控制系统，每款 CPU 在设计时就规定了一系列与其硬件电路相配合的指令系统。指令的强弱也是 CPU 的重要指标，指令集是提高微处理器效率的最有效工具之一。从现阶段的主流体系结构讲，指令集可分为复杂指令集和精简指令集两部分，而从具体运用看，如 Intel 的 MMX（Multi Media Extended）、SSE、SSE2（Streaming-Single instruction multiple data-Extensions 2）、SEE3、SSE4 和 AMD 的 3DNow!、X86-64 等都是 CPU 的扩展指令集，分别增强了 CPU 的多媒体、图形图像和 Internet 等的处理能力。

8. CPU 内核和 I/O 工作电压

CPU 的工作电压分为内核电压和 I/O 电压两种，通常 CPU 的核心电压小于等于 I/O 电压。其中内核电压的大小是根据 CPU 的生产工艺而定，制作工艺越先进，内核工作电压越低。低电压能解决耗电过大和发热过高的问题。

9. 制造工艺

制造工艺的微米是指 IC 内电路与电路之间的距离。制造工艺的趋势是向密集度愈高的方向发展。密度愈高的 IC 电路设计，意味着在同样大小面积的 IC 中，可以拥有密度更高、功能更复杂的电路设计。CPU 的制造工艺从早期的 0.5μm（微米）、0.35μm 到现在的 90nm（纳米）、65nm。Intel 现在已经有 45nm 的制造工艺了，AMD 也在 2008 年推出了基于 45nm 制造工艺的新产品。

10. 核心类型

核心又称为内核，是 CPU 最重要的组成部分。CPU 中心那块隆起的芯片就是核心，是由单晶硅以一定的生产工艺制造出来的，CPU 所有的计算、接受和存储命令、处理数据都由核心执行。为了便于 CPU 设计、生产、销售的管理，CPU 制造商会对各种 CPU 核心给出相应的代号，这也就是所谓的 CPU 核心类型。

不同的 CPU（不同系列或同一系列）都会有不同的核心类型（例如 Pentium 4 的 Northwood、Willamette、Prescott 核心，Pentium D 的 Smithfield、Presler 核心，酷睿的 Conroe 核心以及 Ahtlon 64 X2 的 Windsor、Orleans、Brisbane、Toledo 核心等），甚至同一种核心都会有不同版本的类型（例如 Northwood 核心就分为 B0 和 C1 等版本），核心版本的变更是为了修正上一版存在的一些错误，并提升一定的性能，而这些变化普通消费者是很少去注意的。

每一种核心类型都有其相应的制造工艺（例如 90nm、65nm、45nm 等）、核心面积（这是决定 CPU 成本的关键因素，成本与核心面积基本上成正比）、核心电压、电流大小、晶体管数量、各级缓存的大小、主频范围、流水线架构和支持的指令集、功耗和发热量的大小、封装方式、接口类型、前端总线频率（FSB）等。因此，核心类型在某种程度上决定了 CPU 的工作性能。

一般说来，新的核心类型往往比老的核心类型具有更好的性能，但这也不是绝对的，这种情况一般发生在新核心类型刚推出时，由于技术不完善或新的架构和制造工艺不成熟等原因，可能会导致新的核心类型的性能反而还不如老的核心类型的性能。例如，低频 Prescott 核心 Pentium 4 的实际性能不如同频的 Northwood 核心 Pentium 4 等，但随着技术的进步以及 CPU 制造商对新核心的不断改进和完善，新核心的中后期产品的性能必然会超越老核心产品。选择 CPU 时一定要学会识别其核心类型，例如同样是 AMD 公司生产的 Athlon 64 X2 4000+型号的 CPU，不同的核心，其性能、功耗是有所区别的。

11. 接口形式

CPU 需要通过某个接口与主板连接才能进行工作。CPU 经过这么多年的发展，采用的接口方式有引脚式、卡式、触点式、针脚式等。而目前 CPU 的接口多为针脚式或触点式接口，对应到主板上就有相应的插槽类型。CPU 接口类型不同，插孔数、体积、形状都有变化，所以不能互相接插。

接口作为处理器连接整个系统的通道，在很大程度上影响着整个系统的兼容性。Intel 和 AMD 分别有各自的接口标准，两者的处理器不能互相兼容。不但如此，即使是同一厂家的处理器也有多种接口标准，并且互不兼容。

（1）Intel 处理器接口。

在现阶段，Intel 台式机平台只有两种接口类型：一种是已经基本被淘汰的 Socket 478，另一种则是现在主流的 LGA 775。前者的主板插孔中有 478 个插孔，与处理器底面的 478 根引脚相对应，并采用了一种称为 ZIF（零插拔力）的设计。LGA 775 又被称为 Socket T，它最主要的改进在于将原来处理器的插针式针脚改为触点，主板插座由针孔式改用弹性触须式的针脚（非常纤细且弯曲着的弹性金属丝），如图 2-3 所示。这些弹性触须式的针脚与处理器的触点相接触，从而解决了 Socket 478 存在串扰的问题。在未来较长一段时间内，Intel 的处理器都将采用其作为接口方式。

图 2-3　Socket T 主板

（2）AMD 处理器接口。

相对于 Intel 来说，AMD 处理器接口类型比较多。现今还存在的包括 Socket 754、Socket 939、Socket 940、Socket AM2、Socket AM2+以及 Socket F 等六种。Socket 754 和 Socket 939 主要是用于早期支持 DDR 内存的 Sempron 以及 Athlon 64 系列处理器，而 Socket 940 主要在早期的 Opteron 和 Athlon 64 FX 系列中使用。

Socket AM2 同样是 940 针的接口，但是它与 Socket 940 不兼容，如图 2-4 所示。现在，AMD 全线的 Athlon 64 X2 以及最新的 Sempron、Athlon 64 几乎都采用了这种接口。它的地位等同于 Intel 的 LGA 775 系列。支持 DDR3 内存的 Socket AM3 接口到来之前，AMD 还将在 Socket AM2 的基础上推出支持 HT3.0 总线的 Socket AM2+接口。最后，AMD 还有一种 Socket F 接口，它使用类似于 Intel 的 LGA 775 的触点与弹针设计，插座上拥有多达 1204 个引脚，该接口目前仅用于高端 Athlon 64 FX 以及服务器系列处理器。

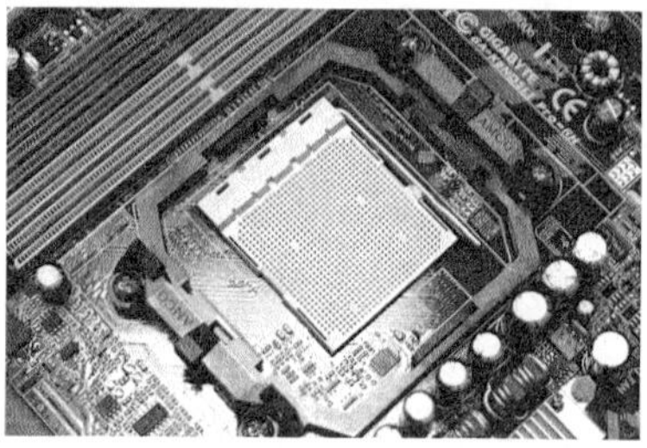

图 2-4　Socket AM2 插座

2.2.4 CPU 产品

1. INTEL 系列的 CPU

（1）Pentium Processor。

Pentium 是世界上第一个 586 级处理器，推出后赢得了较高的声誉。Pentium 的制造工艺优良，浮点性能也是当时 CPU 中最强的。Pentium 家族里面的频率有 60、66、75、90、100、120、133、150、166、200 Mhz，至于 CPU 的内部频率则是从 60 Mhz 到 66 MHz 不等。值得一提的是，从主频为 75MHz 开始，CPU 的插槽技术正式从以前的 Socket4 转换到同时支持 Socket5 和 Socket7。而且所有的 Pentium CPU 里面都已经内置了 16 KB 的一级缓存，这样使它的处理性能更加强大。

（2）Pentium Pro。

Intel 于 1996 年推出了第六代 x86 系列 CPU-P6。上市后 P6 有了一个非常响亮的名字 Pentium Pro。Pentium Pro 内部含有高达 550 万个晶体管，内部时钟频率为 133 MHz，处理速度几乎是 100 Mhz 的 Pentium 的 2 倍。Pentium Pro 的一级（片内）缓存为 8 KB 指令和 8 KB 数据。值得注意的是，在 Pentium Pro 的封装中除 Pentium Pro 芯片外还包括有一个 256 KB 的二级缓存芯片，两个芯片之间用高频宽的内部通讯总线互连，处理器与高速缓存的连接线路也被安置在该封装中，这样就使高速缓存能更容易地运行在更高的频率上。Pentium Pro 200 Mhz CPU 的 L2 Cache 就是运行在 200 Mhz，也就是工作在与处理器相同的频率上。这样的设计令 Pentium Pro 达到了最高的性能。而 Pentium Pro 最引人注目的地方是它具有一项称为“动态执行”的创新技术，这是继 Pentium 在超标量体系结构上实现突破之后的又一次飞跃。

（3）Pentium MMX。

Intel 于 1996 年底又推出了 Pentium 系列的改进版本，厂家代号 P55C，也就是我们平常所说的 Pentium MMX（多能奔腾）。MMX 技术是 Intel 发明的一项多媒体增强指令集技术，可以翻译为“多媒体扩展指令集”。MMX 是 Intel 公司在 1996 年为增强 Pentium CPU 在音像、图形和通信应用方面而采取的新技术，为 CPU 增加了 57 条 MMX 指令，除了指令集中增加 MMX 指令外，还将 CPU 芯片内的 L1 缓存由原来的 16 KB 增加到 32 KB(16 KB 指令＋16 KB 数据)，因此 MMX CPU 在运行含有 MMX 指令的程序时，比普通 CPU 处理多媒体的能力提高了 60%左右。MMX 技术不但是一个创新，而且还开创了 CPU 开发的新纪元，后来的 KNI、3DNow！也是从 MMX 发展演变过来的。Pentium MMX 系列的频率主要有三种：166 Mhz、200 MHz、233MHz，一级缓存都是 32 KB，核心电压 2.8V，倍频分别为 2.5、3、3.5，插槽都是 Socket7。

（4）Pentium II。

1997 年 5 月，Intel 推出了和 Pentium Pro 同一级别的产品 Pentium II。Pentium II 有众多的分支和系列产品，其中第一代的产品就是 Pentium II Klamath 芯片。作为 Pentium II 的第一代芯片，它运行在 66 Mhz 总线上，主频分为 233MHz、266 Mhz、300 Mhz 和 333MHz 四种。如图 2-5 所示。

图 2-5　Pentium II

Pentium II 采用了与 Pentium Pro 相同的核心结构，从而继承了原有 32 位 Pentium Pro 处理器的优秀性能。它加快了段寄存器写操作的速度，并增加了 MMX 指令集，以加速 16 位操作系统的执行速度。Pentium II 只比 Pentium Pro 大 $6mm^2$，但它却比 Pentium Pro 多容纳了 200 万个晶体管。由于使用只有 0.28μm 的制造工艺，因此加快了这些晶体管的速度，从而达到了 x86 前所未有的时钟速度。

（5）Intel Celeron。

Intel 又于 1998 年全新推出了面向低端市场，性价比更高的 Celeron（赛扬）处理器，如图 2-6 和图 2-7 所示。

图 2-6 早期 Celeron 处理器

图 2-7 较新的 Celeron 处理器

Intel 把 PentiumⅡ的二级缓存和相关电路抽离出来，再把塑料盒子也去掉，再改一个名字，这就是 Celeron。Celeron 采用 0.35μm 工艺制造，外频为 66 Mhz，最初推出的有主频为 266 Mhz 与 300 Mhz 两款。接着又出现了 Celeron 333，直到 Celeron 533，这部分处理器采取了 0.25μm 的制造工艺，集成有 L2 缓存 128 KB，内核电压为 2.0V；后来生产的 Celeron Ⅱ，频率从 533MHz 到 766 Mhz，核心电压为 1.5V，采取了 0.18μm 的制造工艺。

Celeron 从此成为 Intel 公司低端处理器的名称，一直延续至今，在不同时期，分别对应着 Pentium Ⅲ、Pentium 4、Pentium D 和酷睿的精简版本产品。虽然同称为 Celeron，但是不同时期的 Celeron 处理器差别非常大。

（6）Pentium Ⅲ。

Intel 于 1999 年 2 月发布了 Pentium Ⅲ芯片——Katmai，作为第一款专为提高用户互联网计算体验而设计的微处理器，使用户能够尽享丰富的音频、视频、动画和栩栩如生的三维效果。

Intel 公司于 1999 年 10 月 25 日同时发布了共 15 种新的 Pentium Ⅲ处理器和 Pentium Ⅲ至强处理器，最高主频为 733MHz。其中部分主频为 500 Mhz，550 Mhz 和 600 Mhz 以上的 Pentium Ⅲ处理器采用了 Intel 公司先进的生产工艺 0.18μm 的激光蚀刻技术。

Intel 这种最新处理器的内部代码为“Coppermine”，Copper 是指铜，而 mine 是指矿，合起来就是铜矿。Coppermine 金属层采用的技术仍然是铝导线技术，Coppermine 代表的具体含义应该是指采用了 0.18 μm 工艺的奔腾Ⅲ处理器。0.18 μm 是 Intel 公司新一代的生产工艺，它的前一代生产工艺为 0.25μm。由于采用了 0.18 μm 技术，新工艺的 Pentium Ⅲ处理器的核心硅片上集成了 2810 万个以上的晶体管，如图 2-8 所示。

（7）Pentium 4。

Intel 公司于 2000 年 11 月 20 日正式推出 Pentium Ⅲ的后续产品 Pentium 4 处理器。此后几年，Pentium 4 一直用做中高端市场的 CPU 产品名称。Pentium 4 的型号非常复杂，并且频率跨度大，核心类型多，接口有所不同，而且还有 32 位和 64 位之分。最早推出的 Pentium 4 第一次改变了自 1995 年投入市场的 Pentium Pro 以来一直沿用的“P6 结构”，Pentium 4 中采用了被称为“Net Burst”的新架构，如图 2-9 所示。

Pentium 4 CPU 采用了 Intel 的 Netburst 微体系结构，与 Intel Pentium Ⅲ CPU 处理器相比，体系结构的流水线深度增加了一倍，达到了 20 级。从而极大地提高了 CPU 的性能和频率。该技术对该产品提供了如下贡献。

图 2-8　Pentium III

图 2-9　早期的 P4 CPU（Socket 423 接口）

改进了 Pentium 4 的浮点运算功能；快速执行引擎 ALU（算术逻辑单元）以双倍的时钟速度运行，从而提高了总体速度；400 Mhz 的系统总线（由主板提供）在 Pentium 4 CPU 和内存控制器之间提供了 3.2 GB 每秒的传输速度；Intel 的 Netburst 体系结构可以浏览更多需要执行的指令，比 Pentium III CPU 多三倍，因此 Pentium 4 CPU 能在更大的范围内选择要执行的指令，并以更佳的顺序来执行指令，这就是总体性能被大大提高的主要原因；Pentium 4 中新增加了 144 条被称为“Streaming SIMD Extensions 2”（SSE2）的指令、一个 128 位单指令多数据整数运算和 128 位单指令多数据双精度浮点指令，极大增强了对多媒体数据的处理能力。

后续的 Pentium 4 处理器中采用了超线程（Hyper-Threading Technology）技术，超线程技术允许在单个 Intel Pentium 4 处理器上同时执行 2 个线程（或软件程序的一部分）。支持超线程（HT）技术的操作系统（如 Microsoft Windows XP Professional）可将一个物理 Pentium 4 处理器“看作”两个虚拟处理器。通过利用其他闲置资源，在多任务环境中，含超线程（HT）技术的 Pentium 4 处理器可使现有软件实现明显的性能提升，而无需修改代码。超线程技术主要应用于 2.4G 以上的 Pentium 4 处理器。

Pentium 4 的核心主要有 Willamette、Northwood、Prescott、Cedar Mill 等几种，这几种核心工艺制程、各项性能都较以前有所提高。Pentium 4 早期采用 Socket 423 接口，后来陆续采用了 Socket 478 和 LGA 775 接口。Socket 478 CPU 如图 2-10 所示。

（8）Pentium D。

Pentium D 是 Intel 继 Pentium 4 系列处理器之后推出的新一代双核处理器。是双核入门级产品。双核处理器是指在一个处理器上集成两个运算核心，从而提高计算能力。“双核”的概念最早是由 IBM、HP、Sun 等支持 RISC 架构的高端服务器厂商提出的，主要运用于服务器上。而台式机上的应用则是在 Intel 和 AMD 的推广下，才得以普及。

代号为 Smithfield 的核心的 Pentium D 与单核心 Pentium 4 极其相似，内核也没有特别的变化。Pentium D 只是多了个“芯”而已。Pentium D 内核由两个独立的 Prescott 核心组成，每个核心拥有独立的 1 MB L2 缓存及执行单元，同时支持 800 Mhz FSB 总线。

在 Smithfield 的核心的 Pentium D 产品之后，Intel 又推出了 Presler 核心的 Pentium D 系列产品。Presler 核心采用了更为先进的 65 nm 工艺制程，同时增加了二级缓存。图 2-11 便是 Pentium D 内部结构及工作原理。

图 2-10 P4 CPU（Socket 478）

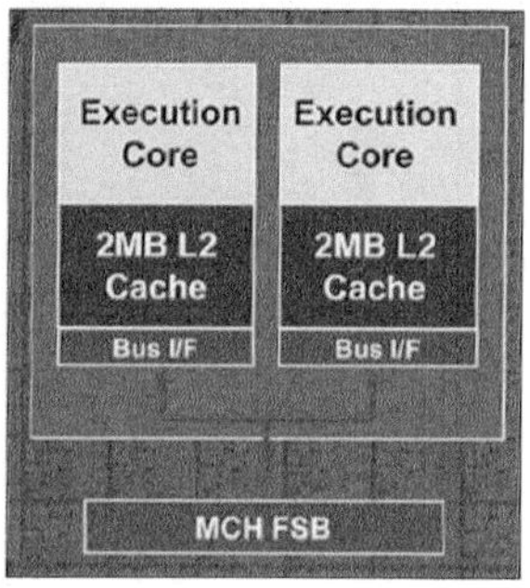

图 2-11 Pentium D 内部结构

（9）Pentium Extreme Edition（Pentium EE）。

Pentium EE 以双核心的 Pentium D 为基础，拥有超线程技术，同时支持 EM64T 和 XD Bit，而且没有锁频，外观如图 2-12 所示。早期的 Pentium Extreme Edition 代号为 Smithfield，其参数与 Penitum D 8XX 系列一样，但是拥有超线程技术，值得注意的是如果其和 i945 芯片组搭配使用的话会自动关闭超线程功能。第二代的 Pentium Extreme Edition 核心为 Presler，同样拥有超线程技术，1066 Mhz 的前端总线，解除了倍频锁定。

（10）酷睿系列。

酷睿是 Intel 于 2006 年初推出的新一代微架构，用以取代先前的 NetBurst 微架构。“酷睿”是一款领先节能的新型微架构，设计的出发点是提供卓然出众的性能和能效，提高每瓦特性能，也就是所谓的能效比。早期的酷睿是基于笔记本处理器的。

目前市场上主要的酷睿产品为二代产品，英文名称为 Core 2 Duo，与酷睿一代产品比较，其性能更加出众。Core 2 Duo 于 2006 年 7 月 27 日发布，标志如图 2-13 所示，包括服务器版、桌面版、移动版三大领域。其中，服务器版的开发代号为 Woodcrest，桌面版为 Conroe，移动版为 Merom。它们的共同特性为：采用全新的 Core 架构，彻底抛弃了 Netburst 架构；全部采用 65 nm 制造工艺；全线产品均为双核心，L2 缓存容量提升到 4 MB；晶体管数量达到 2.91 亿个以上，核心尺寸为 143mm^2；性能提升 40%；能耗降低 40%，主流产品的平均能耗为 65W；前端总线提升至 1066 Mhz（Conroe），1333 Mhz（Woodcrest），667 Mhz（Merom）。

酷睿微架构采用了基于共享缓存的紧密型双核心处理器耦合方案，其最重要的特征是抛弃了两个核心分别具有独立的二级缓存的方案，改为采用与 IBM 的多核心处理器类似的两个核心共享二级缓存方案。

（11）Intel Penryn。

这是 Intel 新一代处理器的代号，性能有了相当大的改进。虽然目前它还没有正式发布，但是 Intel 已经在 IDF 上多次介绍这一新产品，如图 2-14 所示。

首先，Penryn 采用了 45nm 制程，这种工艺可以让新处理器的晶体管密度大幅度提升。从而降低能耗并增加二级缓存；其次，它采用了 High-K 栅介质和金属栅极晶体管。这种材料对门漏电现象的阻隔能力比二氧化硅强很多，可以在缩小制程的同时更完美地控制功耗，使得同功耗状态下获得更高的实际频率。Penryn 还使用金属类材料取代现有的多晶硅生产栅极，提高导电率，降低整个晶体管的延迟周期；第三，新处理器的架构采用的新特性很多，就目前所知,有快速的 Raidix-16 除法器、超级乱序执行引擎、增强型虚拟化技术以及新增的 47 条 IntelSSE4.1 指令集。

图 2-12　Pentium EE

图 2-13　Core 2 Duo 标志

图 2-14　Intel Penryn

2. AMD 系列 CPU

（1）K5 系列。

K5 系列 CPU 的内部总线频率和 Pentium 差不多，都是 60 Mhz 或者 66 MHz，至于倍频则全部都是 1.5，核心电压都是 3.3V。

（2）K6 系列。

K6 拥有 32 KB 数据 L1 Cache，32 KB 指令 L1 Cache，集成了 880 万个晶体管，采用 0.35μm 技术，五层 CMOS，C4 工艺反装晶片，内核面积 168mm^2（新产品为 68mm^2）。K6 这款 CPU 的设计指标是相当高的，它拥有全新的 MMX 指令以及 64 KB L1 Cache（比奔腾 MMX 多了一倍），整体性能要优于奔腾 MMX，接近同主频 PⅡ的水平。K6 与 K5 相比，可以平行地处理更多的指令，并运行在更高的时钟频率上。在倍频方面，K6 系列是在 2.5～4.5 不等，核心电压则是有 2.9V、3.2V 和 2.2V 三种。

（3）AMD K6-2、K6-3。

1998 年中，AMD 最新的 K6-2 处理器正式推出。K6-2 微处理器采用 0.25μm 工艺制造，芯片面积减小到了 68 mm^2，晶体管数目也增加到930万个。另外，K6-2 具有 64 KB L1 Cache，二级缓存集成在主板上，容量从 512 KB 到 2 MB 之间，速度与系统总线频率同步，工作电压为 2.2V，支持 Socket 7 架构，如图 2-15 所示。

K6-2 是 K6 芯片加上 100 Mhz 总线频率和支持 3D Now！浮点指令的“结合物”。3D Now！技术是对 x86 体系的重大突破，它大大加强了处理 3D 图形和多媒体所需要的密集浮点运算性能，可以产生栩栩如生的影像和图形效果。AMD 于 1999 年 2 月又推出了代号为“Sharptooth”（利齿）的 K6-III，它是该公司最后一款支持 Super 7 架构和 CPGA 封装形式的 CPU，采用 0.25μm 制造工艺、内核面积是 135mm^2，集成了 2130 万个晶体管，工作电压为 2.2V/2.4V。相对于 K6-2 而言，K6-III最大的变化就是内部集成了 256 KB 二级缓存（新赛扬只有 128 KB），并以 CPU 的主频速度运行。

（4）AMD K7。

代号为 Athlon 的 K7 芯片，采用 AlphaEV-6 总线，属于真正意义上的 64 位 CPU，如

图 2-16 所示。另外，AMD K7 是第一款能够支持多 CPU 处理器的非 Intel 的 CPU。在其后续产品中，AMD 发布的 Athlon XP 在性能上具有非常卓越的表现。

图 2-15　AMD K6-2

图 2-16　AMD 的 Athlon XP 和 Duron

AMD K7 使用了 0.25μm 和 0.18μm 制造工艺，如 Duron、Thunderbird 和 Athlon XP 等产品，提供高达 200 Mhz 的系统总线，集成了在 AMDK6-2 中表现优异的 3DNow！指令集。AMD 的 K7 给 Intel 带来了前所未有的挑战，无论是在整数运算速度还是在浮点运算速度上，K7 都超过了 Intel 的 Pentium Ⅲ。

（5）AMD Athlon 64（K8）。

AMD Athlon 64 处理器是一款真正的 64 位处理器，该处理器采用 AMD64 技术，大幅度提高了性能，并为 64 位应用提供支持，即可同时运行 32 位与 64 位软件。它采用 HyperTransport 技术，并配备了集成的 DDR 内存控制器，可大大提高系统效率，从而满足企业、学校和游戏玩家等各层次用户当前及未来的计算需求，如图 2-17 所示。

图 2-17　AMD Athlon 64

（6）AMD K8L。

K8L 是 AMD 下一代处理器的代称。新架构将采用标准的四核心设计，每个核心都有 32 KB＋32 KB 的一级缓存，256 KB 的二级缓存和 2 MB 的三级缓存。同时 K8L 采用新一代 HyperTransort 传输协议，双向传输带宽将提升至 5.2 GB/s。以基于 K8L 架构的 Opteron CPU 为例，它将集成 4 条 16-bit HyperTransport-3 连接，并且可以转变成 8 条 8-bit HyperTransport 连接，以达到 8 个处理器插座（最大 32 个）完全互连核心的目的，即非机械性连接。AMD 宣称 K8L 架构当中每个核心支持 48bit 寻址、1GB 内存页面，非常适合 Cray、SGI 等服务器厂商采用。此外，K8L 设计也将支援子处理器（Co-Proccssor），通过未来 HTX 子卡的方式，处理器可协同进行工作，提升运算性能。

3. VIA 系列 CPU

我国台湾的威盛公司（VIA）在收购了原世界第三大 CPU 制造公司，即美国的 Cyrix

公司之后，研发出了代号为 C3 的 CPU 产品，C3 系列 CPU 的性能要比 Intel、AMD 公司的产品差，但是其功耗极低，主要应用在移动设备以及低端台式机市场，目前在市场上相对份额较少。

4. 龙芯

龙芯（Loongson）是中国科学院计算技术研究所自主开发的通用 CPU，采用简单指令集。第一代的速度为 266 Mhz，而龙芯 2 号速度最高为 1GHz。龙芯 3 号目前还在设计当中，但是知道的是龙芯 3 号为多核心设计。

（1）龙芯 1。

龙芯 1 号（英文名称 Godson-1）于 2002 年研发完成，是一颗 32 位元的处理器，内频（也称主频）266MHz。

（2）龙芯 2。

龙芯 2 号（英文名称 Godson-2）于 2003 年正式完成并发布。它是一款 64 位处理器，内频为 300 Mhz 至 500 Mhz。采用 0.13μm 的制程技术。

（3）龙芯 2E。

2006 年 9 月 13 日，中国科学家宣布研制成功通用中央处理器芯片龙芯 2E。它是一款采用 64 位元 MIPSIII指令集的 RISC 处理器，采用 90nm 的 CMOS 工艺，晶体管数目是 4700 万个，芯片面积是 6.8mm×5.2mm。最高主频达到 1.0GHz，一般频率是 800 Mhz，功耗为 5～7W。实际运行频率 660 Mhz。规格方面，龙芯 2E 处理器有 128 KB 一级缓存、512 KB 二级缓存。性能方面，它的单精度浮点运算速度是每秒 80 亿次，双精度浮点运算速度是每秒 40 亿次。龙芯 2E 在 1.0GHz 主频下，综合性能达到 Pentium Ⅲ和 Pentium 4 的水平。

（4）龙芯 2F。

目前这款处理器还在研发中，据官方消息，龙芯 2F 处理器具有以下特点。首先，处理器和北桥芯片被整合为一；其次，龙芯 2F 的起始主频为 1.2GHz；第三，龙芯 2F 使用的内存为 DDR2；最后，龙芯 2F 采用了 USB 2.0 的接口。

2.3　主板

主板是计算机最主要的部分，它主要用来连接 CPU 及其外围部件，一块主板的性能高低，直接影响到整个计算机的性能。

2.3.1 主板概述

1. 主板的主要组成

主板，安装在机箱内，是微机最基本的也是最重要的部件之一。主板上面安装了计算机的主要电路系统，一般有 BIOS 芯片、I/O 控制芯片、键盘和面板控制开关接口、指示灯插接件、扩充插槽、主板及插卡的直流电源供电接插件等元件。主板的另一特点是采用了开放式结构。主板上大都有若干个扩展插槽，供 PC 机外围设备的控制卡（适配器）插接。通过更换这些插卡，可以对微机的相应子系统进行局部升级，让厂家和用户在配置机型方面有更大的灵活性。总之，主板在整个微机系统中扮演着举足轻重的脚色。可以说，主板的类型和档次决定着整个微机系统的类型和档次，主板的性能影响着整个微机系统的性能。

2. 主板的分类

（1）按支持的 CPU 接口类型划分。

由于 CPU 采用不同的接口类型，主板也必须有对应的接口相配合，初步可以划分为支持 Intel CPU 和支持 AMD CPU 的主板，而同一厂商的 CPU 又因为接口形式不同需要不同的主板与之配合。例如支持 Intel CPU 的主板分为 Socket 478 接口和 LGA 775 接口，支持 ADM CPU 的主板分为 Socket 939、Socket 940 和 Socket AM2 接口等。

（2）按主板的结构划分。

主板结构分为 AT、Baby-AT、ATX、Micro ATX、LPX、NLX、Flex ATX、EATX、WATX 以及 BTX 等结构。其中，AT 和 Baby-AT 是多年前的老主板结构，现在已经淘汰；而 LPX、NLX、Flex ATX 则是 ATX 的变种，多见于国外的品牌机，国内尚不多见；EATX 和 WATX 则多用于服务器/工作站主板；ATX 扩展插槽较多，PCI 插槽数量在 4～6 个；Micro ATX 又称 Mini ATX，是 ATX 结构的简化版，就是常说的“小板”，扩展插槽较少，PCI 插槽数量在 3 个或 3 个以下，多用于品牌机并配备小型机箱；而 BTX 则是 Intel 制定的最新一代主板结构。目前国内市场上主板主要为 ATX 与 Micro ATX 结构。

- ATX 结构

ATX 是将 Baby AT 与 LPX 两种结构规范的优点整合为一，它在 Baby AT 的基础上逆时针旋转了 90°，直接提供 COM、LPT、PS/2 Mouse、PS/2 Keyboard 接口。另外在主板设计上，内存槽可以紧挨最右边的 I/O 槽，将 CPU 插槽位置设计于远离扩充槽，以便插入长卡而不会挡到 CPU，内存条更换也更加方便。外设接口集成于主板上，减少了电磁辐射，节约空间。ATX 主板结构如图 2-18 所示。

- Micro ATX 结构

Micro ATX 是依据 ATX 规格所改进而成的一种新标准，它的主要特性：支持目前的 CPU 技术、更小的主机板尺寸、更小的电源。但是 Micro ATX 主机板上可以使用的 I/O 扩展槽也相对减少了，Micro ATX 支持最多四个扩充槽。Micro ATX 规范的主机板可以使用 ATX 机箱与电源。Micro ATX 主板结构如图 2-19 所示。

图 2-18　ATX 主板

图 2-19　Micro ATX 主板

2.3.2 主板的主要部件

1. CPU 插槽

我们知道，CPU 需要通过某个接口与主板连接后才能进行工作。CPU 经过这么多年的发展，采用的接口方式有引脚式、卡式、触点式、针脚式等。不同类型的 CPU 具有不同的 CPU 插槽，因此选择 CPU，就必须选择带有与之对应插槽类型的主板。不同类型的主板 CPU 插槽，在插孔数、体积、形状上都不同，所以不能互相接插。

2. 内存插槽

内存插槽（DIMM）是指主板上用来安放内存的地方。主板所支持的内存种类和容量都由内存插槽来决定。目前主要应用于主板上的内存插槽有 DDR 和 DDR2 两种型号，如图 2-20 和图 2-21 所示。内存条与内存插槽之间通过金手指连接，内存条正反两面都带有金手指。金手指可以在两面提供不同的信号，也可以提供相同的信号。

DDR 内存采用 184Pin DIMM 结构，金手指每面有 92Pin，金手指上只有一个卡口。

DDR2 DIMM 为 240pin DIMM 结构，金手指每面有 120Pin，与 DDR DIMM 一样，金手指上也只有一个卡口，但是卡口的位置与 DDR DIMM 稍微有一些不同，因此 DDR 内存是插不进 DDR2 DIMM 的，同理 DDR2 内存也是插不进 DDR DIMM，因此在一些同时具有 DDR DIMM 和 DDR2 DIMM 的主板上，不会出现将内存插错插槽的问题。

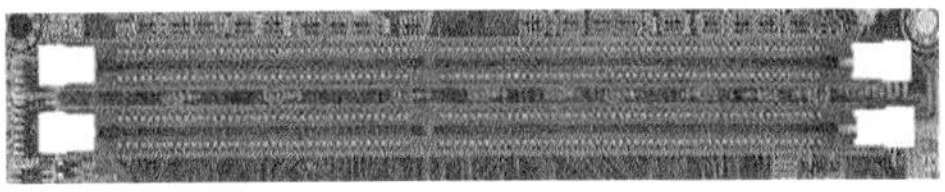

图 2-20　DDR DIMM

图 2-21　DDR2 DIMM

3. 显卡插槽

显卡插槽是指显卡与主板连接所采用的接口种类。显卡的接口决定着显卡与系统之间数据传输的最大带宽，也就是瞬间所能传输的最大数据量。

随着各种 3D 游戏和软件对显卡的要求越来越高，主板和显卡之间需要交换的数据量也越来越大，如果显卡插槽的传输速度不能满足显卡的需求，显卡的性能就会受到很大的限制。显卡发展至今主要出现过 ISA、PCI、AGP、PCI Express 等几种接口类型，所能提供的数据带宽依次增加。其中 2004 年推出的 PCI Express 接口已经成为主流。

Intel 提出的 AGP（加速图形标准）接口标准，需要专用的主板芯片组提供图形控制器和主板芯片组之间专用的高速数据通道——且只有图形控制器独占这一通道。AGP 插槽标准分为 1X、2X、4X 和 8X，一倍速（1X）数据传输率可达 264 MB/S。AGP 2X（二倍速）在每个 AGP 时钟下可执行两个操作，数据传输率可达 528 MB/S；AGP 4X 标准数据传输率可达 1.06GB/S；AGP 8X 标准数据传输率可达 2.1GB/S。AGP 总线插槽如图 2-22 所示。

PCI-Express 是最新的总线和接口标准，如图 2-23 所示。它原来的名称为“3GIO”，是由 Intel 提出的，很明显，Intel 的意思是它代表着下一代 I/O 接口标准。交由 PCI-SIG（PCI 特殊兴趣组织）认证发布后才改名为“PCI-Express”。这个新标准将全面取代现行的 PCI

和 AGP，最终实现总线标准的统一。它的主要优势就是数据传输速率高，目前最高可达到 8GB/s 以上，而且还有相当大的发展潜力。PCI Express 也有多种规格，从 PCI Express 1X 到 PCI Express 16X，能满足现在和将来一定时间内出现的低速设备和高速设备的需求。

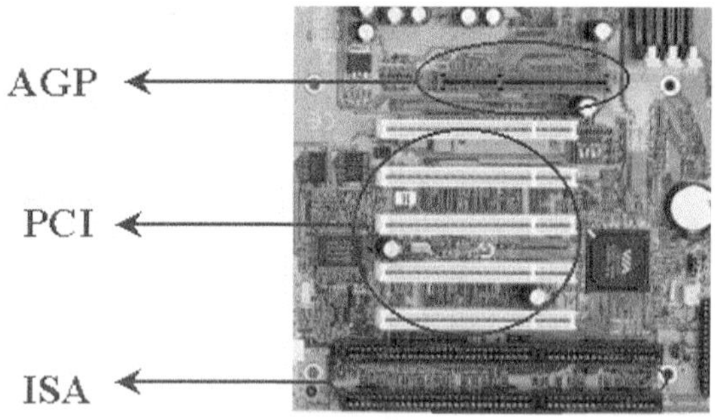

图 2-22 总线插槽

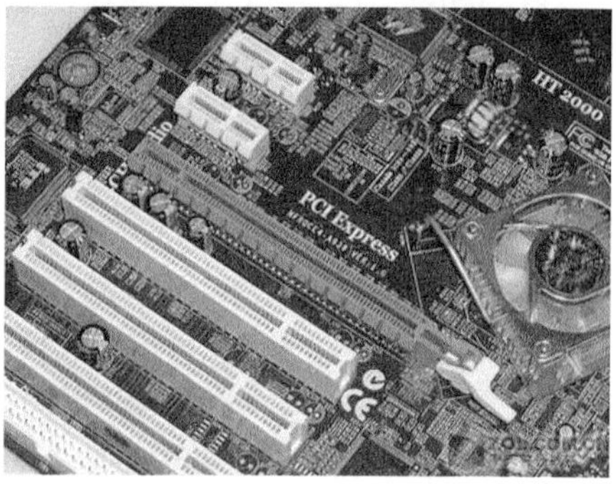

图 2-23 PCI-Express 接口

4. PCI 插槽

PCI 插槽是基于 PCI 局部总线（Pedpherd Component Interconnect，周边元件扩展接口）的扩展插槽，其颜色一般为乳白色，位于主板上 AGP 插槽的下方，ISA 插槽的上方。其位宽为 32 位或 64 位，工作频率为 33MHz,最大数据传输率为 133 MB/S（32 位）和 266 MB/S（64 位）。可插接显卡、声卡、网卡、内置 Modem、内置 ADSL Modem、USB2.0 卡、IEEE1394 卡、IDE 接口卡、RAID 卡、电视卡、视频采集卡以及其他种类繁多的扩展卡。PCI 插槽是主板的主要扩展插槽，通过插接不同的扩展卡可以获得目前电脑能实现的几乎所有功能，是名副其实的“万用”扩展插槽。

5. 数据线接口

数据线接口是主板用来连接光驱、硬盘等存储设备的主要通道。目前个人电脑常用的数据线接口主要有软驱接口、IDE 数据线接口以及 SATA 数据线接口。

随着技术的发展，软驱基本上已经被淘汰了，但是很多主板通常还是保留了一个软驱数据线接口，方便需要的用户使用。

目前光驱、硬盘数据线接口一般为 IDE 接口和 SATA 接口，前者多用于连接光驱设备及上一代 IDE 硬盘，后者则用于连接目前主流的 SATA 接口光驱和硬盘。

6. 南/北桥芯片

北桥芯片（North Bridge）是主板芯片组中起主导作用的最重要的组成部分，也称为主桥（Host Bridge）。

一般来说，芯片组的名称就是以北桥芯片的名称来命名的，例如 Intel 845E 芯片组的北桥芯片是 82845E，875P 芯片组的北桥芯片是 82875P 等。

北桥芯片负责与 CPU 的联系并控制内存、AGP 和 PCI 数据在北桥内部传输，提供对 CPU 的类型和主频、系统的前端总线频率、内存的类型（SDRAM、DDR SDRAM 以及 RDRAM 等）和最大容量、ISA/PCI/AGP 插槽、ECC 纠错等支持。整合型芯片组的北桥芯片还集成了显示核心。北桥芯片就是主板上离 CPU 最近的芯片，这主要是考虑到北桥芯片与处理器之间的通信最密切，为了提高通信性能而缩短传输距离。因为北桥芯片的数据处理量非常大，发热量也越来越大，所以现在的北桥芯片都覆盖着散热片，有些主板的北桥芯片还配有风扇进行散热。

南桥芯片（South Bridge）是主板芯片组的重要组成部分，一般位于主板上离 CPU 插槽较远的下方，PCI 插槽的附近。这种布局是考虑到它所连接的 I/O 总线较多，离处理器远一点有利于布线。

相对于北桥芯片来说，其数据处理量并不算大。南桥芯片不与处理器直接相连，而是通过一定的方式与北桥芯片相连。

南桥芯片负责 I/O 总线之间的通信，如 PCI 总线、USB、LAN、ATA、SATA、音频控制器、键盘控制器、实时时钟控制器、高级电源管理等，这些技术一般来说比较稳定，所以不同芯片组中南桥芯片可能是一样的，不同的只是北桥芯片。南桥芯片的发展方向主要是集成更多的功能，例如网卡、RAID、IEEE 1394、甚至 WI-FI 无线网络等。

7. CMOS 与 BIOS 芯片

CMOS 是英文“互补金属氧化物半导化”的缩写。本意是指制造大规模集成电路芯片用的一种技术或用这种技术制造出来的芯片。在这里是指主板上一块可读写的存储芯片。它存储了微机系统的时钟信息和硬件配置等信息。系统加电引导时，要读取 CMOS 信息，用来初始化机器各个部件的状态。靠系统电源或后备电池来供电，关闭电源信息不会丢失。

BIOS（Basic Input/Output System）是基本输入输出系统的缩写。指集成在主板上的一个 ROM 芯片，其中保存了微机系统最重要的基本输入输出程序、系统开机自检等程序。它负责开机时，对系统各项硬件进行初始化设置和测试，以保证系统能正常工作。具体地讲，BIOS 中主要存放以下数据。

自诊断程序：通过读取 CMOS RAM 中的内容识别硬件配置，对其进行自检和初始化；

CMOS 设置程序：引导过程中，用特殊热键启动，进行设置后，存入 CMOS RAM 中；

系统自举装载程序：在自检成功后将磁盘 0 道 0 扇区上的引导程序装入内存，让其运行以装入 DOS 系统；

主要 I/O 设备的驱动程序和中断服务。

由于 BIOS 直接和系统硬件资源打交道，因此总是针对某一类型的硬件系统，而各种硬件系统又各有不同，所以存在各种不同种类的 BIOS，随着硬件技术的发展，同一种 BIOS 也先后出现了不同的版本，新版本的 BIOS 比起老版本来说，功能更强。

目前市场上主要的 BIOS 有 AMI BIOS 和 Award BIOS 以及 Phoenix BIOS，其中，Award 和 Phoenix 已经合并，二者的技术也互有融合。

由于 CMOS 与 BIOS 都跟微机系统设置密切相关，所以才有 CMOS 设置与 BIOS 设置的说法，CMOS 是系统存放参数的地方，而 BIOS 中的系统设置程序是完成参数设置的手段。因此，准确的说法是通过 BIOS 设置程序对 CMOS 参数进行设置。而我们平常所说的 CMOS 设置与 BIOS 设置是其简化说法。

8. I/O 接口

I/O 接口是计算机与外设之间传送信息的部件。目前所生产的 ATX 主板都集成了常用的标准 I/O 接口，连接到主机外的接口有并行接口、串行接口、USB 接口、PS/2 键盘接口和鼠标接口等，如图 2-24 所示。

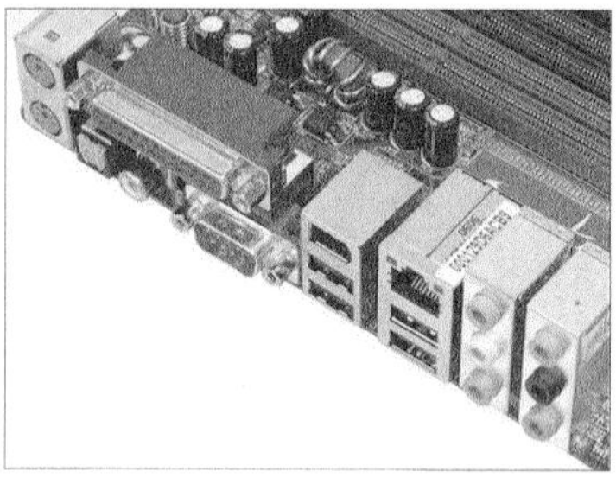

图 2-24 I/O 接口

2.4 主板芯片组

2.4.1 主板芯片组

早期的主板布满了分立元器件和芯片，这些元器件和芯片占用了很大的主板面积，能耗大，可靠性低。随着微电子技术的发展，大部分芯片集成到几块芯片中，我们称为芯片组（Chipset）。目前在主板上，有两块较大的芯片组，分别为北桥芯片（North Bridge Chip）和南桥芯片（South Bridge Chip）。

芯片组的功能主要是提供对 CPU 的支持、提供内存管理、提供 Cache 管理、提供标准 I/O 芯片、提供 I/O 扩展插槽（总线插槽）、增加 I/O 芯片（提高集成度）。其中北桥芯片主要提供内存管理、对 CPU 的支持和 AGP 插槽，南桥芯片提供其他的功能。图 2-25 表明了芯片组的传统功能结构。其中 CPU to PCI bridge、PCI Slot 和 memory controler 功能由北桥芯片提供，其他由南桥芯片提供；由 PCI 局部总线连接南北桥芯片。而目前常见的芯片组南/北桥芯片之间采用专用总线相连接，PCI 总线则由南桥芯片提供，如图 2-26 所示。

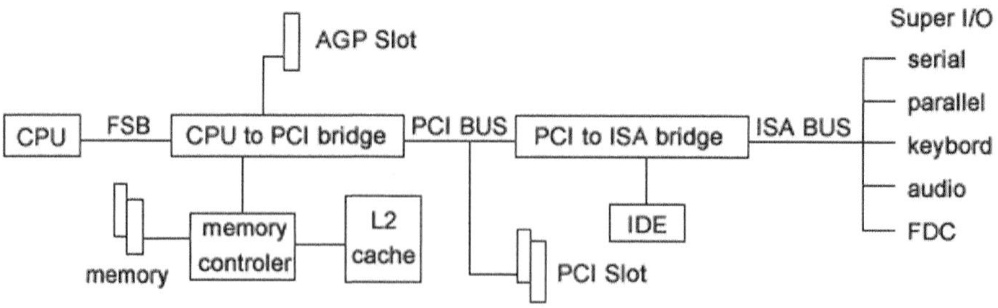

图 2-25 芯片组的传统功能结构

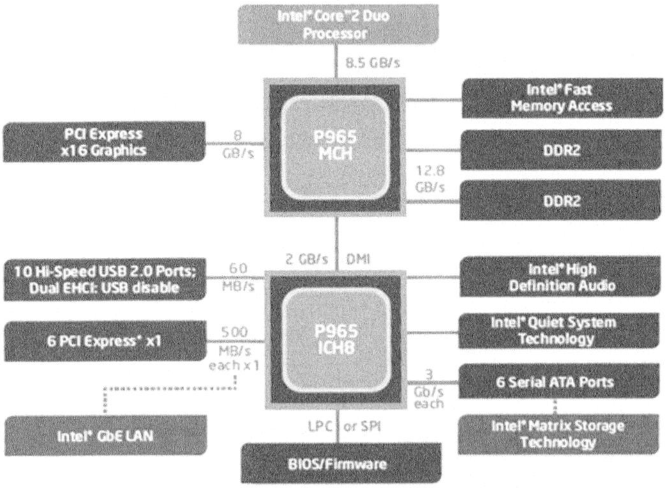

图 2-26　Intel P965 芯片组的功能结构

下面我们分别看一看芯片组提供的功能。

（1）提供对 CPU 的支持。

主板能安放何种档次 CPU 是由芯片组决定的。CPU 种类不同，引脚不同，时序也不同，需要不同的芯片组支持。计算机系统时钟及各种与其同步的时钟也是由芯片组决定的。常说的 60/66 MHz、100 MHz、133 MHz、166 MHz、200 MHz 指的就是计算机的系统时钟（又称 CPU 外部时钟、外频、前端总线频率）。

（2）提供内存管理。

芯片组决定了内存的容量、可使用的内存条类型等。内存的读写周期也是由芯片组控制的。此外，使用何种内存（SDRAM、RDRAM 还是 DDR RAM）也是由芯片组决定的。

（3）提供 Cache 管理。

Cache 常出现在各种外设中，如硬盘有 Cache（磁盘缓冲器）。主板上的 Cache 是内存的缓冲器（称为 L2 Cache），它可将常用的程序和数据放在高速的 Cache 中供 CPU 读取，通过它可提高系统的速度。使用的 Cache 芯片类型、最大容量也由芯片组决定。

（4）提供标准 I/O 芯片（如中断控制器、定时器等）。

在 PC/XT 机上有 8259 中断控制器、8253 定时器等，但从 286 及以上档次的微机开始，已没有这些芯片了，它们被集成到芯片组中。在 586 以上档次的芯片组中还提供一些通用的接口，如串口、并口以及 IDE 接口等（有些接口要附加一些集成电路芯片）。

（5）提供 I/O 扩展槽。

I/O 扩展插槽（总线插槽）是 PC 机为扩充功能而设计的。PC 机配置了基本的 I/O 芯片，如 8259、8253 等。但这些还不够。早期为扩展计算机的功能，设计者每次为扩展功能，就要重新设计整个计算机的线路板。这不仅浪费时间，也容易出错。为使各种功能的接口卡能与主机连接，IBM 在设计 PC 机的初期，就使用了 I/O 扩展插槽。使用标准扩展插槽可以简化主板和接口卡的设计：只要遵守插槽设计规范，就可以插上使用。

（6）增加了 I/O 芯片。

随着芯片组集成度的提高，RTC（实时时钟芯片）、KBC（键盘接口芯片）也集成到芯片组中。这大大减少了故障率，降低了成本。目前生产芯片组的厂商只有四五家，最大的生产商为 Intel，其他的生产商还有 VIA（威盛）、SIS（矽统）、ALI（扬智）、nVidia 等。

2.4.2 主要芯片组产品

1. Intel 的主流芯片组

（1）Intel 845。

Intel 845 支持 Socket 478 架构 P4 CPU。Intel 845 又分为 845、845E、845G、845GE、845GV、845GL、845PE 等。

845 系列芯片组由两个控制器中心组成：82845 内存控制器中心（MCH）支持达 533/400 Mhz 的系统总线、DDR333/266 或 PC133 SDRAM 内存和采用 1.5V AGP4X 接口的图形设备；82801 I/O 控制器中心（ICH2/4）直接与图形和内存连接，能获得与外设之间更快的访问速度。它提供了扩展 PC 功能模块需要的特性和带宽。

845G/GE/GV/GL 等芯片组集成有 Intel Extreme Graphics 图形芯片，其中 845GL 不再提供 AGP 插槽。

Intel 845 芯片组最早支持 PC133 SDRAM 内存规范，随着 DDR 内存的普及，Intel845 芯片组才转向支持 DDR 内存规范。

（2）Intel 865。

Intel 865 系列芯片组主要有 865P、865PE、865GE、865GV 等产品。

Intel 865 的结构与 845 系统相似：82865 内存控制器中心（MCH）支持高达 800/533/400 Mhz 的系统总线、双通道 DDR400/333/266 内存及 AGP 8X 图形接口标准；I/O 控制器中心（ICH5/ICH5R）提供了 PCI2.0、USB 2.0、SATA 等最新的接口技术规范，ICH5R 同时也提供了对 RAID 接口技术的支持。

865 系列芯片组在技术上最大的特点就是对超线程技术的支持和双通道 DDR 内存技术，这极大地提高了 865 系列芯片组的性能。

（3）Intel 915。

Intel915X 系列芯片组不仅是 LGA775 接口处理器的最佳搭档，还将众多全新技术引入了实际应用。915X 完全抛弃了 AGP 总线，改为使用更先进的 PCI-E 总线，可为图形芯片、高速存储设备和网络设备带来更高的数据传输带宽，而且突破性的支持 DDR2 内存。搭配 ICH6 系列南桥芯片支持 HD-AUDIO 音频规范，支持 RAID 功能的 ICH6R，还提供了全新的 MATRIX STORAGE 功能，兼顾了成本、性能和安全。

（4）Intel 945。

945X/955X 支持 EM64T 技术，配合 ICH7/R 南桥芯片，提供对 SATA2 规格的支持。945G 整合 GMA950 图形核心，较 GMA900 核心频率有所提高，3D MARK03 测试成绩接近 5200 独立显卡。他的出现预示着个人电脑开始向双核芯时代迈进。

（5）Intel 965。

Intel 965 芯片组支持所有 533/ 800/ 1066 Mhz FSB 的处理器，其中包含 Pentium D 900

系列处理器及 Conroe 核心处理器，并正式支持双通道 DDR2 800 规格的内存。965 系列芯片组还支持 Clear Video 技术、内建更新的图形核心、支持 Advanced Digital Display、对应 Viiv 技术与 Averill Pro 平台、Intel AMT/VT 技术。

（6）Intel 3 系列芯片组。

Intel 3 系列芯片组包含多个不同的版本，芯片组核心采用 65 nm 工艺生产。芯片组的代号都采用“3x”表示，比如 P35 或者 G35 等。新的芯片组支持所有 Intel 在近期推出的处理器，包括基于双核心的 Wolfdale 以及四核心的 Yorkfield。除了 G35 之外，所有其他版本的芯片组都支持 DDR3 内存和 1333 MHz 前端总线。

（7）Intel 4 系列芯片组。

2008 年 6 月 3 日，英特尔公司推出由英特尔 G45、G43、P45 和 P43 高速芯片组组成的英特尔 4 系列芯片组家族，它们均在视频和图形、性能与能效方面做了极大的改进，势必将推进微机向高端娱乐与通信中心的方向发展。

这一代的芯片组代号为 Eaglelake，采用全新的 65 nm 制造工艺，加入了对 PCI-E 2.0 的支持，并且搭配了全新一代 ICH10 系列南桥芯片。

2. NVIDIA 芯片组产品

（1）nForce 500 芯片组。

在 AMD 推出新的 AM2 接口的处理器以后，NVIDIA 也迅速推出 nForce 500 系列的芯片组。系列产品主要包括 nForce 590 SLI、nForce 570 SLI、nForce 570 Ultra、nForce 550 和 nForce 510 等。

对于 Intel 平台，NVIDIA 则推出了 590/570 SLI IE 两款芯片。nForce 590 SLI 提供了 48 条 PCI-E 通道，因此支持双 PCI-E X16 规格的 SLI；nForce 570 SLI 只有 20 条 PCI-E 通道，因此只支持双 PCI-E X8 规格 SLI。前端总线上两者均支持 1066 Mhz，内存则支持 DDR2 667，其中 590 SLI 还支持 NVIDIA 的 EPP 内存标准。硬盘接口方面，590 SLI 支持 6 个 SATA 和 2 个 IDE，570 SLI 支持 4 个 SATA 和 4 个 IDE，同时均支持 RAID 0/1/0+1/5 模式。590 SLI 配备了双千兆以太网控制器，并支持 FirstPacket 技术，570 SLI 只有一个。此外，590 SLI 和 570 SLI 均配备高清音频控制器，并支持 8/10 个 USB 2.0 接口。

（2）nForce 600 芯片组。

在推出 nForce 500 芯片组不久，NVIDIA 又再次更新了旗下的芯片组，命名为 nForce600i/a（i、a 分别表示 Intel 和 AMD 平台）。

（3）nForce 700 芯片组。

这是 NVIDIA 即将发布的全新一代的芯片组。AMD 平台有 nForce 780a 和 nForce 750a 两款产品，其中 nForce 780a 定位高端市场，配备三条支持 PCIe 2.0 标准的 PCIe x16 显卡插槽，nForce 750a 和它的区别是只配备了两条 PCIe x16 显卡插槽，两个芯片组全都支持 AMD AM2+/M2 接口的全系列处理器和 DDR2-1066 Mhz 内存。

Intel 平台包括被正式命名为 nForce 780i（C72 XE）和 nForce 750i（C72 P）的两款 C72 芯片组。两款芯片组都支持 Intel 目前所有的 LGA775 接口处理器、即将发布的 45nm 处理器和 DDR2-1066 Mhz 内存。NVIDIA 还在 2008 年的第一季度发布只支持 DDR3 内存的高端 nForce 790i 芯片组，它用来对抗 Intel 自家的芯片组产品。

3. VIA 的部分芯片组产品

（1）VIA K8T800/K8T800Pro。

VIA K8T800 是 VIA 在 K8 平台上的第一款芯片组，支持 754 针脚 Athlon64 系列处理器，支持 400 前端总线、AGP8x、USB2.0 等技术。可以说是 KT600 的 64bit 版，而 K8T800 在价格上的优势使得很多厂商都在出货时采用该芯片组的主板，销量也十分不错。

VIA K8T800 Pro 是第一款支持 939 针脚 Athlon64 处理器的主板。由于 S939 的 Athlon64 内建 128bit 双通道内存控制器，所以能够充分发挥 DDR400 的效能，其余规格方面 K8T800Pro 与 K8T800 并无差异。

（2）VIA K8T890/K8T890Pro。

K8T890 依然采用了传统的南北桥构架设计，支持 AMD 全系列 Socket754/939 的 Opteron、Athlon FX、Athlon 64 和 Sempron 处理器。北桥芯片与处理器之间采用 1GHz 16bit 的 Hyper Transport 总线连接，理论总线带宽达到了 8GB/s。K8T890 支持单通道或双通道 DDR266/333/400 规格的内存，它为处理器提供了理论上最大 6.4GB/s 的内存带宽。和其他厂商推出的 PCI-Express 芯片组不同的是，K8T890 北桥芯片可以直接支持 PCI-Express x1，而不像其他厂商的产品是通过南桥芯片提供的。

（3）VIA K8T900。

威盛的新品 K8T900 芯片组中引用 Dual GFX Express Pro 技术，这项技术除了能够更大地提升游戏性能外，还能够借助 Dual GFX Express Pro 的多屏显示技术为用户的其他处理工作带来更多的便利。

K8T900 芯片组提供了多达 20 条 PCI Express 总线支持，可对单条 PCI Exprss x16 或两条 PCI Exprss x8 提供完美支持。并可另外提供 4 个 PCI Exprss x1 接口。

（4）VIA PT880。

VIA PT880 是专门为 Intel Pentium 4 处理器设计的芯片组，不仅支持 800 Mhz 前端总线、Hyper-Threading 和 AGP 8X，还集成了最新的 VIA DualStream64 双通道 DDR400 内存控制器。PT880 搭配 VIA VT8237 南桥芯片，支持 SATA/RAID、8 声道音频和千兆以太网等。

（5）VIA PT890。

威盛 PT890 支持全系列 Intel Pentium 处理器，包括高达 1066 Mhz 前端总线的处理器，为系统集成商和 OEM 厂商提供完美的桌面平台解决方案，可以充分实现 Microsoft's Windows Vista 强大的 3D 显示效果。

2.5 PC 机内存系统

2.5.1 存储器

存储器是计算机系统中的记忆设备，用来存放程序和数据。计算机中的全部信息，包括输入的原始数据、计算机程序、中间运行结果和最终运行结果都保存在存储器中。它根据控制器指定的位置存入和取出信息。存储器有两项指标比较重要：容量和速度。

容量一般用 bit（比特）或 Byte（字节）为单位。速度（存取时间，又称读写时间或读写周期）一般以 ns（纳秒）为单位，它表示该芯片的最大读写时间。如某芯片标有“4010-60”字样；它的含义是：容量为 4MB；结构是每个存储单元有 4 位，共有 1024×1024=1MB 个存储单元；读写时间最大为 60ns。

按其存储的数据是否可改写，存储器可分为 ROM 和 RAM 两种。

ROM（Read Only Memory）——只读存储器，数据不能被改写，掉电后数据不丢失。在计算机中常用于存储 BIOS 程序。ROM 中的数据是在制造 ROM 的时候，由厂家写入的。其封装后外形一般是双列直插式（DIP）的集成块。

RAM（Random Access Memory）——随机存储器。它与 ROM 的主要不同是数据可以写入，但掉电后数据将丢失。在计算机中常用于内部存储器（内存），存放运行的程序和数据。RAM 又可分为 SRAM（Static RAM——静态随机存储器）和 DRAM（Dynamic RAM ——动态随机存储器）。DRAM 与 SRAM 的最大不同是，DRAM 必须在几十毫秒间隔内，将数据读出并再写入——这称为存储器的刷新，否则数据将丢失。刷新增加了读写时间（约增加 7%），这使得 DRAM 比 SRAM 速度要慢。但 DRAM 比 SRAM 电路简单，因而集成度高（同样芯片面积上可做出更多的存储单元），在需大量使用存储器的计算机中，DRAM 被广泛使用。计算机的内存，主要由 DRAM 组成。

一般来说：ROM 需要的读写时间最长，DRAM 次之，SRAM 最短。但 SRAM 价格较高，不能作为主存储器。在计算机中 SRAM 主要用作高速缓冲器（Cache）。

2.5.2　DRAM 及 DRAM 控制技术的发展

近年来，内存也在加快发展，现正从原先使用的 DRAM 经由 EDO DRAM、SDRAM，改换为速度更快的 DRAM。这里我们介绍几种 DRAM 控制技术。它们的共同点是如何缩短读写单元地址的时间和缩短数据输出输入的时间。

1. 内存的基本工作方式

RAM（DRAM，SRAM）芯片设计得象一个矩阵，一个存储单元位于行、列的交叉点，有一个行地址和一个列地址。芯片被读写前，内存控制器要给出读写单元的地址。之后，芯片内部的逻辑电路将地址转换成该单元的行、列值后，CPU 才能读写指定的单元。一个标明为 70 ns 的芯片要用 70 ns 才能读或写一个存储单元的数据。此外，还要额外的时间从 CPU 得到地址信息。对系统而言，一个完整的内存读写周期，是从内存控制器发一个地址信息给内存开始，到它再传送下一个地址信息给内存之前这一段时间，一般用时 100 ns。

具体说：

（1）选中地址：CPU 向内存控制器发出地址，内存控制器再向内存芯片传送这一地址，芯片内的逻辑电路将地址转换为存储单元的行地址和列地址；

（2）把数据从选中的存储单元传送到内存芯片的输出电路；

（3）内存芯片输出数据到外部。

存储器控制技术就是要减少其中的一步或多步所用的时间，以减少总的读写时间。

若要 DRAM 与 CPU 以相同时钟工作，66 Mhz 的 Pentium 需要 30 ns 的 DRAM。但目

前最快的普通 DRAM 约为 100 ns。现今解决 CPU 与主内存之间的速度匹配的主要方法是在 CPU 与 DRAM 间加上用 SRAM 作成的二级高速缓存（L2 Cache），这种内存系统可以承担系统 85%的内存请求，而不需 CPU 增加额外的等待周期。此外，下面几种技术可以提高 DRAM 的速度，绕过这个瓶颈，但仍不能做到 DRAM 与 CPU 同步。这些技术也适用于 SRAM。

2. FP DRAM——快页模式动态随机存储器（Fast Page Mode RAM）

早先我们所用的 DRAM 都是页模式随机存储器——PM RAM（Page Mode RAM）。稍后使用快页模式随机存储器——FP RAM（Fast Page RAM）。FP RAM 的速度之所以能提高是基于这样一个事实——计算机中大量的数据是连续存放的。比如，若一个数据与前一个数据的行地址相同，内存控制器就不必再传一个行地址，只要再传一个列地址就可以了。当 CPU 选中某单元时，我们有理由认为下一个地址就是 CPU 要选的。由于大量的数据是连续存放的，FP RAM 这种控制方式使我们能用较少的时钟周期读出较多的数据。这样存取同一“页”数据的速度与效率就大大提高了（行地址不变时，列地址可寻址的空间称为一“页”；一页通常为 1024 字节的整数倍）。显然，FP RAM 的这种工作方式需要内存芯片和内存控制器共同配合才能完成。在 586 级主板上，内存控制器被制作在主板的芯片组中。FP DRAM 读写时间约为 40ns。

3. EDO DRAM——扩充数据输出 DRAM（Extended Data Output RAM）

EDO DRAM 是在 FP DRAM 基础上加以改进的存储器控制技术。它可以在输出一个数据的过程中，就准备下一个数据的输出。EDO DRAM 采用一种特殊的内存读出控制逻辑，在读写一个地址单元时，同时启动下一个（连续）地址单元的读写周期，从而节省了重选地址的时间，使存储总线的速率提高到 40 Mhz。与 FP DRAM 相比，由于增大了输出数据所占的时间比例，性能可提高 15%～30%，而其制造成本与 FP DRAM 相近。由于整机性能取决于多方面，有关资料称实测 EDO DRAM 与 FP DRAM 比较，整机性能提高约 5%，EDO DRAM 读写时间约为 20～30 ns。

4. 双口方式动态随机存储器

通常 DRAM 只有一个读写端口。经特殊设计的 DRAM 可以有“双口”：其中一个端口可直接由 CPU 存取，而另一个端口可独立地被其他部件经“直接存取通道”存取。“直接存取通道”不必等待 CPU 完成读写后再工作，而是可同时工作，这就比一般的 DRAM 要快些。

使用双口方式的 FP DRAM 常用于显示卡。一种称为 VRAM（Video DRAM）的显示内存读写时间为 48 ns。双口方式的 FP DRAM 在被 CPU 读写的同时亦可由显示控制器（CRTC）经“直接存取通道”读写。

5. SDRAM——同步动态随机存储器（Synchronous DRAM）

上面几种存储器都属于“非同步存储器”。与它们不同，SDRAM（Synchronous DRAM）可以与系统时钟同步工作。SDRAM 使用双存储体结构，内含两个交错的存储阵列，当 CPU

从一个存储阵列访问数据的同时，在内存控制器作用下另一个已准备好读写数据。通过两个存储阵列的切换，读写效率得到成倍提高。这在开始的时候要多花一些时间，但在以后，每 1 个时钟可以读写 1 个数据，做到了所有的输入输出信号与系统时钟同步。

在系统时钟为 66 Mhz 时，SDRAM 与 EDO DRAM 相比，显示不出其优点，但当系统时钟增加到 100 Mhz 以上后，SDRAM 的优点便很明显。SDRAM 的读写时间为 10～15ns，对整机的贡献大约可提高性能 5%～10%。由于 SDRAM 是双体结构，原则上可用于所有双口方式的地方。比如代替显示卡用的双端口视频内存（VRAM）来提高带宽。

为降低功耗，SDRAM 一般使用 3.3V 电压。部分产品可以使用宽电压（3～5V）。

6. RDRAM

RAMBUS 内存是一种高性能、芯片对芯片接口技术的存储产品，它能使得处理器发挥出最佳的性能。RAMBUS Inc 宣称这种新的技术能够提供十倍于普通 DRAM 和三倍于 PC100 SDRAM 的性能，单根的 RAMBUS DRAM，即 RDRAM，在 16 位的数据传输通道上速度可高达 800 Mhz。

RDRAM 一般工作在 300 Mhz 或 400 Mhz，但由于每一时钟可进行两次读写（利用时钟的上升沿和下降沿），实际上相当于以 600 Mhz 或 800 Mhz 时钟工作。目前，RAMBUS 内存可提供 600 MHz、700 MHz 和 800 MHz 三种速度。

由于 RAMBUS 采用传输总线技术，其所有的内存及连接卡必须连成一个整体以便维持内存数据传输通道的连续性，所以必须在空着的内存槽口插上连接卡，当需要内存升级时，只需要将相应的连接卡换成 RAMBUS 内存即可。

7. ECC DRAM（自动纠错 DRAM Error Checking Correcting）

ECC DRAM 是已经上市的产品。它的主要特点是可以自动纠正存储器中的错误，这在要求高可靠性的服务器、工作站中是非常必要的。

8. DDRRAM

DDRRAM 是 Double Data Rage RAM 的缩写，指的是双数据脉冲随机存取存储器。它是 SDRAM 的更新换代产品，它在 SDRAM 的基础上，采用延时锁定环技术提供数据信号，对数据进行精确定位，在时钟脉冲的上升和下降沿都可传输数据，这样 DDR SDRAM 就在不提高时钟频率的情况下，使数据传输率提高了一倍。

在 100 Mhz 下 DDR SDRAM 可提供 100 Mhz×2×8 Byte=1.6 GB/s 的数据传输率，133 MHz 下可达到 2.1 GB/s。例如它以 133 MHz 运行时其实际工作频率就是 266 MHz，带宽就是 2.1GB/S，高于 DRDRAM 内存的 1.6 GB/S。另外，为了扩展带宽，DDR 内存的引脚数从 SDRAM 内存的 168 线，增加到 184 线；同 SDRAM 内存 3.3 V 的工作电压相比，其工作电压也仅为 2.5 V。

DDR 技术主要有 DDR200、DDR266、DDR333、DDR400，最快的 DDR400 传输速度可达到 3.2 GB/S。对于以上内存也有其他的称呼，分别称为 PC1600、PC2100、PC2700 及 PC3200。

9. DDR2（Double Data Rate2）

DDR2 是由电子设备工程联合委员会进行开发的新生代内存技术标准，但是 DDR2 仍然属于 DDR 的范畴，也就是在时钟信号的上升沿与下降沿传输数据。DDR2 内存拥有两倍于上一代 DDR 内存的预读取能力，即 DDR2 始终能够以 4 倍外部总线的速度读/写数据，并且能够以内部控制总线 4 倍的速度运行。DDR2 内存起始频率从 DDR 内存最高标准频率 400 Mhz 开始，现已定义可以的频率包括 533 Mhz、667 Mhz、800 Mhz 和 1066 Mhz，其工作电压为 1.8 V。DDR2 采用全新定义的 240 PIN DIMM 接口标准，不兼容 DDR 的 184 PIN DIMM 接口标准。

DDR2 采用的新技术主要有以下几种。

OCD：也就是所谓的离线驱动调整，DDR Ⅱ通过 OCD 可以提高信号的完整性，通过调整上拉（pull-up）/下拉（pull-down）的电阻值使两者电压相等。OCD 通过减少 DQ-DQS 的倾斜来提高信号的完整性；通过控制电压来提高信号品质。

ODT：内建核心的终结电阻器。我们知道使用 DDR SDRAM 的主板，为了防止数据线终端反射信号需要大量的终结电阻。它大大增加了主板的制造成本。实际上，不同的内存模组对终结电路的要求是不一样的，终结电阻的大小决定了数据线的信号比和反射率，终结电阻小则数据线信号反射低但是信噪比也较低；终结电阻高，则数据线的信噪比高，但是信号反射也会增加。因此主板上的终结电阻并不能非常好地匹配内存模组，还会在一定程度上影响信号品质。DDR2 可以根据自己的特点内建合适的终结电阻，这样可以保证最佳的信号波形。使用 DDR2 不但可以降低主板成本，还得到了最佳的信号品质，这是 DDR 不能比拟的。

Post CAS：它是为了提高 DDR Ⅱ内存的利用效率而设定的。在 Post CAS 操作中，CAS 信号（读写/命令）能够被插到 RAS 信号后面的一个时钟周期，CAS 命令可以在附加延迟（Additive Latency）后面保持有效。原来的 tRCD（RAS 到 CAS 和延迟）被 AL（Additive Latency）所取代，AL 可以在 0、1、2、3、4 中进行设置。由于 CAS 信号放在了 RAS 信号后面一个时钟周期，因此 ACT 和 CAS 信号永远也不会产生碰撞冲突。

10. DDR3

Intel 在 2007 年 6 月推出的 3 系列芯片组，正式将 DDR3 内存带入桌面领域，这也标志着内存技术开始逐渐转入 DDR3 体系。也就是在同一时间，电子元器件工业联合会 JEDEC 正式完成了 DDR3 内存技术标准的制定。

与 DDR2 相比，DDR3 内存工作在更高的频率下，这也意味着更快的数据传输速度和整体系统性能的又一次提升。除此之外，DDR3 内存还有低功耗的优点，其访问延迟也比 DDR2 内存有了可观的下降。DDR3 内存如图 2-27 和图 2-28 所示。

图 2-27　1066 Mhz 的 DDR3 内存设计

图 2-28　DDR3 内存

以下是 DDR3 内存相对于 DDR2 内存在技术上的一些提升。

（1）功耗和发热量较小。吸取了 DDR2 的教训，在控制成本的基础上减小了能耗和发热量，使得 DDR3 更易于被用户和厂家接受。

（2）工作频率更高。由于能耗降低，DDR3 可实现更高的工作频率，在一定程上度弥补了延迟时间较长的缺点，同时还可作为显卡的卖点之一，这在搭配 DDR3 显存的显卡上已有所表现。

（3）降低显卡整体成本。DDR2 显存颗粒规格多为 4M X 32bit，搭配中高端显卡常用的 128 MB 显存便需 8 颗。而 DDR3 显存规格多为 8M X 32bit，单颗颗粒容量较大，4 颗即可构成 128 MB 显存。如此一来，显卡 PCB 面积可减小，成本得以有效控制，此外，颗粒数减少后，显存功耗也能进一步降低。

（4）通用性好。相对于 DDR 变更到 DDR2，DDR3 对 DDR2 的兼容性更好。由于针脚、封装等关键特性不变，搭配 DDR2 的显示核心和公版设计的显卡稍加修改便能采用 DDR3 显存，这对厂商降低成本大有好处。

2.5.3　SRAM——静态随机存储器

SRAM 也分为异步和同步。在一定的制造技术下，SRAM 容量比其他类型内存低，这是因为 SRAM 需要用更多的晶体管存储一个位（bit），因而造价也高。SRAM 多用于二级高速缓存（L2 Cache）。

一般 SRAM 读写时间（存取速度）可达 15～12 ns。但在存取数据时，它还没有快到能够与高速 CPU 保持同步，CPU 必须等待以匹配其速度。克服速度瓶颈的技术与 DRAM 采用的技术相同。下面我们看看常用的几种 SRAM。

1. Async SRAM（异步静态随机存储器）

这种 SRAM 在 386 时代就作为 L2 Cache 使用。异步静态随机存储器比 DRAM 快些，可以与 386 的 CPU 时钟同步工作。

2. SB SRAM（同步突发静态随机存储器）

SB SRAM 可达到 8.5 ns～12 ns 的“地址/数据”时间（从系统给出地址开始到数据从存储器输出）。在速度为 66 Mhz 的系统上，SB SRAM 在读写数据时可以和系统时钟保持同步。但当总线速度超过 66 Mhz 时（比如 75 Mhz/83 Mhz），SB SRAM 就超负荷了。

3. PB SRAM（管道突发静态随机存储器）

管道或流水线（Pipeline）的意思是通过使用输入输出寄存器，一个 SRAM 可以形成像“管道”那样的数据流水线传输模式。它在装载寄存器时，虽然需要一个额外的启动周期，但寄存器一经装载，就可产生这样的作用：在用现行的地址提供数据的同时能提前存取下一地址。在系统速度为 75MHz 及以上时，这种 PB SRAM 是最快的高速缓存（Cache）。一般讲，PB SRAM 可以匹配系统速度高达 133 MHz 的系统。同时，在较慢的系统中，PB SRAM 与 SB SRAM 性能相当。

PB SRAM 可达到 4.5～8 ns 的“地址/数据”时间。

2.5.4 Cache——高速缓冲存储器

一个系统的内存是由 Cache 和主内存组成。Cache 位于 CPU 和主内存之间，由主板芯片组中的 Cache 控制器和内存控制器协调它们的工作。Cache 能显著提高计算机系统的速度是基于这样一个原理：大部分常用的信息（程序和数据）只占全部信息的一小部分。这样，只要把常用的信息存放在一个高速存储区内（比主内存速度要高），就可以提高系统的速度。因为此时 CPU 大部分时间是在高速的存储区存取。这个高速存储区称为 Cache。据称，这种内存系统可以承担 85%的内存请求，而不需 CPU 增加额外的等待周期。

Cache 使用静态存储器（SRAM），容量一般为 64 KB～1 MB，读写时间为 5～15 ns。具有 Cache 的计算机，当 CPU 进行存储器存取时，首先检查所需内容是否在 Cache 中，如在，则直接存取其中的数据而不必插入等待状态，这种情况叫“命中”。当 CPU 所需信息不在 Cache 中时，则需存取主内存，CPU 插入等待，这种情况称“未命中”。若未命中，在 CPU 存取主内存的同时，数据也要写入到 Cache 中以使下次命中。这个工作是在主板芯片组管理下自动完成的。由于 Cache 速度较高，不用插入等待状态，故可以大大提高系统速度。

提高命中率的最好方法是尽量使 Cache 存放 CPU 最近一直在使用的指令与数据，这是要解决的第一个问题；要解决的另一个问题是必须将 CPU 写入 Cache 中的数据及时写到主存储器中。这方面采用的技术有直写式与回写式两种。

1. WT Cache——直写式 Cache（Write Through）

直写式 Cache 的工作原理，是在 CPU 对 Cache 写入的同时，将数据写入到主存储器中，这样可保证 Cache 中的内容与主存储器的内容完全一致。这种方式简单、可靠，但由于每次对 Cache 更新时都要对主存储器进行写操作，总线工作频繁，运行速度也会受到影响。

2. WB Cache——回写式 Cache（Write Back）

WT Vache 是在写 Cache 的同时，写主存储器。这不仅浪费时间，而且有时是不必要的。回写式 Cache 则是在 CPU 将数据写入 Cache 时，并不立即将数据写入主存储器，而是在 CPU 空闲时再把数据写入主存储器。与直写式系统相比，回写式系统可省下一些不必要的立即回写操作。一个更新过的 Cache 数据，若未被新的数据所取代，则没有必要立刻进行主存储器的写操作。也就是说，实际写入主存储器的次数，可能少于 CPU 实际所执行的写入周期的次数，目前微机中大多使用回写式（Write Back）Cache 系统。

目前，Cache 广泛使用在微机系统中。在 CPU 中即使有 L1 Cache（CPU 内部的 Cache），L2 Cache（CPU 外部的 Cache）也是必要的。因为一旦出现 L1 Cache 未命中的情况，系统性能将明显恶化。在这种情况下采用的办法是在 CPU 芯片之外再加 L2 Cache。L2 Cache 的容量通常比 L1 Cache 大一个数量级以上。在 CMOS 设置中，有一项要求用户确定是否允许使用内部和外部 Cache。在禁止使用 L1 或 L2 Cache 时，系统速度将有显著的降低。外部 Cache 的大小一般为 256 KB/512 KB。目前，普遍采用管道突发同步 Cache（PB SRAM）。

PC 机中的一些部件如硬盘、光驱也都有各自的 Cache 以提高性能。

2.6　硬盘

2.6.1 一般知识

硬盘驱动器简称硬盘，是 PC 机配置的大容量外部存储器。我们平时使用的操作系统以及各种应用程序都存放在硬盘上。随着软件功能的完善，软件系统体积越来越大，没有容量足够大的硬盘是令人无法想象的。PC 机发展至今，硬盘已成为各档次机型的主要配置之一，容量从初期的 10 MB 发展到今天的几十至几百 GB，还有 TB 数量级的，而价格却一落千丈，这也是硬盘技术的发展给用户带来的最大好处。

硬盘使用磁化技术，将信息记录在磁性材料上。记录介质称为盘片。硬盘机工作时，盘片是以恒角速度旋转的。硬盘机的写入电路将“0”和“1”信号编码后，记录在盘片的磁道上。磁道是指盘片上记录信息的很多同心圆。实际存储信息时，每一磁道又分成若干等分——称为扇区。同一磁道相临扇区间各种控制信息，供控制电路读取信息时同步用。各磁道间是保护间隙，在保护间隙中无任何信息。基本原理如图 2-29 所示。

硬盘机使用的磁化技术，原理上与我们通常使用的录音磁带没有什么不同。但录音磁带处理的一般是模拟信号，而磁盘机使用的是数字信号，这样可以避免或减少差错。当然硬盘机的电路和结构也更精密。

目前硬盘都是采用全密封结构，由主轴驱动系统、定位系统、读写系统和硬盘机工作控制系统四大部分组成。

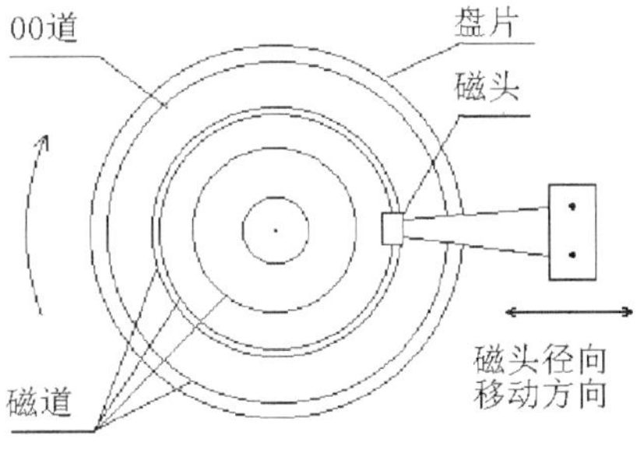

图 2-29　磁道示意图

主轴驱动系统使盘片以恒角速度旋转（目前主流台式机硬盘为 7200 RPM，笔记本硬盘为 5400 RPM），以使盘片上的磁元在通过磁头时产生足够的感应电流。若盘片转动时稳定性差，不仅会导致读写时出错，严重时会造成磁头、盘片的损坏。

定位系统负责磁头对磁道的定位（使磁头在沿盘片的径向移动时，正确对准磁道）。读写系统是数据存取的通道。它负责数据的编译码并从读取的信号中，提取各种定位信息。

早期的硬盘机，硬盘控制器都是在硬盘机外面的。硬盘机内的工作控制系统，接受主机通过硬盘控制器发来的控制命令，并使硬盘机执行要求的动作。十几年前，硬盘机广泛使用的接口是 ST506/412 接口。现在硬盘机的硬盘控制器已经做在硬盘机里面；硬盘机广泛使用的接口有 IDE（ATA）、SCSI、SATA 等几种。

硬盘厂商在标注容量方面是以每 1000 为一进制的，每 1000 字节为 1 KB，每 1000 KB 为 1 MB，每 1000 MB 为 1 GB；众所周知，在计算机中是采用二进制的，这样造成在操作系统中对容量的计算是以每 1024 为一进制，每 1024 字节为 1 KB，每 1024 KB 为 1 MB，每 1024 MB 为 1 GB。这二者的差异造成了硬盘标称容量“缩水”。以希捷 120G 硬盘为例，按照厂商容量计算方法：120GB＝120，000 MB＝120，000，000 KB＝120，000，000，000 字节，而按照操作系统的计算方法：120，000，000，000 字节/1024＝117，187，500 KB/1024＝114，440.91796875 MB＝114 GB。实际使用容量和标称容量足足有 6 GB 相差，随着硬盘容量的增加，这样的容量差异将会越大。

2.6.2 硬盘接口的分类

接口是硬盘与电脑之间连接的通道，硬盘的接口界面主要有 IDE（Integrated Device Electronics）、SATA 和 SCSI（小型计算机系统接口：Small Computer System Interface）。下面我们来看看硬盘接口的发展史吧！

1. 早期接口

最早用于 PC 的硬盘接口是 ST-506/412，它是由希捷公司开发的。这种接口把磁盘的编解码器置于 PC 插槽上的磁盘控制卡上，用一个 34 芯的控制电缆（Control cable）接头和一个 20 芯的数据电缆（Data cable）把硬盘连接起来。它的传输速率可达到 5 MB/S。在早期 PC 如 IBM PC/XT 和 PC/AT 上，使用的硬盘就是以 ST－506/412 为接口的硬盘。这种接口由于使用“改进调频制”（MFM）来进行数据编解码，所以也常称为 MFM 硬盘。由于它支持的传输速度和稳定性都不高，因此到了 1987 年前后，这种接口基本上就被淘汰了。

ST-506/412 问世之后不太久，硬盘接口技术出现了 ESDI（Enhanced Small Drive Interface）接口，它是迈拓公司于 1983 年开发完成，其设计目的是升级和改进 ST506。它的特点是将磁盘数据编解码器放在硬盘本身之中而不是在控制卡上，使硬盘的稳定性和速度都得到了提高。ESDI 和 ST506 一样仍然使用两根电缆来连接硬盘，不过电缆的定义做了改变。ESDI 的理论传输速度是 ST-506/412 接口的 2～4 倍，一般可达到 10 Mbps。当时许多 PC 品牌机都使用了 ESDI 接口，但是由于其成本较高，在九十年代后就逐渐被淘汰了。

上述两种接口虽然比较原始，但在硬盘接口技术的发展上，对规范硬盘接口标准起到了非常重要的作用，它们使 PC 硬盘的硬件兼容性得到了保证。

2. IDE 接口

IDE 接口也叫 ATA（Advanced Technology Attachment）接口，用一根电缆将硬盘与主板（或插在主板上的接口卡）连接起来。IDE 接口有早期的 ATA-1、ATA-2（EIDE Enhanced IDE/Fast ATA）、ATA-3（FastATA-2）到前几年流行的 ATA-4（UltraATA、UltraDMA、UltraDMA/33、UltraDMA/66、UltraDMA/100、UltraDMA/133）等几种。

（1）ATA-1（Advanced Technology Attachment）接口：最早的 IDE（Integrated Drive Electronics 控制器与盘体集成在一起的硬盘驱动器）标准，ATA 接口通过 ISA 插槽与主板连接，支持一个主设备和一个从设备，每个设备的最大容量为 504 MB，ATA-1 最早开始只支持 PIO-O、 PIO-1 和 PIO-2 模式，其数据传输速度只有 8.3 MB/S。IDE 接口通过 ISA 插槽与主板连接，容许硬盘各参数的最大值为 1024 柱面、16 磁头、每柱面 63 扇区。由于每扇区固定为 512 字节，故 ISA 插槽的 IDE 接口支持的硬盘最大容量为：1024×16×63×512=528482304Bytes，约 528 MB（1 KB=1000Bytes）。这就是普通 IDE 接口硬盘的极限。这种硬盘在 BIOS Setup 设置中称为 Normal 方式（普通方式）。

（2）ATA-2（EIDE 即 Enhanced IDE 或 Fast ATA）接口：传输速度是 16.6 MB/S，它在 ATA 的基础上增加了 PIO-3 模式，将硬盘的最高传输率提高到 16.6 MB/S，引进 LBA 地址转换方式，突破了固有的 504 MB 的限制，可以支持最高达 8.1 GB 硬盘。在支持 ATA-2 的电脑的 BIOS 设置中，一般可以见到 LBA（Logical Block Address）和 CHS（Cylinder，Head，Sector）的设置，同时在 EIDE 接口的主板一般有两个 EIDE 插口，它们也可以分别连接一个主设备和一个从设备，这样一块主板就可以支持四个 EIDE 设备，这两个接口一般称为 IDE1 和 IDE2。

（3）ATA-3（FastATA-2）接口：支持 PIO-4，速度为 16.7 MB/S，引入了简单的密码保护的安全方案，对电源管理方案进行了修改，引入了 S.M.A.R.T（Self-Monitoring,Analysis and Reporting Technology，自监测、分析和报告技术）。

（4）ATA-4 接口：有 UltraATA、UltraDMA、UltraDMA/33、UltraDMA/66 和 UltraDMA/100、UltraDMA/133。

① Ultra ATA/33：支持 Ultra DMA 技术的硬盘上有 DMA（Direct Memory Access 直接内存访问，它是 I/O 设备与主存储器之间由硬件组成的直接数据通道，用于高速 I/O 设备与主存储器之间的成组数据传送）控制器，采用总线主控方式进行数据传输，使用 PC 的 DMA 通道减少了 CPU 的处理负荷。最大数据传输率达到 33 MB/S。

② Ultra ATA/66：又叫 Ultra DMA66 或 UDMA4，数据交换速度为 66 MB/S，应用新的冗余校验计术 CRC（Cyclic Redundancy Check，循环冗余校正），即系统与硬盘在进行传输的过程中，随数据发送循环的冗余校验码，对方在收取的时候也对该校验码进行检验，只有在完全核对正确的情况下才接收并处理得到的数据，这对于高速传输数据的安全性提供了极有力的保障。ULTRA DMA66 还将普通的 UDMA33 排线改成 80 根的排线，该线仍然使用 40 针的接口，但传输线却增加了一倍。UltraDMA66 最大优点是可以把数据从硬盘直接传输至内存而不占用更多的 CPU 资源，从而在一定程度上提高了整个系统的性能。

③ ATA/100 接口：使用 80 芯的排线，包括 40 针 IDE 电缆和 40 根地线，ATA/100 可以向下兼容 ATA/33、ATA/66。ATA/100 接口包含 CRC 特性，它用于保护数据块的单位称

为 Fram（帧），使用此项技术，传送端给每一帧附加了一个 n 位的序列，它称为 Frame Check Sequence（FCS，帧校正序列），此校正代码包含在每一个传送的数据包中，FCS 持有关于帧的多余信息，而这些信息可以帮助发送端检测在发送的数据帧是否有错误，ATA 100 硬盘数据传输理论上可以达到 100 MB/S,可以有效的减少 CPU 对数据传输的控制，可以让数据从硬盘直接传到内存上，降低了 CPU 的资源占用率，可以使计算机的整体性能提高不少。

④ ATA133：数据外部传输速率达 133 MB/S，但在选购时应该关注一下内部数据传输率，也要考虑到主板是否支持。

Ultra DMA66/100/133 专用的硬盘连接线沿用 40 芯的 IDE 接头，但是排线更换成 80 芯，在原有 40 芯排线的每条线芯之间，都多加一条地线来相隔，并将这 40 条新线跟原先 40 芯排线之中原有的 7 条地线相连，把构成 Crosstalk 现象的电磁波滤走，增加了数据传输的稳定性，Ultra ATA / 66 / 100 排线全长不能超过 18 inch，如图 2-30 所示。

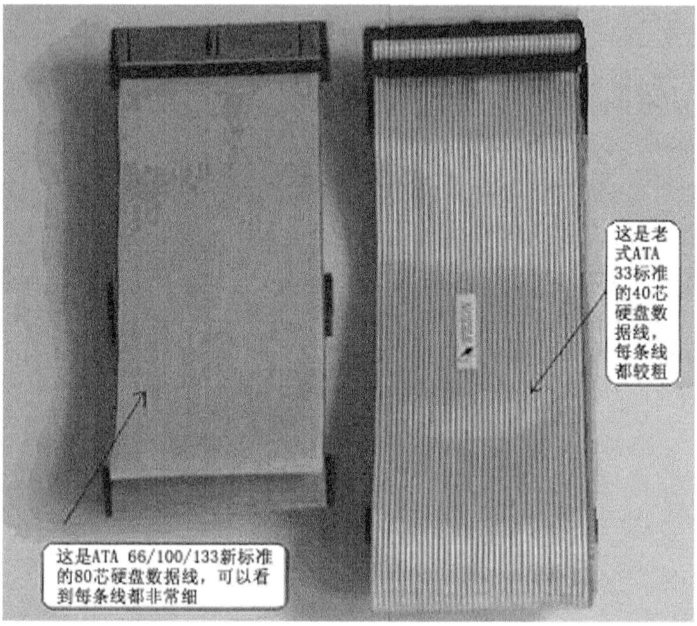

图 2-30　ATA 线缆的比较

3. S-ATA 接口

Serial ATA（串行接口）是 ATA 接口的最新发展成果，它是 Intel 公司发布的最新外设产品中采用的接口类型。它能以连续串行的方式传送资料，在同一时间点内只会有 1 位数据传输，这样能减小接口的针脚数，用四个针就完成了所有的工作（第 1 针发出、2 针接收、3 针供电、第 4 针为地线），能降低电力消耗，减小发热量。最初的 Serial ATA 支持的最大外部数据传输率达 150 MB/S，现在 SATA 2 是在 SATA 的基础上发展起来的，其主要特征是数据传输率从 SATA 的 150 MB/S 进一步提高至 300 MB/S，此外还包括 NCQ（Native Command Queuing，原生命令队列）、端口多路器（Port Multiplier）、交错启动（Staggered Spin-up）等一系列的技术特征。用 Serial ATA 接口的一台电脑上的硬盘没有主、从盘之分，无需跳线。

4. SCSI 接口

SCSI 接口硬盘有着极低的 CPU 占用率、支持更多的设备和在多任务下工作的优点，但是 SCSI 硬盘较贵，仅在硬件发烧友和中高端服务器上使用，处理关键任务的服务器、图形工作站、冗余磁盘阵列（RAID）等设备将因此得到性能提升。SCSI 硬盘接线的插针为 40 针以上。

SCSI 硬盘可分为两种：标准（8 bit），用的是 50 针的端口；特宽（16 bit），用 68 针的端口。使用特宽 SCSI 一般可把数据传输速度加快一倍，但特宽 SCSI 的配接器及硬盘都比较昂贵。

SCSI-2：　它的最高传输速度约为每秒 10 MB，特宽 SCSI-2 的爆发性传输速度可达每秒 20 MB。

Ultra SCSI：　最高传输速度约为每秒 20 MB。

Ultra-2 SCSI：特宽的 Ultra-SCSI-2 爆发性传输速度可达每秒 80 MB，搜寻时间短至 6.8 ms。

Ultra 160/m：Ultra 160/m 标准的 SCSI 接口速度达到 160 MB/S。

2.6.3　光盘机

光盘是另一种海量存储设备。由于其价廉、便于携带、可长期保存等特点而被广泛应用。一般用户使用的光盘机叫 CD-ROM 驱动器（只读光驱，简称光驱，现在一般用 CD-ROM 来表示光驱），它只能读光盘片的信息而不能写入。

CD-ROM（只读光驱）是机、光、电一体化的产品，其主轴驱动系统、（光头）定位系统、控制系统的原理甚至结构都与磁盘机大同小异。光驱的读出系统使用激光束读出光盘片上存储的信息。光盘片上的凹凸与存储的数字信息“0”、“1”对应，根据光盘片上的凹凸反射回来的激光强弱不同，激光接收管及解码电路即可恢复出光盘上的数字信息。聚焦物镜根据反射光的情况，时刻调整激光束的焦距，以使数据正确读出。只读光盘机结构示意图如图 2-31 所示。当光驱中不放盘片时，即可看到聚焦物镜。光头组可沿光盘片的径向移动，以使激光束对准盘片上的光道，就像磁盘机中磁头要对准磁道一样。

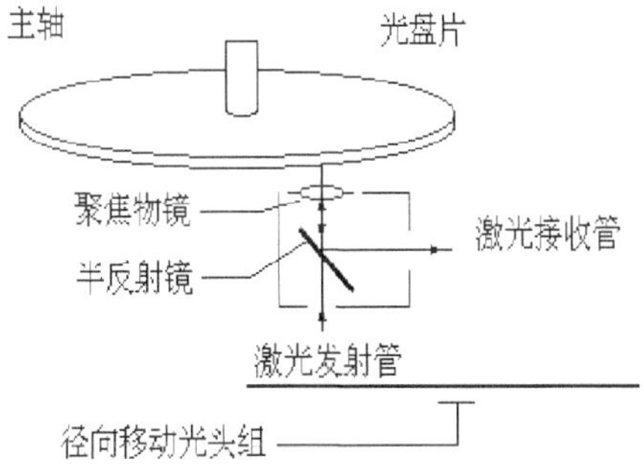

图 2-31　光盘机框图

光盘机的盘片一般以恒线速度转动（CLV），这与磁盘机不同（磁盘机以恒角速度转动——CAV）：恒角速度是指盘片工作时每分钟转数是恒定的，即角速度恒定；恒线速度是指盘片工作时，读取光道的线速度是恒定的；由于内圈光道长度较短，而外圈光道较长，所以读不同位置时，光盘转速有所变化。市售 CD-ROM 以“X 倍速”标度光盘速度（读取速度）。由于 1X 光驱最大读取速度为 150 KB/S，所以当某光驱最大读取速度为 600 KB/S 时，该光驱就标为“4X”光驱（四倍速光驱）。由于光驱内外道读取速度不同，生产厂家只以光驱的最大读取速度作为光驱的速度。光盘片的转速随光头的位置而改变，当光头扫描盘片上的数据时，光驱的转速可以在 200 RPM（200 转/分钟）至 500 RPM 多之间变化，但线速度约为 1.2 M/S～1.4 M/S。单靠机械方法控制转速并不能得到稳定的数据，必须用缓冲存贮器对光头读取的数据进行处理。缓冲存贮器总是装入其容量的一半，如果大于 50%，则转速相应减小，如果小于 50%，则转速相应增大。

光盘片的记录格式与 CD 唱盘相仿，其内道相当于磁盘机的“00”道，在这个区域记录了光盘的系统信息。光盘片上的光道是螺旋状，不象磁盘片那样是封闭的同心圆。光盘的数据是沿着光道存放的。光道被从内圈到外圈等长地分段（按字节数），每一段称为“块”（block），它是最小的分配单元。每一个块都有一个特定的地址标志，沿着光道从内圈到外圈顺序增加。光道的地址单位是“分”、“秒”、“段”，1 秒含 75 段，每一个段内有 2352 个字节。CD 盘片最多可以存放 74 分钟的音乐节目，以字节计约为 650 MB。

DVD 是近几年发展起来的光学存储技术。DVD 是 Digital Versatile Disc 的缩写，直译为“数字万用光盘”，也是光学存储媒体。DVD 原名是 Digital Video Disc 的缩写，意思是“数字电视光盘”，这是为了与 Video CD 相区别。实际上 DVD 的应用不仅仅是用来存放电视节目，可以用来存储其他类型的数据，因此后来把 Digital Video Disc 更改为 Digital Versatile Disc。DVD 的特点是存储容量比现在的 CD 盘大得多，最高可达到 17GB，目前我们常用的单面单层 DVD 盘片能够存储 4.7GB 的数据。

从外观和尺寸方面来看，DVD 盘与现在广泛使用的 CD 盘没有什么差别，直径均为 120 mm（4.75 inch），厚度为 1.2 mm；新的 DVD 播放机能够播放现有的 CD 激光唱盘上的音乐和 VCD 节目。与 CD 盘不同的是，DVD 盘光道之间的间距 0.74 μ m，CD 盘是 1.6 μ m，而记录信息的最小凹凸坑长度 DVD 盘是 0.4 μ m，CD 盘是 0.83 μ m，这是 DVD 盘的存储容量可提高到 4.7 GB 的主要原因，它的容量是 CD 的 7 倍，它们之间的差别如图 3-32 所示。

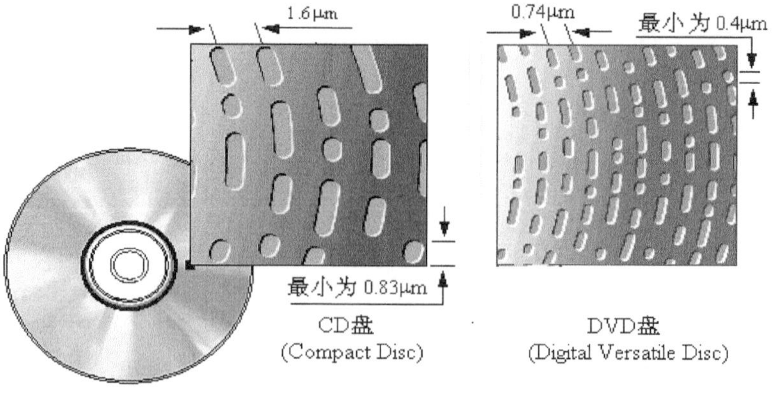

图 2-32　CD 与 DVD 的差别

光驱使用的接口与同期硬盘的接口相同。目前使用的一般是 IDE 及 SCSI 接口，也有少量使用并口的。其中内置式使用 IDE 接口较多；外置式大多使用 SCSI 接口，也有使用并口的。早期光驱还使用过一些专用接口，如：Sony、Panasonic、Mitsumi、CREATIVE CD-ROM 等，但由于这些接口有一些缺点没有获得广泛应用。

2.7　显示卡（显示适配器）

2.7.1　显示卡上的部件

显示卡又称显示适配器，是主机与显示器间的连接部件。在 PC 机中，显示卡插在主板的 I/O 扩展插槽上。按显示卡使用的主板插槽的方式，可分为 ISA 显示卡、VL-BUS 显示卡、PCI 显示卡，AGP 显示卡以及 PCI-E 显卡。

显示适配器上的部件可分为三部分：主机接口部分、外设（显示器）接口部分、显示功能部分。与主机接口部分，决定了显示适配器使用的总线类型：ISA 总线、VL-BUS 总线、PCI 总线和 AGP 总线。但是以上这些总线基本上已经被淘汰，只有少部分厂商为了旧平台用户的升级需求通过桥接芯片提供一些 PCI-E 显卡的 AGP 版本。目前新的产品几乎都使用 PCI-E 总线。

显卡上常见的显示接口有 DVI 接口、HDMI 接口、VGA 接口、S 端子和其他电视接口。从功能上看，S 端子和其他电视接口主要用于 TV-out（也叫 VIDEO-OUT）和 VIDEO-IN 功能，VIDEO-IN 和 VIDEO-OUT 合称 VIVO。此外，显卡上的 DVI 接口都是 DVI-I 接口，包含数字信号和模拟信号。因此很多没有 VGA 接口的显卡，可以通过一个简单的转接头，将显卡的 DVI 接口转成 VGA 接口。DVI 和 HDMI 接口都是数字接口，尤其是带有 HDMI 接口的显卡，支持 HDCP 协议，为观看带有版权的高清节目打下基础，而不支持 HDCP 协议的显卡，不论连接显示器还是电视，都无法正常观看有版权的高清电影、电视节目。

下面以 VGA 显示系统为例介绍。

显示功能部分接受主机通过总线插槽送来的命令和图像数据。对于命令，功能部分指挥卡上的部件完成该命令；对于数据（数字形式）则不仅要对其进行处理，处理后还要完成数字到模拟的转换并通过外设接口部分及连接电缆送到显示器上。此外，功能部分还要产生显示器所需的行场同步信号，并使送往显示器的数据流与其同步，如图 2-33 所示。

显示功能部分是一个小的系统：主要包含显示控制器和显示存储器两大部分。显示控制器的功能相当于 CPU；与主机插槽和与显示器连接的外设接口相当于控制器的外设接口。

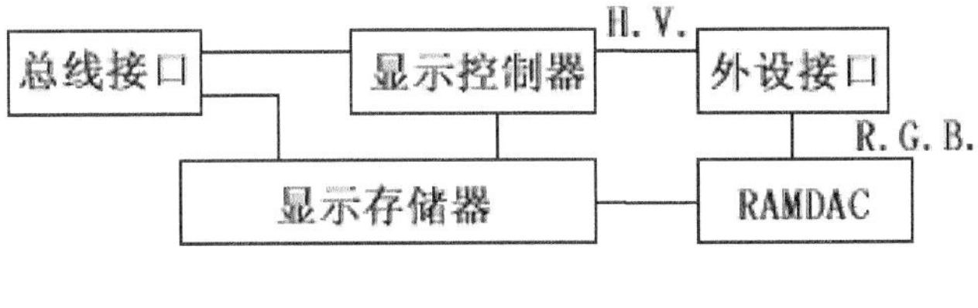

图 2-33　显示适配器示意图

我们注意到显示存储器既和显示控制器连接（显示 CPU），又与总线接口连接。这表示显示存储器是双端口的存储器。双端口存储器是显示系统存储器的主要形式，它可以在显示控制器处理当前数据时仍可接受主机送来的新数据。以前的显示卡使用单端口的DRAM，这使得CPU读写显示存储器需要等待RAMDAC操作的空隙，影响了工作速度。

显示存储器的指标与通常的存储器一样有两个：容量和速度。容量由要求的像素数和颜色深度决定；速度由显示控制器的要求决定，通常在 60ns 以内。显示存储器通常使用FP DRAM、EDO DRAM 或 SDRAM 组成；早期有使用普通 DRAM 的，现已不大使用了。现在高档显示卡一般使用 VRAM（视口双端口存储器）、WRAM（窗口双端口存储器）或SGRAM（同步图形双端口存储器），也有部分显示卡采用 DDRRAM 作为显示存储器，它们大大提高了显示速度。双端口存储器要特别设计，所以价格比较贵，但在高颜色深度、高分辨率工作时速度的改善十分明显。

显示控制器担负着对显示数据的接收、处理，同步信号的产生，与系统之间通信等复杂任务，其内部结构也相当复杂。早期，显示控制器由分立的集成电路来完成这些任务。现在的显示卡一般只由一块大规模集成电路就可完成这些任务。显示控制芯片像 CPU 一样，也有数据线位数（线宽）等概念。我们平常说的 32 位/64 位/128 位就是说的显示控制器（图形协处理器）内部数据线的宽度，它表明显示控制器处理数据的能力。数据线位数多的芯片，对高颜色深度、高分辨率工作模式可以提供较快的速度。现在的中、高档显示卡普遍采用具有图形图像加速能力的控制芯片，使用这些芯片可以在高颜色深度、高分辨率工作模式工作时，速度不下降。

RAMDAC 是一个数模转换电路，它把数字形式的图形数据转换为模拟形式的图形信号，供以模拟方式工作的 VGA 显示器显示。除 VGA 显示卡外，其他显示卡都不使用这一部件。RAMDAC 的指标主要是：工作速度和数据位数，它们对显示效果有直接的影响。一般VGA显示卡上使用16位或24位的RAMDAC，时钟150 Mhz以上。使用16位的RAMDAC芯片时，显示色彩可以达到 64K 色（高彩色，又称增强彩色）。24 位的 RAMDAC 可以达到 16M 色（又称真彩色）。许多显示卡虽然只使用 16 位的 RAMDAC 芯片，但可以支持 24 位真彩色（16M 色）工作模式，这是因为压缩了一些数据位数进行显示的原因。低档显示卡使用 8 位 RAMDAC，可以达到 256 色。

（1）DVI 接口。

DVI 英文全称为 Digital Visual Interface，它是 1999 年由 Silicon Image、Intel、Compaq、IBM、HP、NEC、Fujitsu 等公司共同组成 DDWG（Digital Display Working Group，数字显示工作组）推出的接口标准。它是以 Silicon Image 公司的 PanalLink 接口技术为基础，基于 TMDS（Transition Minimized Differential Signaling，最小化传输差分信号）电子协议作为基本电气连接。TMDS 是一种微分信号机制，可以将像素数据编码，并通过串行连接传递。显卡产生的数字信号由发送器按照 TMDS 协议编码后通过 TMDS 通道发送给接收器，经过解码送给数字显示设备。一个 DVI 显示系统包括一个传送器和一个接收器。传送器是信号的来源，可以内建在显卡芯片中，也可以以附加芯片的形式出现在显卡 PCB 上；而接收器则是显示器上的一块电路，它可以接受数字信号，将其解码并传递到数字显示电路中，通过这两者，显卡发出的信号成为显示器上的图像。

目前的 DVI 接口分为两种，一个是 DVI-D 接口，只能接收数字信号，接口上只有 3 排 8 列共 24 个针脚，其中右上角的一个针脚为空，不兼容模拟信号，如图 2-34 所示。

另外一种则是 DVI-I 接口，可同时兼容模拟和数字信号。兼容模拟信号并不意味着模拟信号的接口 D-Sub 接口可以连接在 DVI-I 接口上，而是必须通过一个转换接头才能使用，一般采用这种接口的显卡都会带有相关的转换接头，如图 2-35 所示。

图 2-34　DVI-D 接口

图 2-35　DVI-I 接口

（2）HDMI 接口。

HDMI 的英文全称是 High Definition Multimedia，中文的意思是高清晰度多媒体接口，如图 2-36 所示。HDMI 接口可以提供高达 5 Gbps 的数据传输带宽，可以传送无压缩的音频信号及高分辨率视频信号。同时无需在信号传送前进行数/模转换，可以保证最高质量的影音信号传送。应用 HDMI 的好处是：只需要一条 HDMI 线，便可以同时传送影音信号，而不像现在需要多条线材来连接；同时，由于无线进行数/模或者模/数转换，能取得更高的音频和视频传输质量。对消费者而言，HDMI 技术不仅能提供清晰的画质，而且由于音频/视频采用同一电缆，大大简化了家庭影院系统的安装。

图 2-36　HDMI 接口

与 DVI 相比，HDMI 可以传输数字音频信号，并增加了对 HDCP 的支持，同时提供了更好的 DDC 可选功能。HDMI 支持 5 Gbps 的数据传输率，最远可传输 15 米，足以应付一个 1080p 的视频和一个 8 声道的音频信号。而因为一个 1080p 的视频和一个 8 声道的音频信号需求少于 4GB/s，因此 HDMI 还有很大余量。这允许它可以用一个电缆分别连接 DVD 播放器，接收器和 PRR。此外 HDMI 支持 EDID、DDC2B，因此具有 HDMI 的设备具有“即插即用”的特点，信号源和显示设备之间会自动进行“协商”，自动选择最合适的视频/音频格式。HDMI 接口支持 HDCP 协议，为看有版权的高清电影电视打下基础。不过，为了让显卡带有 HDMI 接口，除了需要专用芯片外，显卡厂商还要支付一笔不菲的 HDMI 认证费，因此目前带有 HDMI 接口的显卡还不多。但是 HDCP 已成定局，因此未来支持 HDCP 协议的显卡也会多起来。

2.7.2　显示卡的发展

显示卡可能是最繁杂的部件——生产厂家为提高显示性能，纷纷推出各自方案。目前，显示卡向提高性能和增加功能两个方向发展。

1. 提高性能

为提高性能，使各种方案都能支持较多的操作系统和应用软件，统一的软件接口是必要的。

1993年Intel和Microsoft制定了图形图像设备的软件接口DCI和Windows软件图形图像接口GDI（Windows Graphice Display Interface），可以由图形显示卡分担CPU的图像操作，从而提高显示能力。由此也引出了具有图形图像加速功能的显示卡。这种具有图形图像加速功能的显示卡在WINDOWS 3.1时代曾经极大地提高了某些图像软件的工作速度。典型的VCD播放软件Xing MPEG Player就充分使用了DCI接口。没有DCI支持的显示卡在播放VCD时效率大大降低，几乎没有实用价值。

1995年，Microsoft在WINDOWS 95中放弃了DCI，而改用Direct Draw（直接画）方式。其原因据说是因为游戏开发商认为DCI不能满足他们的需要。由于这种改变，就使得原来的一些显示卡驱动程序不能在Windows 95下有效地使用，这给用户带来了很大的麻烦，以至于一些用户在Windows 95下不能使用较高的彩色分辨率工作。解决这一问题只有等待显示卡生产厂家提供Direct Draw接口的驱动程序。一些使用主流显示卡的用户，WINDOWS 95已经提供了（内置了）驱动程序，使得这些用户感觉不到Direct Draw的问题。从这一点（软件的兼容性）来看，使用知名度较高的显示卡当然要方便。

当前，显示卡的技术飞速发展。在WINDOWS 95/NT下，一些图形加速卡能通过硬件实现画线、多边形填色、块传递（BitBlts）、光栅操作（ROP）、硬件光标等，大大减轻了CPU的负担。这些卡也提高了集成度，减小了功耗，有的还提供推拉镜头（pan and zoom）、显示器电源管理（DPMS）以及内置DCI或Direct Draw支持。在一般图形操作中，这类图形加速卡仍需CPU的配合。

提高显示卡性能的另一方法是提供2D/3D加速（二维/三维加速）

2D加速是指显示（图形）卡在图形的X、Y两个方向有高速的插值运算而不需主机CPU干预，这大大节省了主机CPU时间。3D加速是在2D基础上提供Z方向的加速。当要表现两个物体的相互交叉遮挡时，就要用到Z方向的加速——由于物体相对位置不断变化，Z加速的运算量和要使用的存储器容量都很大。

3D加速技术的另一方面是纹理处理。在电脑游戏中，物体的表面称为纹理（texture）。把图像、背景、图案等粘贴在三维造型的表面上称为纹理影射。三维物体和景物贴上二维纹理才有真实感。但纹理图要占用大量存储空间（称为帧缓冲器）存储纹理图和渲染指令表。此外，大多游戏使用320×240像素的低分辨率作为图形标准，这已不能满足需要。提高分辨率需要高速图形处理芯片和大容量存储器。某些高档显示卡使用高达256 MB的显示存储器。

一般号称有3D功能的显示卡，其3D性能并不理想，只支持部分3D功能。应该说明的是，3D图形卡有两种：用于多媒体（主要是游戏）和用于专业图形制作。专业图形制作要求高分辨率与高速度，和游戏用3D显示卡要求不同。目前还没有厂商生产同时支持两种应用的图形卡。3D图形卡需工作在PCI主控总线（master）方式，这需要主板支持。在主控总线方式下，比在从控总线（slave）方式下绘制图形的速度要提高50%。

2. 增加功能

显示卡的另一发展方向是增加功能，如可接家用电视机等。

（1）AV 输出（或 S-VIDEO）。

这种显示卡有家用电视用 AV 口（或 S-VIDEO），又称 TV-Out 接口。使用该接口可在家用电视上播出显示器上的图像。有的可以实现同时输出（两个显示屏是同一画面）和分别输出（两个是不同的画面），这在播放 VCD 和一些游戏时效果更好。

（2）视频捕获。

视频捕获是指将标准 VIDEO 端子和 S-VHS（一种高级磁带录像标准）端子输入的视频图像转换成数字信号存在计算机中；可捕获静止和运动图像，还可支持 MCI（Video For Windows）和 TWAIN 标准（扫描器接口）。应该说明的是，视频图像若不压缩将占很大的存储空间。VCD 是经 20～200 倍压缩后的数字信号，74 分钟的 VCD 信号约占 650 MB 空间。

2.8　显示器

2.8.1 显示器分类

显示器是计算机的主要输出设备，是进行人机交互必不可少的工具。下面我们就来具体介绍一下显示器的基本知识，首先了解一下显示器的分类。

按照显示器的显示管分类：分为传统的阴极显示管显示器 CRT（cathode-ray-tube），也就采用电子枪产生图像的显示器和液晶显示器 LCD（Liquid Crystal Display）。

按显示色彩分类：分为单色显示器和彩色显示器。

按显示屏幕大小分类：以英寸为单位（1 inch = 2.54 cm），通常有 14 英寸、15 英寸、17 英寸、20 英寸甚至更大。

按显示器屏幕的分类：早期 14 英寸的显示器屏幕多是球面的，就好像屏幕是从一个球体上切下来的一块，图像在屏幕的边缘会变形，现在已被淘汰；现在的显示器大部分采用平面直角，图像十分逼真，还有一部分显示器采用柱面显示管，屏幕的表面就象一个巨大圆柱体的一部分，看上去立体感比较强，可视面积也比较大。在 VGA 显示器出现之前，曾有过 CGA、EGA 等类型的显示器，它们采用数字系统，显示的颜色种类很有限，分辨率也较低。

2.8.2 CRT 显示器

1. 显示器原理

图 2-37　CRT 显示器

如图 2-37 所示的传统显示器的显示系统和电视机类似，主要部件是显像管（电子枪）。在彩色显示器中，通常是 3 个电子枪。显示管的屏幕上涂有一层荧光粉，电子枪发射出的电子击打在屏幕上，使被击打位置的荧光粉发光，从而产生了图像，每一个发光点又由“红”、“绿”、“蓝”三个小的发光点组成，这个发光点也就是一个像素。由于电子束是分为三条的，它们分别射向屏幕上的这三种不同的发光小点，从而在屏幕上出现绚丽多彩的画面。

显示器显示画面是由显示卡来控制的。

2. 显示器的指标

（1）点距。

屏幕上相邻两个同色点（比如两个红色点）的距离称为点距，常见点距规格有 0.31 mm、0.28 mm、0.25 mm 等。显示器点距越小，在高分辨率下越容易取得清晰的显示效果。一部分显示器采用了孔状荫罩的技术，显示图像精细准确，适合 CAD/CAM，另一些采用条状荫罩的技术，色彩明亮，适合艺术创作。

（2）像素和分辨率。

分辨率指屏幕上像素的数目，像素是指组成图像的最小单位，也即上面提到的发光点。比如，800×600 像素的分辨率是指在单位面积内，水平方向上有 800 个像素，垂直方向上有 600 个像素。为了控制像素的亮度和彩色深度，每个像素需要很多个二进制位来表示，如果要显示 256 种颜色，则每个像素至少需要 8 位（一个字节）来表示，即 2 的 8 次方（256）；当显示真彩色时，每个像素要用 3 个字节的存储量。每种显示器均有多种供选择的分辨率模式，能达到较高分辨率的显示器的性能较好，15 inch 的显示器最高分辨率一般可以达到 1280×1024 像素。

（3）扫描频率。

电子束采用光栅扫描方式，从屏幕左上角的一点开始，向右逐点进行扫描，形成一条水平线；到达最右端后，又回到下一条水平线的左端，重复上面的过程；当电子束完成右下角最后一点的扫描后，形成一帧。此后，电子束又回到左上方起点，开始下一帧的扫描。这种方法也就是常说的逐行扫描显示。而隔行扫描是指电子束在扫描时每隔一行扫一线，完成一屏后再返回来扫描剩下的线，这与电视机的原理一样。隔行扫描的显示器比逐行扫描闪烁得更厉害，也会让使用者的眼睛更疲劳。完成一帧所花时间的倒数叫垂直扫描频率，也叫刷新频率，比如 60 Hz、75 Hz 等。

（4）带宽。

带宽是指每秒钟电子枪扫描过的图像点的个数，以 MHz（兆赫兹）为单位，表明了显示器电路可以处理的频率范围。比如，在标准 VGA 方式下，如果刷新频率为 60 Hz，则需要的带宽为 640×480×60＝18.4（MHz）；在 1024×768 像素的分辨率下，若刷新频率为 70 Hz，则需要的带宽为 55.1 MHz。以上的数据是理论值，实际所需的带宽要高一些。

早期的显示器是固定频率的，现在的多频显示器采用自动跟踪技术，使显示器的扫描频率自动与显示卡的输出同步，从而实现了较宽的适用范围。

带宽的值越大，显示器性能越好。

（5）显示面积。

显示面积指显像管的可见部分的面积。显像管的大小通常以对角线的长度来衡量，以英寸为单位（1 inch=2.54 cm），常见的有 14 inch、15 inch、17 inch、20 inch 几种。显示面积都会小于显示管的大小。显示面积用长与高的乘积来表示，通常人们也用屏幕可见部分的对角线长度来表示，比如 15 inch 显示器的显示面积一般是 13.5 inch，这会因显示器的品牌不同略有差异，比较好的 15 inch 显示器的显示面积可以达到 13.8 inch。很显然，显示面积越大越好，但这意味着价格的大幅上升。

（6）显示器的色温。

在一些高档的显示器上一般都会提供色温调节的功能，由于不同地区和不同种族人的眼睛对颜色的识别略有差别，所以在不同地区销售的显示器都要将颜色调节到适合这一地区人的使用，调节色温就是为了完成这些功能，不过具有这种调节功能的显示器价格都非常高。

2.8.3 液晶显示器

1. 液晶显示器的原理及发展

LCD 为英文 Liquid Crystal Display 的缩写，即液晶显示器。液晶显示器具有优秀的性能，但曾因价格高而被人们视为一种高档产品，目前随着液晶显示器价格的一再下降，已逐渐成为家庭、办公使用的主流显示器，如图 2-38 所示。

图 2-38　LCD 显示器

早在 1888 年，人们就发现液晶这一呈液体状的化学物质，像磁场中的铁一样，当受到外界电场影响时，其分子会产生精确的有序排列。如果对分子的排列加以适当的控制，液晶分子将会允许光线穿越。

无论是笔记本电脑还是桌面系统，采用的 LCD 显示屏都是由不同部分组成的分层结构。位于最后面的一层是由荧光物质组成的可以发射光线的背光层。背光层发出的光线在穿过第一层偏振过滤层之后进入包含成千上万水晶液滴的液晶层。液晶层中的水晶液滴都被包含在细小的单元格结构中，一个或多个单元格构成屏幕上的一个像素。当 LCD 中的电极产生电场时，液晶分子就会产生扭曲，从而将穿越其中的光线进行有规则的折射，然后经过第二层过滤层的过滤在屏幕上显示出来。

对于简单的单色 LCD 显示器，如掌上电脑所使用的显示屏，上述结构已经足够了。但是对于笔记本电脑所采用的更加复杂的彩色显示器来说，还需要有专门处理彩色显示的色彩过滤层。通常，在彩色 LCD 面板中，每一个像素都是由三个液晶单元格构成，其中每一个单元格前面都分别有红色、绿色和蓝色过滤器。这样，通过不同单元格的光线就可以在屏幕上显示出不同的颜色。

液晶显示器的好处是比 CRT 荧光粉更为稳定，而且耗电量小，适合便携式电脑。CRT 要频繁用射线照射荧光屏，无论射线切换的多快，也还会有少量延迟，从而导致屏幕闪烁，液晶显示器仅需控制像素的开/关和亮度，因而不会出现同类现象。液晶显示器的环保性能相当好，它没有静电，也没有 CRT 显像管所具有的眩光，因此对保护我们的眼睛非常有效。

现在，几乎所有的应用于笔记本或桌面系统的 LCD 都使用薄膜晶体管（TFT）激活液晶层中的单元格。TFT LCD 技术能够显示更加清晰，明亮的图像。早期的 LCD 由于是非主动发光器件，速度低，效率差，对比度小，虽然能够显示清晰的文字，但是在快速显示图像时往往会产生阴影，影响视频的显示效果，因此，如今只被应用于需要黑白显示的掌上电脑、呼机和手机中。

2. LCD的主要技术指标

（1）尺寸。

LCD显示器与CRT显示器相比除显示方式不同以外，最大的区别就是尺寸的含义不一样。举例而言，17 inch 的CRT显示器，表示显像管的尺寸为17 inch，但实际可视尺寸大约只有15 inch多一些；而就LCD显示器而言，若标示为17 inch显示器，那么可视尺寸就是17 inch。

（2）可视角度。

单就当前市面上出售的LCD显示器来说，可视角度都是左右对称的（也就是由左边或是由右边可以看见荧幕上图像的角度是一样的。例如左边可视角度为60°，右边也一定是60°）。而上下可视角度通常都小于左右可视角度。我们也把左右可视角度之和称为水平视角。

从用户的立场来说，当然可视角度越大越好。但是大家必须了解可视角度的定义。当我们说可视角度是左右80°时，表示站在始于显示器法线（就是显示器正中间的假想线），垂直于法线左方或是右方80°的位置时，仍可清晰看见显示器上的影像。由于每个人的视力不同，因此我们以对比度为准。在最大可视角度时所量到的对比度越大就越好。

（3）亮度和对比度。

TFT LCD显示器的可接受亮度为150 cd/m^2 以上。目前国内市场中能够见到的TFT液晶显示器亮度都在200 cd/m^2 左右（LCD显示器的亮度测量单位为烛光每平方米"cd/m^2"，也就是一般所称的NIT）。亮度过低就会感觉荧幕比较暗，当然如果荧幕过亮的话，人的双眼观看荧幕过久同样会有疲倦感产生。因此对绝大多数用户而言，亮度过高并没有什么实际意义。

亮度和对比度对于LCD显示器影像的呈现，比对CRT显示器有更大的影响。高亮度的LCD显示器对于用户而言，感觉会比较好。但是也要提供足够高的对比度来显示亮度、才能确保色彩的真实度和色阶准确度。

TFT LCD显示器的亮度范围为150 Nits至200 Nits。通常，质量好的LCD显示器标准亮度最少要有200 Nits，而大部分的CRT显示器最高亮度只在150 Nits左右。以200 Nits的亮度为例，LCD显示器比CRT显示器的影像表现更佳。消费者在购买显示器时，要特别注意亮度指标，因为目前还没有一个确切的标准来测量亮度是否足够。

通俗地讲，对比度指的是液晶显示器黑白色的反差度，即最大亮度与最小亮度的比例，这个比例直接决定了显示影像的层次感。当对比度达到120:1时，就可以很容易地显示生动、丰富的色彩；当对比度高达300:1时，可支持各色阶的颜色。

从目前来看，用户在购买LCD显示器时，还没有一套有效且公正的标准来衡量对比度和亮度指标。所以最好的识别方法还是利用自己的双眼来判定。即将LCD显示器调到最亮和最暗，看看感觉如何。现在也只能利用这种方法来找到比较合适的LCD显示器。

（4）分辨率和点距。

无论是购买LCD或一般的CRT显示器，分辨率都是显示器的主要衡量标准。因为显示器必须支持软硬件所需要的分辨率。

传统 CRT 显示器支持的分辨率比较有弹性。不管是高的分辨率还是低的分辨率，通通能够显示，并且丝毫不损失显示质量。这是因为 CRT 显示器的影像主要是由像素（Pixels）所组成的点和线产生的，因此像素的多寡是影响分辨率的重要因素。

但是，LCD 液晶显示器却只支持所谓的“真实分辨率”，可比喻为一般 CRT 显示器的最高分辨率。其主要差别在于，LCD 液晶显示器只有在“真实分辨率”下才能表现最佳影像效果。分辨率低于真实分辨率时，影像也可以呈现，只是所显示的影像无法如真实分辨率般得到优化。LCD 液晶显示器的真实分辨率定义为“定点形式”，所以我们在使用 LCD 显示器时，切记将分辨率设定成最高，这样画面所呈现的影像将会越清晰，使用起来感觉也会越好。点距的概念就不再多说了。对于尺寸、分辨率都固定的情况下，点距也就固定了，比如：15inch 的 LCD，则其点距为 0.297 mm。

（5）响应时间。

所谓“响应时间”，是指 LCD 显示器对于输入信号的反应速度，也就是液晶由暗转亮或是由亮转暗的反应时间。“响应时间”指标越小越好。响应时间越小，则用户在看移动的画面时越不会出现有类似残影或者拖曳的感觉。通常，各种 LCD 显示器会将反应速度分为两个部分——“Rising”和“Falling”，而表示时则以两者之和为准。

由于液晶的响应时间有限，当你使用旧式 TFT 时，常会看到移动物体时发生拖影现象。一部电影以 25 帧/秒的标准速度播放，1 帧需要 40 毫秒，可以满足一般的视频回放。但对于 Quake 3 等高帧数游戏来说，TFT 的速度仍然太慢，使用的显卡越高级感觉越明显。

（6）显示色彩。

模拟式 TFT 需要经过 A/D（模/数）转换，此过程将丢失一部分颜色信号，因此模拟式只能达到 18 位（3×6 位 RGB）色彩，即 262144 种颜色。部分产品用拌动算法能产生 16 M 真彩色，但用拌动算法生成的色深和灰度级始终不及 CRT。

（7）刷新频率。

对于 CRT 显示器来说，刷新频率关系到画面刷新的速度。刷新速度越快，画面越不容易闪烁。而如果刷新频率在 75 Hz 以上，用户基本上就不会感到画面闪烁了。

对于 LCD 显示器来说，刷新率高低并不会使画面闪烁。刷新率在 60 Hz 时，LCD 就能获得很好的画面。在 LCD 显示器中，每个像素都持续发光，直到不发光的信号被送到控制器中，所以 LCD 显示器不会有因不断充放电而引起的闪烁现象。

也许有人会问：如果大多数的 LCD 显示器在 60 Hz 刷新率下就能达到最佳画质，为何不将刷新率锁定在 60 Hz，而要有 60～75 Hz 的范围？其实这关系到使用弹性和兼容性的问题。现今大部分显示卡仍以 CRT 显示器为设计对象，更高的使用弹性和兼容性将有助于 LCD 显示器切入市场，并取代 CRT 显示器。

（8）坏像素。

LCD 屏幕上有成千上万个晶体管，很难保证 100%完好，而且损坏的像素无法修复。对此问题，各厂商都有自己的标准，通常有 3～5 个坏像素都是正常的。幸运的是，除非你用手指或其他物体挤压，坏像素不会自己增加，购买时尽量选择那些坏像素不明显的产品即可。但在 12 或 13 个坏点以下，一般认为是合格的。

2.9 声卡

2.9.1 声卡简介

声卡是多媒体电脑的主要部件之一，它包含记录和播放声音所需的硬件。声卡的种类很多，功能也不完全相同，但它们有一些共同的基本功能：录制话音（声音）和音乐，能选择以单声道或双声道录音，并且能控制采样速率。声卡上有数模转换芯片（DAC），用来把数字化的声音信号转换成模拟信号，同时还有模数转换芯片（ADC），用来把模拟声音信号转换成数字信号，如图2-39所示。

图2-39 PCI声卡

声卡上有音乐数字接口（MIDI），能使用MIDI乐器，诸如钢琴键、合成器和其他MIDI设备。声卡有声音混合功能，允许控制声源和音频信号的大小。好的声卡能对低音部分和高音部分进行控制。

声卡上还有一个或几个CD音频输入接口，用以接收CD-ROM的声音采集信号。

现在大部分主板都集成了声卡，因此声卡的市场受到非常大的冲击。对于普通用户来讲，主板所提供的音频已经能满足需要，所以声卡的市场主要在一些专业市场上。

2.9.2 影响声卡效果的因素

声卡真正的质量取决于它的采样和回放能力。模拟声音信号是一系列连续的电压值，获取这些值的过程称为采样，这是由模数转换芯片来完成的。影响音质的两个因素是采样精度和采样频率。

（1）采样精度。

采样精度决定了记录声音的动态范围，它以位（Bit）为单位，比如8位、16位。8位可以把声波分成256级，16位可以把同样的波分成65536级的信号。可以想象，位数越高，声音的保真度越高。

（2）采样频率。

采样频率指每秒钟采集信号的次数，声卡一般采用11 KHz、22 KHz和44 KHz的采样频率，频率越高，失真越小。在录音时，文件大小与采样精度、采样频率和单双声道都是成正比的，如双声道是单声道的两倍，22 KHz是11 KHz的两倍。

CD碟采用16位的采样精度，44.1 KHz的采样频率，双声道，它每秒所需要的数据量为16×44100×2÷8=176400字节。（在CD碟里，每个扇区有2352字节，每秒75扇区，2352×75＝176400字节）。

最早的声卡生产厂家有AdLib公司和创新公司（Creative Labs），这两种声卡实际上已成为声卡的标准，大部分的声卡都与它们兼容。

现在市场上大多为PCI的声卡，需要注意的是：许多的PCI声卡标称的32位/64位并不是指它们的声音采样的位数是32/64位，而是指它们的最大复音数是32/64个，也就是在利用波表合成器播放 MIDI 时，最大可同时发音数是 32 或者 64 个，这只在播放 MIDI 时有效，而声卡采样精度仍然是 16 位的，专业的高档数字录音器采样精度也只能达到 20 位。

2.9.3 声卡的外接插口

声卡上有一个 CD 音频接口，早期的声卡还具有一个 IDE 接口，外部接口有麦克风插口（Mic）、立体声输出插口（Speaker）连接音箱或耳机；线性输入（Line in）可连接 CD 播放机、单放机合成器等；输出插口（Line out）可连接功放等；游戏杆和 MIDI 设备。

在连接光驱的 CD 音频时，使用一根 3 芯或 4 芯的音频线，其中有两根代表左右声道，一般用红色和白色的线表示，还有一根或两根地线，用黑色表示。

2.10　调制解调器

2.10.1 调制解调器概述

随着宽带技术的发展，在微型计算机中 Modem 的使用越来越少，此处内容仅作为了解。

调制解调器属于计算机硬件，它能把计算机的数字信号翻译成可用普通电话线传送的脉冲信号，而这些脉冲信号又可被线路另一端的另一个调制解调器接收，并译成计算机可懂的语言。这一过程完成了两台计算机间的通信。

Fax/Modem 指传真调制解调器，Modem 指调制解调器，Fax 指传真，它拥有 Modem 和传真机的两个功能，市面上大部分的 Modem 产品都有这两个功能。一个好的 Fax/Modem 可以自动区分是语音电话、传真电话还是数据。

Zmodem 是调制解调器之间数据传输的一种协议，协议是定义数据流及其使用方式的一组规则。通信线路两端的调制解调器必须拥有相同的协议才能彼此通信，同时，两边的速率也必须相同。Zmodem 只是几种协议中的一种，它是最通用的，并且拥有速率与纠错能力的最佳组合，另外还有 Xmodem 和 Ymodem。

2.10.2 调制解调器分类

调制解调器有内置式和外置式，内置式和普通的计算机插卡一样，外置式的却只能叫做调制解调器或 Modem 了。

目前市场上常见 PCI MODEM 都属于即插即用的 MODEM，卡上没有跳线。它有两个接口，一个标明 Line 的字样，用来接电话线；另一个标明 Phone 的字样，用来接电话机。此外它是一块支持语音的 MODEM 卡，除正常的两个插口外，还有一个麦克风接口和声音输出口，如图 2-40 所示。

外置调制解调器都有一个 RS232 接口或 USB 接口，用来和计算机的 RS232 口（串口）或 USB 口相连。标有 Line 的接口接电话线，标有 Phone 的接电话机。不同的 MODEM 外形不同，但这些接口都是类似的，如图 2-41 所示。除此之外，它带有一个变压器，为其提供直流电源。

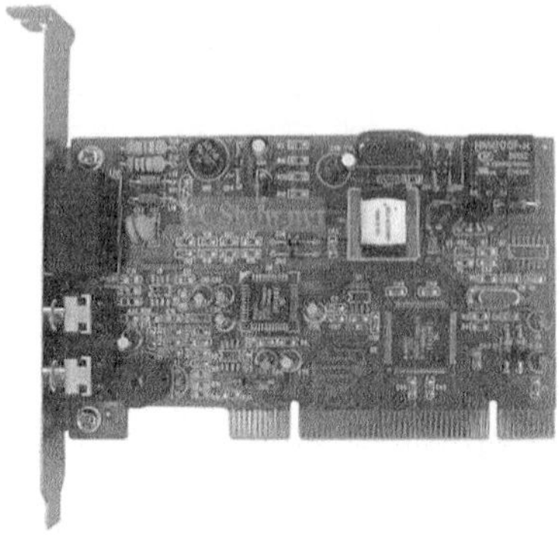

图 2-40　内置调制解调器　　　　图 2-41　外置调制解调器

外置 Modem 的外形和内置式差别很大，但功能是一样的。

2.11　网卡

2.11.1　网卡概述

网卡是应用最广泛的一种网络设备，网卡的全名为 Network Interface Card（网络接口卡，简称网卡），它是连接计算机与网络的硬件设备，是局域网最基本的组成部分之一。网卡的标准由 IEEE（电气和电子工程师协会）定义。

2.11.2　网卡的种类

网卡有多种分类方法，根据不同的标准，有不同的分法。

由于目前的网络有 ATM 网、令牌环网和以太网之分，所以网卡也有 ATM 网卡、令牌环网网卡和以太网网卡。以太网的连接比较简单，使用和维护起来都比较容易，所以目前市面上的网卡也以以太网网卡居多，如图 2-42 所示。

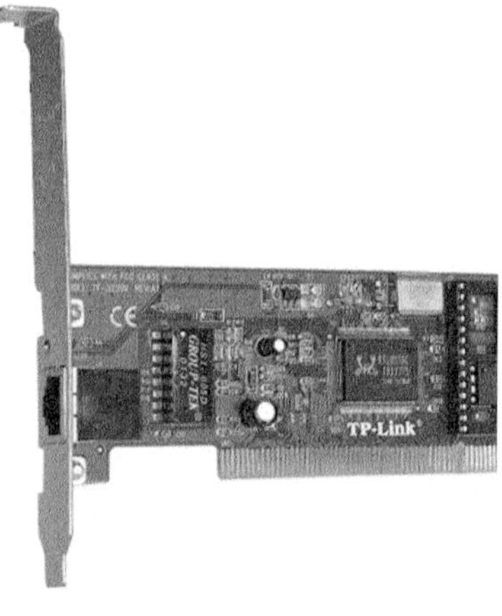

图 2-42　以太网卡

网卡还可按其传输速率（即其支持的带宽）分为 10 Mbps 网卡、100 Mbps 网卡、10/100 Mbps 自适应网卡以及千兆网卡。其中，10/100 Mbps 自适应网卡是现在最流行的一种网卡，它的最大传输速率为 100 Mbps，该类网卡可根据网络连接对象的速度，自动确定是工作在 10 Mbps 还是 100 Mbps 速率下。千兆网卡的最大传输速率为 1000 Mbps。目前我们在办公及家庭中通常使用的是 10/100 Mbps 自适应网卡。

按主板上的总线类型，网卡又可划分为 ELSA、ISA、PCI 和 USB 四种。EISA 是早期的总线类型，现在已被淘汰。ISA 网卡由于 CPU 占用率比较高，数据传输速度极低，再加上 ISA 总线标准的淘汰，使得这种接口的网卡在市面上已经不存在了。PCI 网卡是现在应用最广泛、最流行的网卡，它具有性价比高、安装简单等特点。USB 接口网卡是最近才出现的产品，这种网卡是外置式的，具有不占用计算机扩展槽的优点，因而安装更为方便，主要是为了满足没有内置网卡的笔记本电脑用户。

另外，根据工作对象的不同，网卡又可以分为服务器专用网卡、PC 网卡、笔记本电脑专用网卡和无线局域网网卡四种。服务器专用网卡是为了适应网络服务器的工作特点而设计的。为了尽可能降低服务器芯片的负荷，一般都自带控制芯片，这类网卡售价较高，一般只安装在一些专用的服务器上。我们在市场上常见的一般都是适合于 PC 机使用的 PC 网卡，俗称为“兼容网卡”，此类网卡价格低廉、工作稳定，现已被广泛应用。无线局域网网卡是针对无线用户的网卡，它遵循 IEEE 802.11a、802.11b、802.11g 三个标准，最高传输速率高达 54 Mbps。

2.11.3　技术指标

1. 数据传输速率

由于存在多种规范的以太网，所以网卡也存在多种传输速率，以适应它所兼容的以太网。网卡在标准以太网中速度为 10 Mbps，在快速以太网中速度为 100 Mbps，在千兆以太网中速度为 1000 Mbps。

不同传输模式的网卡的传输速率也不一样。例如，在快速以太网中，半双工网卡的传输速率是 100 Mbps，而全双工网卡则是 200 Mbps。

2. 总线方式

网卡目前主要有 PCI、ISA 和 USB 三种总线方式。

ISA 网卡采用程序请求 I/O 方式与 CPU 进行通信，这种方式的网络传输速率低，CPU 资源占用大。这类网卡已不能满足现在不断增长的网络应用需求。

PCI 总线的网卡又分为 PCI2.1 标准和 PCI2.2 标准。PCI2.1 标准的工作频率为 33MHz，数据传输率为 133 MB/S；PCI2.2 标准的工作频率为 66 Mhz，最大数据传输率高达 533 MB/S。PCI 网卡与 CPU 之间的通信方式一般采用总线控制方式，使得高优先级的任务可以直接读取数据而不再需要处理器来干涉，所以大大提高了运行的效率，降低了对系统资源的占用。

USB 总线的网卡一般是外置式的，具有不占用计算机扩展槽和热插拔的优点，因而安装更为方便。这类网卡主要是为了满足没有内置网卡的笔记本电脑用户。USB 总线分为 USB 1.1 和 USB 2.0 标准。USB 1.1 标准的传输速率的理论值只有 12 Mbps，而 USB 2.0 标准的传输速率就高达 480 Mbps，但由于价格昂贵，USB 2.0 网卡还未普及。

3. 芯片

网卡的主控制芯片是网卡的核心元件，一块网卡性能的好坏，主要是看这块芯片的质量。网卡的主控制芯片一般采用 3.3 V 的低耗能设计、0.35 μm 的芯片工艺，这使得它能快速计算流经网卡的数据，从而减轻 CPU 的负担。

4. 系统资源占用率

网卡对系统资源的占用一般感觉不出来，但在网络数据量大的情况下就很明显了，如进行在线点播、语音传输、IP 电话通话时。一般情况下，PCI 网卡对系统资源的占用率要比 ISA 网卡小得多。

5. ACPI 电源管理

ACPI 是一种新的工业标准，它通过硬件和操作系统提供支持系统的电源管理功能，支持 ACPI 电源管理的网卡可以通过计算机的睡眠模式减少电量的损耗。

6. 远程唤醒

远程唤醒是一个 ACPI 功能，它允许用户通过网络远程唤醒计算机，进行系统维护、病毒扫描、备份数据等操作，因此成为很多用户购买网卡时看重的一个指标。要实现远程唤醒功能还要求主板支持远程唤醒，并且网卡和计算机主板都符合 PCI 2.2 规范。

7. 兼容性

和其他计算机产品一样，网卡的兼容性也很重要，不仅要考虑到和自己的计算机兼容，还要考虑到和它所连接的网络兼容，所以选用网卡尽量采用知名品牌的产品，不仅安装容易，而且还能享受到一定的售后服务。

8. 特色技术

某些网卡的一些特色技术能提供更先进的功能、更快捷的速度和更人性化的使用。如 3Com 的 Parallel Tasking 技术通过同时读入和发送数据来优化数据吞吐，加速数据包在网线和网卡之间的传输，在获得最大吞吐量的同时仅占用极小的 CPU 资源。

2.11.4 硬件结构

网卡的组成和主板相似，都是在一块电路板上镶嵌各种芯片、元件，使其能处理和传输接收到的信号。网卡的功能当然不及主板，但它作为连接多台电脑的桥梁，作用之大不可忽视。不同种类的网卡有不同的外形，但它们的基本构成是一样的。基本上分为内置式和外置式两种类型。下面就让我们以这两种类型的网卡为例来了解一下网卡的外形和构成。

1. 内置网卡

内置网卡的外形都差不多，除了总线接口不同外，其他的基本结构是一样的。目前最流行的内置网卡是 PCI 网卡，下面就以 PCI 10/100 Mbps 自适应网卡为例来说明一下内置网卡的基本结构。

（1）PCB 板。

网卡的 PCB 板是网卡上各种芯片和元件的载体，PCB 板的选材直接影响了网卡的性能（特别是稳定性）与成本，目前网卡的电路板选材上分为喷锡板和镀金板，一般采用喷锡板的网卡比采用镀金板的网卡好，因为喷锡板不但容易制作出焊点均匀饱满的产品，而且可以有效避免出现堆焊或虚焊等现象。

（2）主控制芯片。

网卡的主控制芯片是网卡的核心元件，它类似于计算机中的 CPU，控制着进出网卡的数据流。因此，一块网卡性能的好坏，主要是看这块芯片的性能。如图 2-43 所示，“Realtek RTL8139D”表明该芯片是 10/100 Mbps 自适应芯片。

图 2-43　主控制芯片

（3）无盘启动芯片插槽。

无盘启动芯片插槽是用来安装无盘启动芯片的。无盘启动芯片的主要作用是在局域网中，当计算机被作为无盘工作站时，可以通过这块启动芯片来启动计算机。

2. 外置网卡

由于 USB 网卡是外置式的，安装时不会占用机箱内的插槽，它所具有的热插拔的优点使安装更为方便，而它的体积极为小巧，携带非常方便。拆开 USB 网卡的外壳，我们可以发现它的内部结构与内置网卡基本相同。

2.12　键盘与鼠标

2.12.1　键盘

键盘无疑是最普通的输入设备，如图 2-44 所示。键盘按产生编码的方式可分成编码键盘和非编码键盘。编码键盘中每一个键都有一个硬件电路——键电路：当该键按下后，键电路产生一个对应的编码信息（在系统中是唯一的）并通知 CPU；CPU 根据提供的信息得到该键的编码，并执行相应的操作。键电路还具有去抖动功能，以防止按键的过程中由于接触不良而产生的错误信息。此外，键电路还应能处理多键按下等其他情况。编码键盘主要优点是容易使用，但键电路复杂且每键一个，价格较高。

图 2-44　键盘

在非编码键盘中，各键排列在一个分成行列的矩阵上，当键按下后，键盘电路只提供该键所在的行列值，键识别、寻找键编码、去抖动和防止串键等问题都由软件解决。显然，非编码键盘硬件较少，价格便宜。

像非编码键盘这种用软件代替硬件的技术称为软、硬件折中。当具有一定的硬件基础后，有些工作即可以用软件完成又可以用硬件完成，这就要综合考虑。一般来说，硬件完成的速度快、价格高；软件完成的速度低，价格也低。软件硬件折中，是计算机中经常要平衡的问题。

PC 机使用的键盘属非编码键盘，键盘电路内部有处理器。键盘送到主机的信息是经键盘内部的处理器处理后的编码信息而不是行列信息。而键识别、寻找键编码、去抖动和防止串键等问题都由键盘电路内的处理器解决。键盘使用串行方式通过键盘接口与主机通讯，键盘还通过键盘接口得到电源。PC 机的键盘按下后，接点闭合的方式有两种，一种是机械式，一种是感应式。机械式使用普通机械触点完成闭合，电路简单、价廉，但机械触点闭合过程中抖动较大；感应式是利用按键与触板间距离的变化来判定按键是否按下，感应式无机械触点，抖动小、可靠，但价格较高。

另有一种键盘是 IBM 微通道计算机专用的键盘——PS/2 键盘，PC 机上不常用。PS/2 接口是专用的。

2.12.2 鼠标

鼠标是另一种常用的输入设备，特别是在图形方式下。鼠标有两个方向互相垂直的感应器，当鼠标移动时，这两个感应器分别感应出各自方向移动的大小并告之主机，主机根据在 X、Y 方向上的变化量，在新的位置重画出鼠标指针。

按感应器使用的感知移动的方向及大小的技术，可将鼠标分为半光电式（又称机电式）和光电式两种。半光电式使用一个与垫板摩擦的小球感知鼠标的移动，并使用光电编码盘将移动的量转换成编码信号通过串口送给主机。半光电式价廉且分辨率较高，但感知移动的摩擦小球及鼠标内的摩擦轮是机械部件，较易失灵或损坏；当小球或垫板脏污时，小球或摩擦轮不易滚动（鼠标移动而屏上的鼠标指针不移动），易造成误操作。

光电式鼠标没有机械部件，使用光线反射原理感知鼠标的移动方向和移动的大小。早期鼠标本身有发射光束和接收光束的装置，当鼠标在有网格的垫板上移动时，鼠标接收到的光束被网格调制，从而产生反映移动方向和移动大小的电信号。因此这类光电式鼠标必须使用有网格的垫板。

现在在市场上常见的光电鼠标是不需要网格垫板的，在光电鼠标内部有一个发光二极管，照亮鼠标底部的表面（这也就是为什么鼠标底部总会冒出红光的原因）。同时表面会反射回一部分光线，反射光通过一组光学透镜后，在一个微成像器内成像。当鼠标移动的时候，移动轨迹便会被记录为一组高速拍摄的连贯图像，而经过鼠标内部有一块专用的图像分析芯片（DSP），对移动轨迹上摄取的一系列图像进行分析处理。根据这些图像上特征点位置的变化进行分析，判断鼠标的移动方向和移动距离，从而完成光标的定位。

判断是哪种鼠标很简单，有滚动小球的是半光电式鼠标，否则是光电式鼠标。一些笔记本电脑使用跟踪球的输入装置，其原理、作用都与鼠标相同。只不过是将鼠标倒放而已。鼠标的能耗很小，可以直接从计算机接口得到能量。通常鼠标使用的接口有串口、PS/2 和 USB 口等。

2.13　接口

2.13.1　概述

接口是指连接总线与外部设备的适配电路。CPU 与外设进行数据输入输出时，可采用程序查询方式、中断方式和 DMA 传送方式。不论采用哪种方式，CPU 总要通过接口电路才能与外设进行信息交换。所以说接口电路处于总线与外部设备之间，起着桥梁作用。

接口电路通常被做成板卡，可以直接插在主板上，如显示卡、声卡、网卡等，这种连接形式在更换和增加接口电路时都比较方便。

另外，微型计算机同时提供了一部分标准接口电路，主要有并行接口电路、串行接口电路以及硬盘接口电路、软驱接口电路等，用来连接部分标准的外部设备，如鼠标、MODEM，硬盘和软盘驱动器等。

2.13.2　常见接口类型

1. 并行接口

所谓并行接口，是指 CPU 与外设之间采用的通讯方式为“位”并行通讯，数据各位同时传送。并行通讯的优点是一次可以传送多位数据，传输速度比较快，主要用于传输数据量大，要求速度快的设备，如打印机等。但并行通讯的缺点是所需数据线较多，在长距离传送数据时所需成本高，所以并行通讯一般不用于长距离通讯。

目前微型计算机上一般提供两个并行接口，称为 LPT1 和 LPT2，不过一般微机上只有一个物理端口，所以两个并行口只能占用其中一个资源，不是 LPT1 就是 LPT2。这种接口标准为 25 针插孔接头，从机箱后面板上都能看得到。通常接在 LPT 接口上的设备主要有打印机、绘图仪、外置硬盘、外置 CD-ROM 驱动器等。

2. 串行接口

串行接口，是指 CPU 与外设之间采用的通讯方式为“位”串行通讯。串行通讯与并行通讯的方式有所不同，串行通讯在传送数据时一次只能传送一位数据，也就是说如果传送一个字节的数据，就必须分 8 次传送，所以传输速度上比并行通讯慢，但由于其采用线数少，成本低，适用于长距离传送数据。

目前微机系统的串行通讯一般采用 RS-232C 串行通讯接口电路。串行通讯数据按其数据传送方向分为半双工，全双式两种，半双工的数据只能是由一方发射到另一方，或只能是从另一方发送到这一方，即每次只能有一个发送方；而全双工两方同时都能发送和接送。

PC 机上一般有 4 个串行接口，即 COM1、COM2、COM3 和 COM4，但只提供两个物理端口，COM1 和 COM3 共同使用一个端口，COM2 和 COM4 共同使用另一个端口，当然每个端口每次只能是一个串行接口使用。串行接口的连接件有两个标准，一个为 9 针插针接头（DB-9），另一个为 25 针插针接头（DB-25）。

由于串行接口的成本低廉，所以早期使用串行接口的设备比较多，例如鼠标、打印机等，其中应用最为广泛的是调制解调器。另外一部分非标准外部设备也使用串行接口实现与计算机之间的通讯，这一类设备大都用于自动控制系统中。

3. USB 接口

从 1994 年末的 Intel HX、TX、VA 芯片组开始，就出现了一种叫 USB 的设备接口，然后迅速得到 Win95 的支持。USB 的规格是由 Intel、NEC、Compaq、DEC、IBM、Microsoft、Northern Telecom 联合制定，具有热插拔和即插即用特性。USB 是目前应用非常广泛的接口标准，我们将在后面的内容中详细介绍。

4. IEEE1394

Apple 公司开发的串行标准，又称 Firewire 接口。IEEE 1394 接口也是串行数据总线，目前能够在计算机与外围设备间提供 100、200、400 Mbps 的传输速率。与 USB 技术不同，该接口不要求 PC 端作为所有接入外设的控制器，不同的外设可以直接在彼此之间传递信息。另外，利用该接口，两台电脑可同时共享使用一个外设。

利用 IEEE 1394 的拓扑结构，该接口不需要集线器就可连接 63 台设备，并且可由桥网将独立的子网连接起来，该接口不需要强制用电脑控制这些设备。

IEEE 1394b 接口规范能够实现 800 Mbps 和 1.6 Gbps 传输速度的高速通信方式。与其前身相比该技术的特点是可实现较长距离数据的传输。

无线方式 IEEE 1394 超高速数据传输技术可以实现 400 Mbps 的无线通信速度。传送距离在无障碍时可达 12m。传送电波采用 60 GHz 的微波。

IEEE 1394 的价格是阻碍其流行的重要原因。每个使用该接口的厂商都要向 Apple 及 SONY 公司支付一笔数额不菲的使用费。

2.14 USB 接口

2.14.1 什么是 USB?

USB 是英文 Universal Serial Bus 的缩写，中文含义是“通用串行总线”。它是一种应用在 PC 领域的新型接口技术。早在 1995 年，就已经有 PC 机带有 USB 接口了，但由于缺乏软件及硬件设备的支持，这些 PC 机的 USB 接口都闲置未用。1998 年后，随着微软在 Windows 98 中内置了对 USB 接口的支持模块，加上 USB 设备的日渐增多，USB 接口才逐步走进了实用阶段。

USB 接口不再使用 IRQ 的中断控制以及输入输出的地址位资源（I/O Address），而是依靠开机后操作系统分配给设备一个逻辑位置来做数据传输，所以可以作大幅度的扩充，可以连接 127 个周边设备，为了保证信号不受干扰以及电源电压不在传输中被消耗过多，在 USB 规格中规定设备接线不超过 5 m，USB 设备也被设计为 3.3～5V 之间的低耗电（高耗电设备都设计为带外接电源）。

这几年，随着大量支持 USB 的个人电脑的普及，USB 逐步成为 PC 机的标准接口。在主机（Host）端，最新推出的 PC 机几乎 100%支持 USB；而在外设（Device）端，使用 USB 接口的设备也与日俱增，如数码照相机、摄像头、移动存储设备、计算机电话、数字音箱、数字游戏杆、打印机、扫描仪、键盘、鼠标等。

USB 设备之所以会被大量应用，主要具有以下优点.

（1）可以热插拔。这就让用户在使用外接设备时，不需要重复“关机→将并口或串口电缆接上→开机”这样的步骤，而是直接在 PC 开机情况下，就可以将 USB 电缆插上使用。

（2）携带方便。USB 设备大多小、轻、薄，对用户来说，同样 20 G 的硬盘，USB 硬盘比 IDE 硬盘的重量要轻一半，在想要随身携带大量数据时， USB 硬盘当然是首要之选。

（3）标准统一。大家常见的是 IDE 接口的硬盘，串口的鼠标键盘，并口的打印机扫描仪，可是有了 USB 之后，这些应用外设统统可以用同样的标准与 PC 连接，这时就有了 USB 硬盘、USB 鼠标、USB 打印机等。

（4）可以连接多个设备。USB 在 PC 上往往具有多个接口，可以同时连接几个设备，如果接上一个有 4 个端口的 USB HUB 时，就可以再连上 4 个 USB 设备，依此类推，尽可以连下去（注：最高可连接至 127 个设备）。

2.14.2 USB 规范

USB 需要主机硬件、操作系统和外设三个方面的支持才能工作。目前的主板一般都采用支持 USB 功能的控制芯片组，主板上也安装有 USB 接口插座。Windows 98/2000/XP 等操作系统支持 USB 功能。

USB 规范中将 USB 分为五个部分：控制器、控制器驱动程序、USB 芯片驱动程序、USB 设备以及针对不同 USB 设备的客户驱动程序。

控制器（Host Controller）。主要负责执行由控制器驱动程序发出的命令。

控制器驱动程序（Host Controller Driver）。在控制器与 USB 设备之间建立通信信道。

USB 芯片驱动程序（USB Driver）。提供对 USB 的支持。

USB 设备（USB Device）。包括与 PC 相连的 USB 外围设备，分为两类，一类设备本身可再接其他 USB 外围设备，另一类设备本身不可再连接其他外围设备，前者称为集线器（Hub），后者称为设备（Function）。或者说，集线器带有连接其他外围设备的 USB 端口，而设备则是连接在计算机上用来完成特定功能并符合 USB 规范的设备单元。

设备驱动程序（Client Driver Software）就是用来驱动 USB 设备的程序，通常由操作系统或 USB 设备制造商提供。

针对设备对系统资源需求的不同，在 USB 规范中规定了四种不同的数据传输方式。

等时传输方式（Isochronous）。该方式用来联接需要连续传输数据，且对数据的正确性要求不高而对时间极为敏感的外部设备，如麦克风、嗽叭以及电话等。等时传输方式以固定的传输速率，连续不断地在主机与 USB 设备之间传输数据，在传送数据发生错误时，USB 并不处理这些错误，而是继续传送新的数据。

中断传输方式（Interrupt）。该方式传送的数据量很小，但这些数据需要及时处理，以达到实时效果，此方式主要用在键盘、鼠标以及操纵杆等设备上。

控制传输方式（Control）。该方式用来处理主机到 USB 设备的数据传输。包括设备控制指令、设备状态查询及确认命令。当 USB 设备收到这些数据和命令后，将依据先进先出的原则处理到达的数据。

批（Bulk）传输方式。该方式用来传输要求正确无误的数据。通常打印机、扫描仪和数字相机以这种方式与主机联接。

2.14.3 USB 2.0

USB 1.1 主要应用在中低速外部设备上，它提供的传输速度有低速 1.5 MB/S 和全速 12 MB/S 两种，USB 端口可同时支持全速和低速设备访问。

低速的 USB 带宽（1.5 Mbps）支持低速设备，例如显示器、ISDN 电话、调制解调器、键盘、鼠标、游戏手柄、扫描仪、打印机、光驱、磁带机、软驱等。全速的 USB 带宽（12 Mbps）支持大范围的多媒体和电话设备等。

用户的需求，是促进科技发展的动力，厂商也同样认识到了这个瓶颈。COMPAQ、Hewlett Packard、Intel、Lucent、Microsoft、NEC 和 PHILIPS 这 7 家厂商联合制定了 USB 2.0 接口标准。USB 2.0 将设备之间的数据传输速度增加到了 480 Mbps，比 USB 1.1 标准快 40 倍左右，速度的提高对于用户的最大好处就是意味着用户可以使用到更高效的外部设备，而且具有多种速度的周边设备都可以被连接到 USB 2.0 的线路上，而且无需担心数据传输时发生瓶颈效应。

而且，USB 2.0 可以与 USB 1.X 使用同样规格的电缆，接头的规格也完全相同，在高速的前提下一样保持了 USB 1.X 的优秀特色，并且，USB 2.0 的设备不会和 USB 1.X 设备在共同使用的时候发生任何冲突。

USB 2.0 支持三种不同速度的模式：低速模式，传输速度 1.5 MB/S；全速模式，传输速度 12 MB/S；高速模式，传输速度 480 MB/S。

2.15 基本输入输出程序 BIOS

基本输入输出程序 BIOS 是微型计算机中对硬件管理的最基础的程序。BIOS 提供了一个便于操作的系统软硬件接口，解除了程序员难以适应各种不同硬件设备特性的困惑，使硬件的改进对用户程序变得“透明”了。BIOS 中各项操作是通过它们各自的中断来实现的。

打开电源启动机器时，系统 BIOS 将运行 POST，进行内部设备的自检，如对 CPU、基本 640 K 存储器、扩充内存、只读存储器、主板、CMOS 的存储器、视频控制器、并行和串行子系统、软盘和硬盘子系统及键盘的测试等。当自检测试完成后，系统将从驱动器 A、C 或其他硬盘以及网络寻找操作系统，并向 RAM 中装入操作系统。

基本输入输出程序 BIOS 的一个重要组成部分是 SETUP 程序，即 BIOS 设置。BIOS 设置包含了计算机中硬件环境的配置，因为这一部分内容存储在一个非易失性存储器——CMOS RAM 中，主板上有一个充电电池为它供电，所以 BIOS 设置通常又称为 CMOS 设置。CMOS 设置可设定本系统中软盘驱动器类型、硬盘驱动器类型及参数、视频显示卡的类型、内存容量、日期和时间等。

目前比较流行的 ROM BIOS 主要有 Award 公司的 Award BIOS，American Megatrends Inc.公司的 AMI BIOS 和 Eurosoft 公司的 MR BIOS 等。各种 BIOS 又随着发表的时间和所适应的机型不同而有许多不同的版本。

第 3 章　微机部件的安装

计算机部件的安装是微型计算机安装调试维修中最为基本的技能。本章主要描述了微型计算机的硬件安装过程，包括 CPU 的安装与设置、内存的选择与安装、主板的安装、外存储器的安装、BIOS 设置和微机的安装顺序等。

本章重点：

- CPU 的安装
- 主板的安装
- 内存的安装
- 软驱硬盘的安装与设置

3.1　安装前的准备工作及注意事项

3.1.1　安装前的准备工作

在安装计算机前，要做好以下准备工作。

- 选择一个合适的操作台。在狭窄的桌子上组装计算机是很不方便的，安装平台一定要比较宽敞，要求桌面一定是绝缘体，情况允许的话，最好在桌面上铺一层绝缘橡胶；另外要求用电方便，能比较容易与 220V 交流电源相连。
- 准备好各种工具。主要有十字改锥、一字改锥、镊子、尖嘴钳等，必要时还要准备烙铁、剥线钳、万用表等。
- 各配件的使用手册及驱动程序。包括 CPU、各种板卡、各部件的说明手册及驱动程序。

3.1.2　注意事项

在计算机的安装过程中，有几个问题值得注意。

- 注意用电安全。确保机壳等部位安全接地，防止发生触电事故。如果用电不当，发生漏电、短路等事故，会对人体及电器造成损害，严重的话会危及生命。
- 防止静电的危害。由于计算机中的器件大都为比较精密的电子集成电路，静电往往会对其造成损害。在安装计算机前一定要将身体上的静电释放，以免损害电子器件。方法是在安装前将手在水管、暖气管等接地良好的物体上触摸几下，就可以释放掉身上的静电，如果条件允许，最好佩带防静电护腕。
- 在拔插器件、板卡过程中，要注意用力均匀，不要“野蛮”操作。
- 机箱附带的固定螺丝一般有两种类型，这两种类型的区别在于螺丝的螺距。硬盘在安装时一般使用粗螺距螺丝，软驱、光驱等一般使用细螺距螺丝。安装时要注意区别，以免破坏部件的螺纹。

3.2 CPU 的安装

目前市场上销售的台式机 CPU 产品比较多，如 Intel 公司的 Core、Pentium D 和 Celeron D 等，AMD 公司的 Athlon 64 X2 和 Sempron 等，这些 CPU 所采用的接口都属于 Socket 型，如 Socket 478、Socket 775、Socket AM2 等。在早期的 CPU 所使用的 SLOT 型接口，现在已经不见踪影。下面对这几种 CPU 的安装作详细的介绍。

3.2.1 安装 Socket 型 CPU 的顺序

目前常见的主板提供的 CPU 插座都属于 ZIF 插座，即零插拔力插座，所以 CPU 的安装非常简单，可以很容易地就插进 ZIF 插座里。但在安装 CPU 时也不能粗心大意，要注意判断 CPU 的特征角和 ZIF 插座的特征角，并正确安放 CPU。

1. 判断 CPU 的特征角

CPU 是不能随便插到 ZIF 插座中的，两者之间有一个方向问题，即 CPU 的管脚与 ZIF 插座的插孔之间是一一对应的。如果在安装时方向不对，大都是不能插进去的，有时也能插进去，但在开机时往往会把 CPU 烧毁，造成很大的损失。凡有计算机组装经验的人都知道，CPU 也好，ZIF 插座也好，都有一个角和其他的角是不一样的，我们把这个角称为特征角。如果在安装时保证 CPU 的特征角与 ZIF 插座的特征角相对应，那么 CPU 与插座之间的配合就是正确的。

大部分 CPU 的特征角都是以色点进行标记的，也就是在特征角上有一个小的标志，有的是圆点，也有的是三角形，称为色点，如图 3-1 所示。色点的颜色因 CPU 的类型不同而不同，比如部分 CPU 的色点为金黄色，也有的色点为白色。另外也可以通过其他方式来区分特征角，如大部分 CPU 的特征角不像其他三个角那样是直角，而是一个缺角，就好像桌子被砍掉了一个角，也可以看一下 CPU 的管脚等。总之，CPU 的特征角和其他三个角有比较大的区别，在实际安装时比较容易区分。

图 3-1　CPU 的特征角

2. 判断 ZIF 插座的特征角

ZIF 插座特征角的辨认不像 CPU 那样容易，一般来说特征角和其他三个角外观不一样，再加一点细心，比较 CPU 管脚与 ZIF 插座的配合，就会找到 ZIF 的特征角。ZIF 插座的特征角如图 3-2 所示。

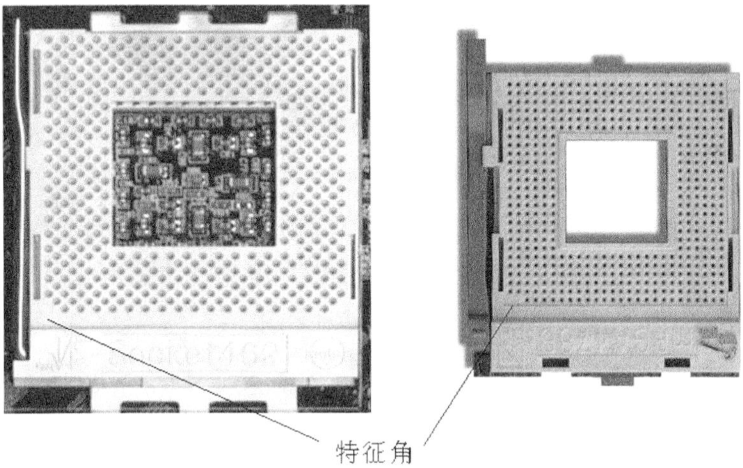

图 3-2 ZIF 插座的特征角

3. 正确安放 CPU

确定好 CPU 与 ZIF 的脚位后，将 ZIF 插座的拉柄稍向外侧拉开并向上拉起，与主板成直角。按确定好的脚位，将 CPU 放在 ZIF 插座上，CPU 会自行落入 ZIF 插座中，如图 3-3 所示。如果 CPU 没有自行落入，可以用手轻轻向下压，但不要太用力。如果这样还不能插入，则说明方向不对，或者是 CPU 的管脚或 ZIF 的插孔有问题。确认 CPU 已完全插入插座后，将 ZIF 插座的拉柄压回去并卡紧，这样便完成了 CPU 的安装。

图 3-3 CPU 的安放示意图

3.2.2 Socket 478 型 CPU 的安装

使用 Socket 478 接口的 CPU 主要是一些早期的 CPU，如 Pentium 4、Celeron 等，目前在市场上已经比较少见。

1. CPU特征角的判定

图3-4是采用Socket 478接口的Pentium 4和Celeron，大家注意到，在这些CPU的左下角，有一个金黄色的三角形标志，这就是CPU的特征角。

我们再将CPU翻过来，看一看它们的背面，如图3-5所示。

图3-4 Socket 478结构的CPU

图3-5 Socket 478结构CPU的管脚

在图3-5中我们可以看到，在图的右下角有一个小的三角形标志，并且这个角比其他角少两个引脚，这就是特征角。当然这个角和我们上面在CPU正面所看到的特征角是同一个角。

2. 插座特征角的判定

我们还是通过图形来判定，大家要仔细观察图3-6，在插座的四个角中，有一个角与其他三角是不同的，左下角比其他三角少两个针孔，这就是Socket 478插座的特征角。

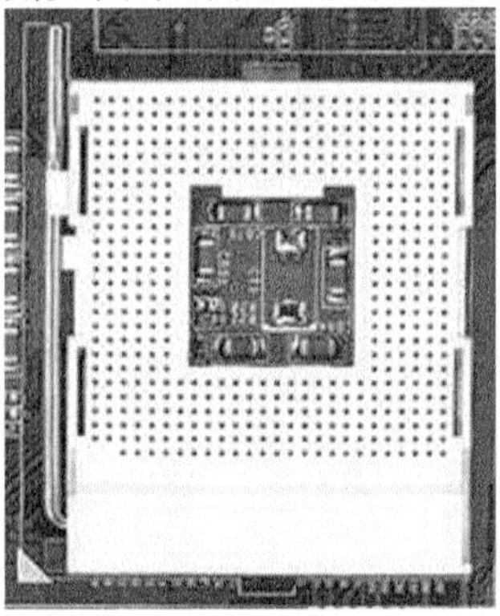

图3-6 Socket 478插座

3. 安装CPU

Socket 478型CPU的安装还是比较简单的，大家可以参照前面所讲的操作方法，将CPU放在ZIF插座上，CPU会自行落入ZIF插座中，并发出一声比较清脆的声响，然后卡紧拉柄就可以了。

这时的操作应该非常仔细，不要心急。如果CPU不能自行落下，我们就要看看是不是特征角没有对应好。如果特征角对应没有问题，那可能就是CPU的个别针脚歪了，将CPU拿起来，通过针脚的横竖对照，找到歪的针脚，用镊子等将其修正，再放入插座，这时CPU

可能不会自行落下，需要用手轻轻的按一下，但记住不要用太大力气。

3.2.3 Socket 775 型 CPU 的安装

Socket 775 又称为 Socket T，目前采用这种插槽的是 LGA775 封装 CPU，包括单核心的 Pentium 4、Pentium 4 EE、Celeron D、双核心的 Pentium D、Pentium EE 以及 Core 架构的系列的 CPU。

1. CPU 特征角的判定

图 3-7 所示两块 CPU 就是采用 Socket 775 接口的 Core 2 和 Pentium 4，外型与采用 Socket 478 的 CPU 很相似。同样，在这些 CPU 的左下角，也有一个金黄色的三角形标志，这就是 CPU 的特征角。

我们来看一看它的背面，如图 3-8 所示

图 3-7 Core 2 和 Petium 4 CPU

图 3-8 Socket 775 结构 CPU 的管脚

在图中我们可以看到，在图的右下角有一个小的三角形标志，并且这个角比其他角少一个引脚，这就是特征角。这个角和我们上面在 CPU 正面所看到的特征角是同一个角。

2. 插座特征角的判定

Socket 775 插座与上面所讲的 Socket 478 插座明显不同，非常复杂，没有 Socket 478 插座那样的 CPU 针脚插孔，取而代之的是 775 根有弹性的触须状针脚（其实是非常纤细的弯曲的弹性金属丝），通过与 CPU 底部对应的触点相接触而获得信号。另外，与以前的 Socket 478/423/370 等插座采用工程塑料制造不同，Socket 775 插座为全金属制造，原因在于这种新的 CPU 的固定方式对插座的强度有较高的要求，并且新的 prescott 核心的 CPU 的功率增加很多，CPU 的表面温度也提高不少，金属材质的插座比较耐得住高温。

Socket 775 插座由于其内部的触针非常柔软和纤薄，如果在安装的时候用力不当就非常容易造成触针的损坏；其针脚特别容易变形，相邻的针脚也很容易搭在一起，而短路有时候会烧毁设备；另外，拆卸 CPU 的次数过多也会导致触针失去弹性进而造成硬件方面的彻底损坏，这是 Socket 775 插座的最大缺点。

Socket 775 插座上面有一个载荷板，主要用于加大 CPU 的压力，只有打开载荷板才能看到所有的针脚，图 3-9 是打开载荷板后的 Socket 775 插座。如果大家注意观察的话，就会发现在图中左下角的针脚比其他角少了一根针，此角为特征角。

图 3-9　Socket 775 插座

3. 安装 CPU

Socket 775 接口的 CPU 的安装与 Socket 478 接口有较大的不同，安装步骤如下：

（1）朝下推动插座锁扣杆，并稍微向外推，打开锁扣杆，然后将锁扣杆抬起，如图 3-10 所示。

（2）打开载荷板，如图 3-11 所示，这时切忌用手去触摸插座的针脚。

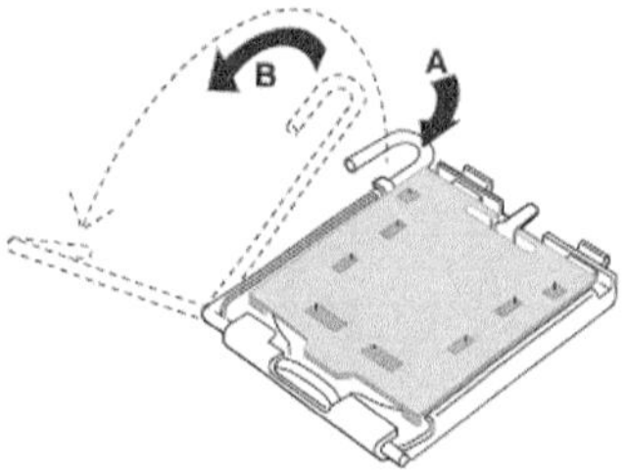

图 3-10　打开锁扣杆

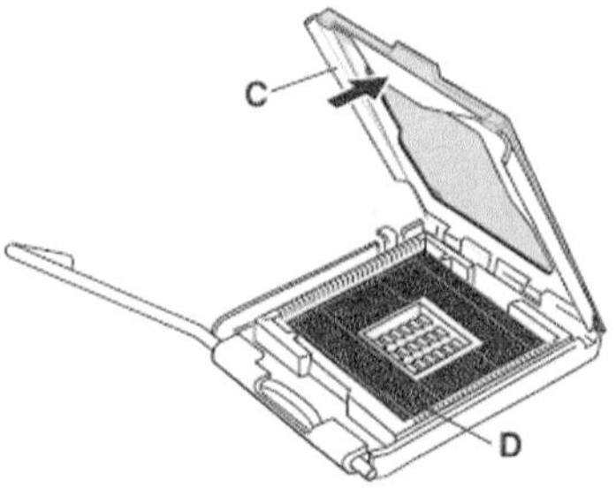

图 3-11　打开载荷板

（3）如图 3-12 所示，从载荷板上拆下防护罩（E），但防护罩不要丢弃，每次从插座上拆下 CPU 后，都要将防护罩重新安装到插座上。

（4）从 CPU 上拆下 CPU 防护罩，同时也建议不要丢弃防护置，在处理器被拆下时也要使用防护罩保护。

（5）用拇指和食指拿住 CPU，如图 3-13 所示，两个手指的位置必须在插座缺口（F）的上方，同时也要注意 CPU 的方向，使 CPU 的两个槽口（G）对准插座的凸缘（H），垂直向下将 CPU 放入插座中，注意不要倾斜或移动。

（6）关闭载荷板，用手压紧载荷板，压下锁扣杆，使其锁紧载荷板，如图 3-14 所示。

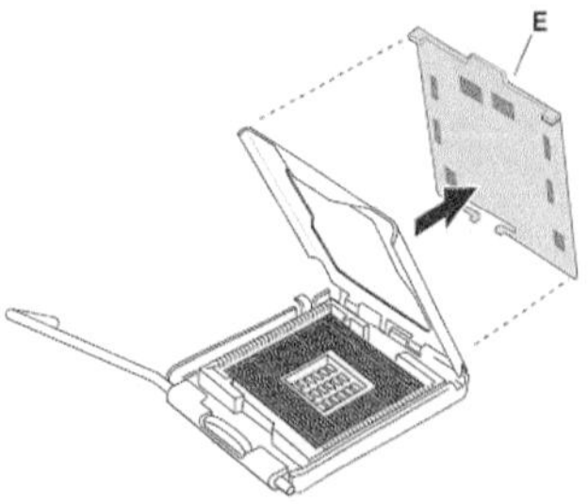

图 3-12　拆下防护罩

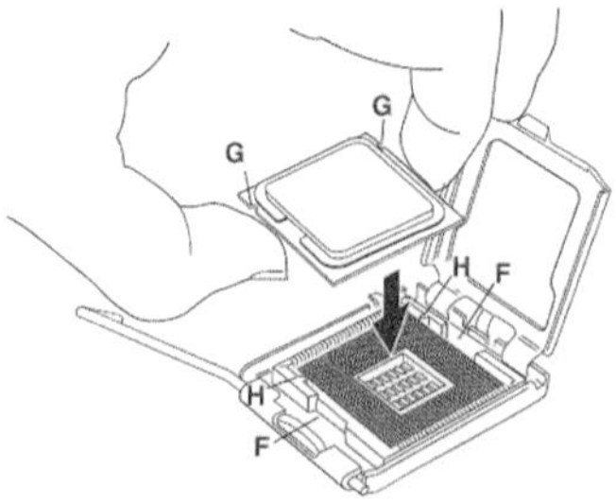

图 3-13　安放 CPU

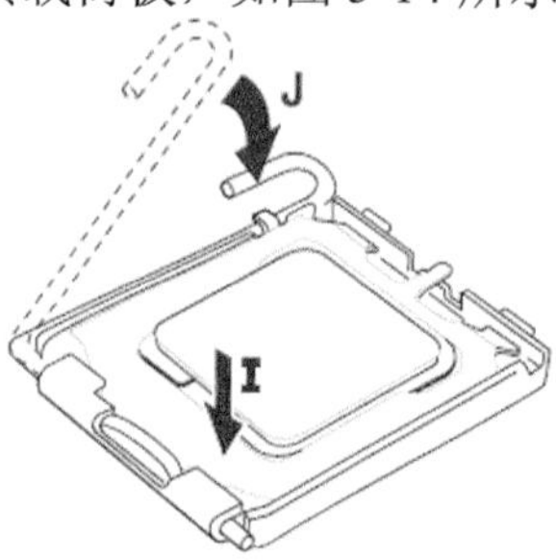

图 3-14　关闭载荷板

3.2.4　Socket AM2 型 CPU 的安装

Socket AM2 是 2006 年 5 月底发布的支持 DDR2 内存的 AMD64 位桌面 CPU 的插座标准，是目前 Sempron、Athlon 64、Athlon 64 X2 以及 Athlon 64 FX 等全系列 AMD 桌面 CPU 所对应的插座标准。Socket AM2 具有 940 个 CPU 针脚插孔，支持 200MHz 外频和 1000MHz 的总线频率，支持双通道 DDR2 内存，其中 Athlon 64 X2 以及 Athlon 64 FX 最高支持 DDR2 800，Sempron 和 Athlon 64 最高支持 DDR2 667。虽然同样都具有 940 个 CPU 针脚插孔，但 Socket AM2 与原有的 Socket 940 在针脚定义以及针脚排列方面都不相同，并不能互相兼容。

1. CPU 特征角的判定

图 3-15 是 AMD 公司的 AMD Athlon 64 X2，在 CPU 的左下角的金黄色三角形标志，就是 CPU 的特征角的标志。

将 CPU 翻过来，可以看到它的背面，如图 3-16 所示。

在图 3-16 中可以看到，在图的右下角有一个三角形标志，这也是特征角的标志，但某些 CPU 则没有这样的标志。也可以通过针脚来判断特征角，大家注意一下，AM2 的 CPU 每个角都有缺针现象，但是有三个角缺 3 针，有一个角缺 4 针，缺 4 针的这个角就是特征角。如果找不到三角形标志，就可以通过以上的方法确定特征角。

2. 插座特征角的判定

观察图 3-17，找到与其他三角不同的角，那就是右上角。如果大家能仔细观察的话，也能在右上角找到一个三角形标志，这就是特征角。

图 3-15　AMD Athlon 64 X2

图 3-16　AMD Athlon 64 X2 CPU 管脚

图 3-17　Socket AM2 插座

3. 安装 CPU

Socket AM2 型 CPU 的安装与 Socket 478 是相同的，都比较简单，大家参照前面所讲的操作方法，将 CPU 放在 ZIF 插座上，CPU 会自行落入 ZIF 插座中，会听到一声比较清脆的声响，然后卡紧拉柄就可以了。

这时的操作应该非常仔细，不要心急。如果 CPU 不能自行落下，就要看看是不是特征角没有对应好。如果特征角对应没有问题，那可能就是 CPU 的个别针脚歪了，将 CPU 拿起来，通过针脚的横竖对照，找到歪的针脚，用镊子等将其修正，再放入插座，这时 CPU 可能不会自行落下，需要用手轻轻地按一下。

3.2.5 CPU 的设置

对于目前市场上常见的主板和 CPU 来讲，只要将 CPU 插接到主板，安装上风扇，就算安装成功了，因为在系统启动后 BIOS 会自动侦测 CPU 的型号，并配置适应的环境。如果安装早期的主板和 CPU，将 CPU 按照正确的脚位安装在 ZIF 插座或插槽上后，CPU 还不能工作，因为 CPU 的工作环境还没有进行设置。因此下面所讲的跳线设置作为参考内容，让读者了解 CPU 的相关设置问题。

主板上关于 CPU 的跳线设置一般包括三个方面的内容：CPU 的工作电压设置、CPU 的外部系统时钟频率设置、CPU 内外频率之间的倍频关系。这些资料由 CPU 厂家给出，一般主板生产厂家也给出这方面的资料。

1. 工作电压设置

80486 以前的 CPU，包括 80286、80386 及早期的 80486 微处理器大都采用了 5V 的工作电压，当时的微处理器工作频率较低，功耗比较小。

随着 CPU 工作频率的提高，其功耗也逐渐升高，为了降低 CPU 的功耗和发热量，CPU 厂商就将 CPU 的工作电压降低。较高频率的 80486CPU 及初期的 586CPU 的工作电压大都在 3.3V 左右，不同的 CPU 厂商采用的工作电压标准有所不同，一般 CPU 的电压等级有 3.52V、3.45V、3.3V、3.0V 等。

发展到 586CPU，如 Pentium MMX、K6、M2 等，由于内部频率的升高及功能的增强，功耗也随之增加；为进一步降低功耗，这种 CPU 就采用了双电压结构，即 CPU 内部采用低电压，称为核心电压（Vcore）。这种 CPU，核心电压多在 2.9V、2.8V 左右。

目前的 CPU 都是采用双电压结构的，不过核心电压更低。

在主板上安装不同的 CPU，主板就应为其提供合适的工作电压。一般通过跳线或 DIP 开关来进行设置。如某主板 CPU 工作电压跳线设置如图 3-18 所示。

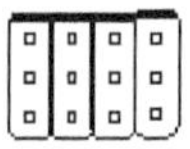

JP 12 11 10 9

电压	JP9	JP10	JP11	JP12
Auto	2-3	2-3	2-3	2-3
1.3	O	O	O	O
1.35	1-2	O	O	O
1.4	O	1-2	O	O
1.45	1-2	1-2	O	O
1.5	O	O	1-2	O
1.55	1-2	O	1-2	O
1.6	O	1-2	1-2	O
1.65	1-2	1-2	1-2	O
1.7	O	O	O	1-2
1.75	1-2	O	O	1-2
1.8	O	1-2	O	1-2
1.85	1-2	1-2	O	1-2
1.9	O	O	1-2	1-2
1.95	1-2	O	1-2	1-2
2	O	1-2	1-2	1-2
2.05	1-2	1-2	1-2	1-2

图 3-18 CPU 工作电压设置示意图

如果选择的 CPU 是 Intel Celeron 1G，根据相关的 CPU 资料得知，其核心工作电压为 1.7V。当将它安装到该主板上时，就应该通过 JP9、JP10、JP11、JP12 的设置为该处理器提供 1.7V 的电压。由图 3-18 可知，相应的跳线设置为 JP9 开路、JP10 开路、JP11 开路、JP12 是 1 和 2 短接。

2. 外部时钟频率设置

CPU 有内部时钟频率和外部时钟频率之分，外部时钟频率一般由 CPU 生产厂家规定。外部时钟频率也称为系统时钟，或称为外部工作频率，是指前端总线的时钟频率。将 CPU 安装到主板上，主板系统总线的工作频率应与 CPU 的外部工作频率相对应，这个设置也是由跳线或 DIP 开关来完成的。

对于主板系统总线所支持的频率是有一定标准的，有 50MHz、55MHz、60MHz、66MHz、75MHz、83MHz、100MHz、133MHz、166MHz、200MHz 等，现在的主板前端总线的时钟频率已经达到了 266、333MHz 等，使工作频率达到了 1066MHz、1333MHz。

例如主板对于 CPU 的外部时钟频率设置如图 3-19 所示。

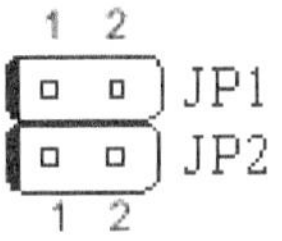

FSB 频率	JP1	JP2
自动设置总线频率	S	S
手动设置总线频率	O	O

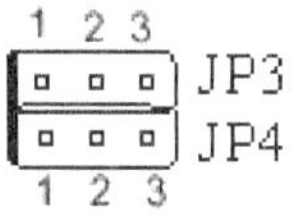

总线频率	JP3	JP4
66MHz	2-3	2-3
100MHz	1-2	2-3
133MHz	1-2	1-2

图 3-19　CPU 外部时钟频率设置示意图

假设选择的 CPU，其外部时钟频率为 133MHz，那么 JP3、JP4 的设置分别为 1-2、1-2。

3. 倍频关系的设置

Intel 公司在 486DX2 和 486DX4 系列 CPU 中采用了倍速技术，使得 CPU 挣脱了主板频率的限制，性能得到了很大的改善。所谓倍速技术，也就是说 CPU 的内外时钟频率是不一样的，一般成整数倍或 0.5 倍关系。如 Pentium MMX166 的内外时钟比值为 2.5，Celeron 1G 的内外时钟比值为 10。CPU 的这种内外时钟频率的倍数关系一般需要在主板上进行设置，通常称为倍频关系设置。

目前 Intel、AMD 等公司生产的 CPU 内部都具有倍频电路，并且被锁定，安装这样的 CPU 的主板可以不用倍频电路，但如果主板上已有倍频设置跳线，则这个倍频设置应和 CPU 的类型相匹配。某些厂商生产的微处理器无内部倍频电路，对于这种 CPU 就需要主板为其提供倍频电路，至于倍数是多少由跳线来设定。如某主板，假如选择的 CPU 内部时钟频率为 900MHz，外部时钟频率为 100MHz，内外时钟频率之比值为 9，如图 3-20 所示。安装时跳线 JP3、JP4、JP5、JP6、JP7、JP8、JP9、JP10 的设置分别为短接、短接、开路、开路、短接、短接、开路、开路。

倍频	JP3	JP4	JP5	JP6	JP7	JP8	JP9	JP10
5	S	S	O	S	S	S	O	S
5.5	O	S	O	S	O	S	O	S
6	S	O	O	S	S	O	O	S
6.5	O	O	O	S	O	O	O	S
7	S	S	S	O	S	S	S	O
7.5	O	S	S	O	O	S	S	O
8	S	O	S	O	S	O	S	O
8.5	O	O	S	O	O	O	S	O
9	S	S	O	O	S	S	O	O
9.5	O	S	O	O	O	S	O	O
10	S	O	O	O	S	O	O	O
10.5	O	O	O	O	O	O	O	O
11	S	S	S	S	S	S	S	S
11.5	O	S	S	S	O	S	S	S
12	S	O	S	S	S	O	S	S
12.5	O	O	S	S	O	O	S	S

图 3-20　倍频系数设置示意图

随着技术的发展，BIOS 的功能越来越强大。目前市场上流行的主板大部分不需要手动去进行外频、倍频及电压的设置了，这些主要由 BIOS 来完成。BIOS 自动侦测 CPU 的类型并通过软件进行外频、电压等的调整。所以这些主板所提供的跳线也少了许多，只有在 BIOS 不能正确识别 CPU 时，才有必要进行手动设置。

3.3　内存的选择与安装

3.3.1　内存的分类

微机中用作内存的存储器根据其外形封装可以分为两类：一类是 DIP 内存芯片，另一类是内存条。早期 PC 机所采用的 DIP（Dual In-line Package）内存是双列直插内存芯片，常见的单片容量有 256K、1M 等几种，后因其安装位置较大，容量又小，不便于扩展，故已被淘汰。而内存条由于安装方便、集成度高等优点成为个人计算机普遍采用的内存封装形式。常用内存条可以分为以下几类：SIMM 内存条、DIMM 内存条、RIMM 内存条和 DDRRAM 内存条。

1. SIMM 内存条

SIMM 内存条全称叫单列存储器模块（Single In-line Memory Modules）。SIMM 内存条虽然生产厂家不同，但有统一的引线标准，常见的有 30 线，72 线和专用内存条三类，分别适用于不同的微机。30 线内存条常见容量有 256KB、1MB 和 4MB，如图 3-21 所示；72 线内存条常见容量有 4MB、8MB 和 16MB，如图 3-22 所示；专用内存条没有统一标准，常用于各种品牌机中。

图 3-21　30 线 SIMM 内存条

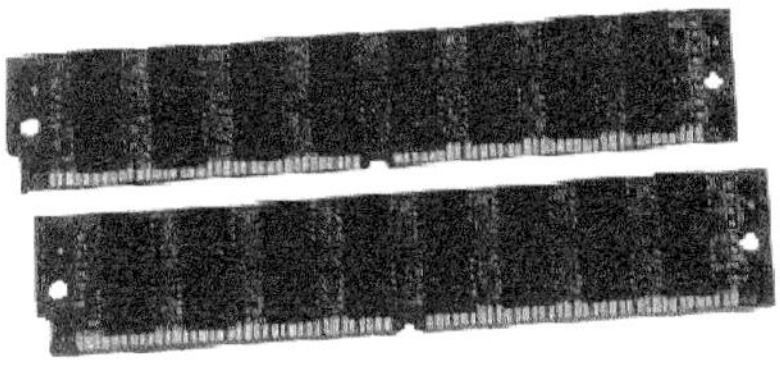

图 3-22　72 线 SIMM 内存条

2. SDRAM DIMM 内存条

DIMM（Dual Inline Memory Module，双列直插内存模块）与 SIMM 相类似，不同的只是 DIMM 的金手指两端不像 SIMM 那样是互通的，它们各自独立传输信号，因此可以满足更多数据信号的传送需要。

常见的内存条大多采用了 DIMM 形式，如 SDRAM、DDR、DDR2、DDR3 等。

SDRAM DIMM 为 168Pin DIMM 结构，金手指每面为 84Pin，金手指上有两个卡口，用来避免插入插槽时，错误将内存反向插入而导致烧毁，如图 3-23 所示。

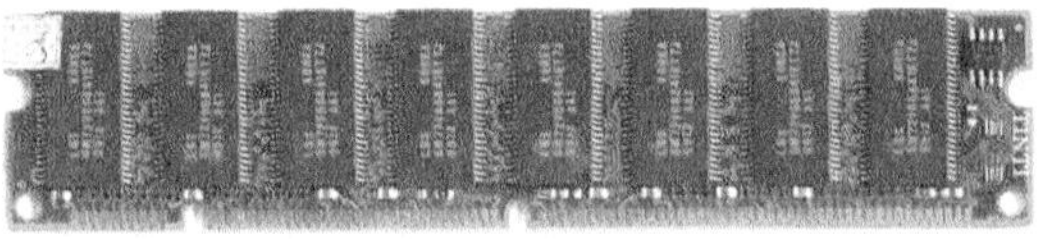

图 3-23　168 线 DIMM 内存条

3. RIMM 内存条

RIMM 内存条是 RAMBUS 内存（RDRAM）的专用封装形式，这种封装形式具有 184 线引脚，如图 3-24 所示。与其他内存条不同的是，由于高速的数据传输带来大量的热量，在 RAMBUS 内存外层包着铝质外壳，用来保护 RAMBUS 内存并起到极好的散热作用。

由于 RAMBUS 采用传输总线技术，其所有的内存及连接卡必须连成一个整体以便维持内存数据传输通道的连续性，所以必须在空着的内存槽口插上连接卡，当需要内存升级时，只需要将相应的连接卡换成 RAMBUS 内存即可。RAMBUS 连接卡又被称为连接型 RIMM，简称 C-RIMM，它不附带任何 RDRAM 器件。

支持 RDRAM 的主板大都支持两个 RAMBUS 通道，具有 2 组 4 个 RIMM 槽，这就要求在内存安装时必须成对安装，也就是在插内存条时至少插两条或四条，不允许插单条或三条。另外根据上面的理论，如果只插两条，则空余的两个槽必须插有 C-RIMM 卡。

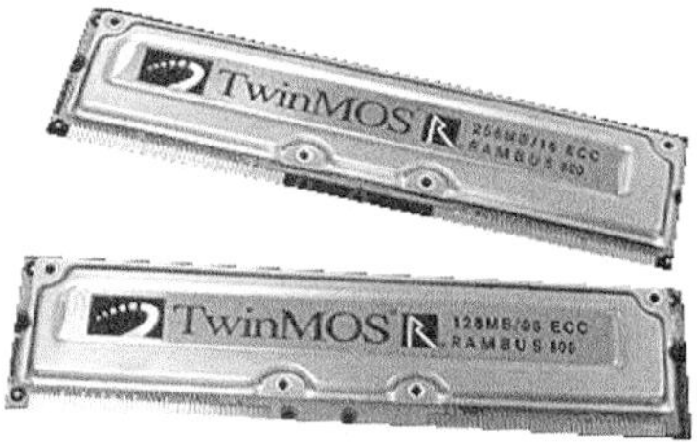

图 3-24　RIMM 内存条

4. DDR 内存条

DDRRAM 的速度比 SDRAM 提高一倍，其核心建立在 SDRAM 的基础上，但在速度和容量上有了提高。DDR 内存条采用的是 184 线结构，这种结构与 RIMM 的结构有非常大的区别。目前在相当一部分计算机中采用了这种内存，DDR 内存条如图 3-25 所示。

图 3-25　DDR 内存条

5. DDR2 内存条

DDR2（Double Data Rate 2） SDRAM 是由 JEDEC（电子设备工程联合委员会）进行开发的新生代内存技术标准，它与上一代 DDR 内存技术标准最大的不同就是，虽然同是采用了在时钟的上升/下降延同时进行数据传输的基本方式，但 DDR2 内存却拥有两倍于上一代 DDR 内存预读取能力（即 4bit 数据预读取）。换句话说，DDR2 内存每个时钟能够以 4 倍外部总线的速度读/写数据，并且能够以内部控制总线 4 倍的速度运行。DDR2 所采用的结构与 DDR 不同，DDR2 采用了 240 线的结构，如图 3-26 所示。

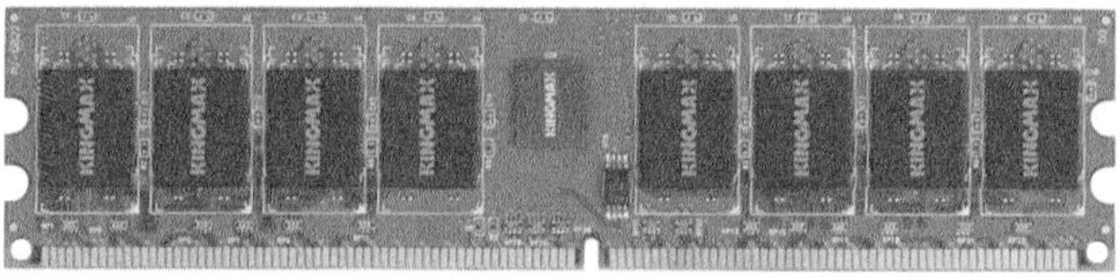

图 3-26　DDR2 内存条

3.3.2　内存条的安装

安装 SIMM 内存条时，先把内存条在插槽中斜着放好，要注意方向，如果放反了，是无法放好的。放好后，用两个手指推内存条两端的上面，推正之后，内存条两端的两个小圆孔应该被插槽两端的卡子卡好，如图 3-27 所示。

图 3-27　SIMM 内存条的安放示意图

安装的时候一定要小心，在操作过程中不要太用力，否则很容易损坏插槽。因为 SIMM 插槽一般是用塑料做的，如果主板的 SIMM 插槽损坏，修复非常麻烦。

在安装内存条时常出现的问题是插接不良，主要原因是在斜放内存条时没有将内存条完全插到槽底就推了上去。在安装完毕后应该检查一下。首先检查插槽的卡子是否将内存条卡好，另外，如果一次性插入几条相同的内存，在插好后可以用手在内存条上端摸一摸，感觉一下是否平整，如果不平整，那么内存肯定没有插好。

DIMM 内存条的安装比 30 线或 72 线简单，只要根据内存条和 DIMM 插槽上缺口与挡片的对应关系垂直放置内存条，然后用力向下插到位即可，插槽会自动将内存条卡紧。

RIMM 内存条和 DDR 及 DDR2 内存条的安装方法与 DIMM 条相同，这里就不再重复了。不过大家在安装 RIMM 内存条时应注意成对安装，在空余的 RIMM 槽中插入 C-RIMM 卡。DIMM 内存条的安放示意图如图 3-28 所示。

图 3-28　DIMM 内存条的安放示意图

3.3.3 双通道内存的安装

双通道内存技术是一种内存控制和管理技术，它依赖于芯片组的内存控制器，在理论上能够使两条同等规格内存所提供的带宽增长一倍。它早期就被应用于服务器和工作站系统中了，只是为了解决台式机日益窘迫的内存带宽瓶颈问题才走到了台式机主板技术的前台。在几年前，英特尔公司曾经推出了支持双通道内存传输技术的 i820 芯片组，它与 RDRAM 内存构成了一对黄金搭档，所发挥出来的卓越性能使其一时成为市场的最大亮点，但生产成本过高的缺陷却造成了叫好不叫座的情况，最后被市场所淘汰。

双通道内存技术是解决 CPU 总线带宽与内存带宽的矛盾的低价、高性能的方案。现在 CPU 的 FSB（前端总线频率）越来越高，英特尔 Pentium 4 处理器与北桥芯片的数据传输采用 QDR（Quad Data Rate，四次数据传输）技术，其 FSB 是外频的 4 倍，分别是 400/533/800、1066/1333MHz 等。在单通道内存模式下，DDR 内存无法提供 CPU 所需要的数据带宽从而成为系统的性能瓶颈。而在双通道内存模式下，所能提供的内存带宽达到原来的 2 倍，从而满足了 FSB 的带宽需求。

支持双通道内存技术的主板大都提供了四个内存插槽，分别标注为 DIMM1、DIMM2、DIMM3 和 DIMM4，分别由两个内存控制器控制，每两根一组，每一组代表一个内存通道，如图 3-29 所示。只有当两组通道上都同时安装了内存时，才能使内存工作在双通道模式下。同时，安装内存必须对称（A 通道第 1 个插槽搭配 B 通道第 1 个插槽，或 A 通道第 2 个插槽搭配 B 通道第 2 个插槽）。为了方便用户安装，大部分厂商的主板将对称的内存插槽以不同的颜色标示出来，用户只要把内存安装在颜色相同的 DIMM 插槽上即可。安装成功后，开机自检时，会显示出内存工作在双通道模式下。

图 3-29　双通道 DDR2 内存插槽

一般安装规则如下：

模式	接口			
	DIMM1	DIMM2	DIMM3	DIMM4
单通道	安装			
			安装	
双通道	安装		安装	
双通道	安装	安装	安装	安装

3.4　主板的安装

3.4.1　主板的安放

1. 主板的安装和固定

主板在安装到机箱内之前，应先将 CPU（包括风扇）和内存条安装到主板上，并再检查一下各个跳线的设置。一般的兼容机主板上都有符合标准的安装孔，如图 3-30 所示。

主板是安装在机箱内的，通常的机箱在出厂时都配有一套安装配件。这些配件中一般都有安装主板用的塑料支撑、小铜柱、螺钉和螺母等。

常见的塑料支撑有两种，一种是 Y 字型的，一种是圆盘型的。塑料支撑脚的上部小锥体可以插入主板的安装孔中，小锥体上的小倒钩可以防止支撑脚的脱出。

大部分机箱普遍使用金属固定柱来固定和支撑主板，而有些机箱只提供了 1～2 个铜柱。

安装铜柱的好处是其固定能力强，有定位作用。但铜柱是导体，容易引起电路板上靠近铜柱的部位短路，有时机箱或主板安装孔位置稍有误差就不大好安装，所以对于低档次的机箱只使用少量的金属固定柱，而多数孔位是用塑料支撑脚来支撑，安装方便，可靠性也较高，以弥补加工工艺的不足。如果全用塑料支撑脚来安装主机板则可能定位不够牢固，容易因拔插键盘或振动使主板位移，出现与其他板卡接触不良的问题。

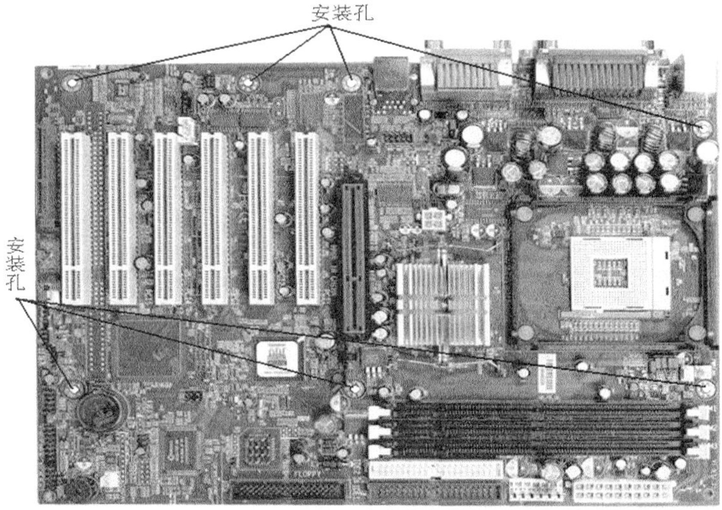

图 3-30　主板上的安装孔

在安装主板时，要求支撑点尽量多，如果机箱制造商提供了较多的铜柱，则所有支撑点全部采用铜柱固定；如只提供了部分铜柱，则将大部分的铜柱安装在主板靠近机箱后面板一侧，主要因为经常拔插键盘鼠标及板卡等的时候该侧受力较大，容易松动，这样做可以使用主板更牢固。

一般应把机箱上需要安装铜柱的位置安装上铜柱；把主板上除了需用铜柱固定的孔以外的孔安装上塑料支撑脚。安装时注意把铜柱或塑料支撑脚拧紧，不要松动。然后就可把主板安装到机箱里了。

主机板的安放一定要做到平稳，支撑良好。用铜柱固定的安装孔，一定要把螺钉拧紧；如果机箱配有小垫圈，在上螺钉时要把垫圈垫在螺钉上，可以防止螺钉松动；用塑料支撑脚固定的安装孔，注意支撑脚不能松动，露出主板之上的部分一定要把主板卡住，使主板不能上下移动。

安装完之后，可以用手抓住主板来回晃一晃，看是否牢固。

2. 主板电源线的连接

常用主板按电源接口的不同可以分为两种，一种为 AT 结构，另一种为 ATX 结构。在早期主板上的电源接口均为 AT 类型，目前市场上的主板全部采用 ATX 类型的电源接口。

AT 电源接口，由一组 12 针的接口构成，与 AT 类型的主机电源连接。AT 电源有两个六线的插头，安装时两个插头是靠在一起的，并且两个插头的黑色线要靠在一起。通常称这两个插头为 P8、P9，其定义如图 3-31 所示。

在插电源插头时应注意方向，如果反了是不容易插入的。

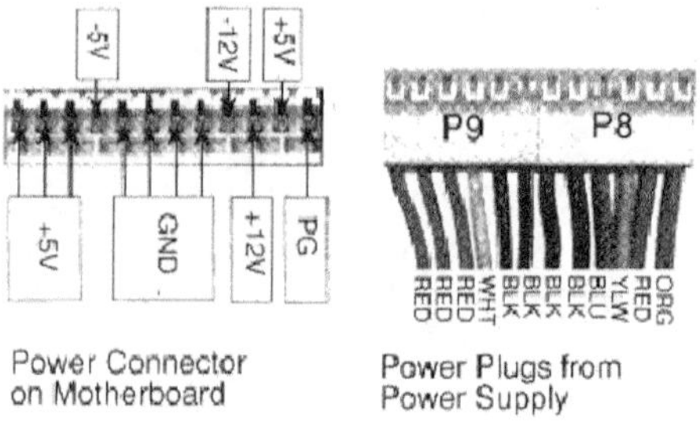

图 3-31　AT 电源接口

ATX 结构有多个版本，目前比较常见的有 ATX 12V 1.3 和 ATX 12V 2.0。ATX 12V 1.3 类型的主板电源接口由 20 针构成，如图 3-32 所示。ATX 电源上的相应的接头也为 20 针的插头，在插接时也要注意方向。当然如果插反了也是插不进去。

ATX 12V 2.0 电源的主板电源接口是 24 针的，如图 3-33 所示，24 针电源较 20 针电源分别增加了+3.3V、+5V、+12V，还有一根地线。

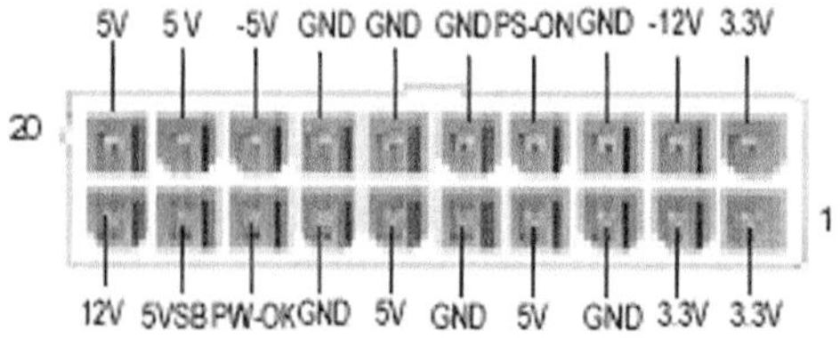

图 3-32 ATX 电源接口

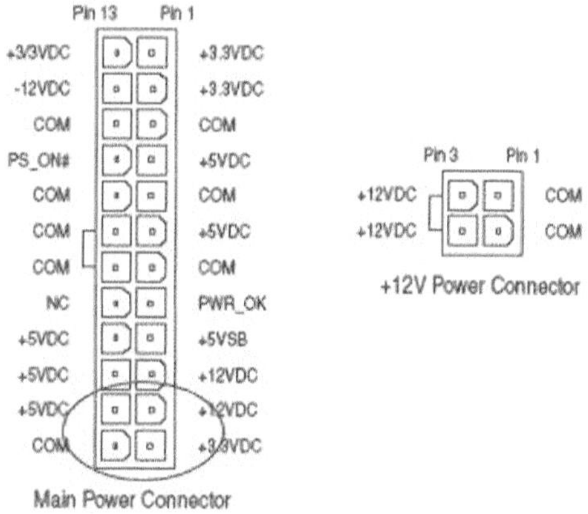

图 3-33　ATX 24 针电源接口

另外需要注意的是，支持 P4 的主板有两个电源接口，一个为 20 针或 24 针的 ATX 电源接口，一个是+12V 电压接口，在安装时要一一安装好。

另外需要注意的是，在连接电源接口时千万不要接错，否则会烧坏主板上的器件。

3.4.2　主板上的接口

现在的微型计算机常用的接口电路都是集成在主板上的。集成在主板上的接口电路一般包括 IDE 口（ATA 66/100/133）、SATA、并口、串口、USB 口、软驱接口等，安装时一定要注意区分这些接口。一般在主板上都有标记或文字来说明这些接口，可以按照这些标记来识别。如果不能识别标记，也可以根据接口针数的多少来判断接口类型，针数最多（40 针）的为 IDE 接口，其次（34 针）为软驱接口。现在的主板全都采用 ATX 结构，键盘、鼠标、并口、串口、USB 口等接口已经直接焊接在主板上，不需要另外引线。

大部分主板上都有一至两个 IDE 接口，分别称为 IDE1 和 IDE2，通常把硬盘接在 IDE1 上，并设为主盘。

目前的主板上大都有 2 至 4 个 SATA 数据接口，用于连接 SATA 硬盘和光驱等。

主板上接口一般有两种状态，即“Enabled”（可用或使能）和“Disabled”（禁止）。“使能”与“禁止”的设置，目前一般采用两种方法：一是通过跳线或 DIP 开关来对这些接口进行“使能”或“禁止”的设置，通过某一跳线的开路和短路来设置相应接口的“使能”和“禁止”。另一种方法是通过 CMOS 的设置来控制接口的“使能”与“禁止”。这种方法简单方便，对接口的设置不用打开机箱就可完成，所以目前应用比较广泛。这部分内容在后面的“BIOS 的设置”一节中有较详细的说明。

3.4.3　面板接线

面板接线一般包括电源开关（POWER BUTTON）、电源指示灯（POWER LED）、硬盘指示灯（HDD LED 或 IDE LED）、面板扬声器（SPEAKER）、复位键（RESET）等等。这些面板接线的连接相对比较简单，只要仔细一点，一般都没有什么问题。需要注意，电源开关、扬声器、复位键的连接无正负极之分，而电源灯和硬盘灯的连接一定要区分正负极，如果接错的话，就很容易把发光二极管击穿。某 PC 机面板接线说明如图 3-34 所示。

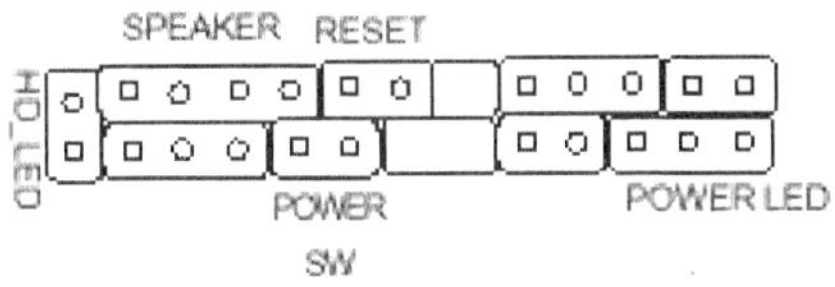

图 3-34　面板接线说明图

目前的主板上大多有前置 USB 接口，机箱也一般提供了前置的 USB 接口。在连接 USB 接口时一定要注意 USB 接口的定义及相应机箱的连线之间的对应关系，如果连接错误会造成 USB 设备的损坏。

3.5　显示卡的安装

3.5.1　显示卡

1．安装

显示卡的安装过程比较简单，在安装前应先检查一下卡上的跳线设置是否正确，大多数 AGP 和 PCI 的显示卡没有跳线设置。

按显示卡使用的总线类型在主板上选择一个合适的空闲插槽。请注意 AGP 总线的显示卡只能插到 AGP 总线插槽中。如果该插槽所对应的机箱后板有挡片，则应先将固定挡片的螺丝旋出，摘掉挡片，再将显示卡小心地插入主板上的插槽中，并将显示卡外端的挡片与机箱固定好。在插的过程中，应先将显示卡一端（远离机箱后面板的部分）压进槽里，再将另一端压进去就可以了。应注意卡的插脚应确实插入插槽内，保证接触良好，不能一头高一头低，然后用螺丝固定，如图 3-35 所示。

图 3-35　板卡安装示意图

这里要注意的是 AGP8x 的插槽不能安装 AGP2x 的显示卡，否则将引起主板及显卡的损坏。但 AGP8x 的显卡却可以插到 AGP2x 的插槽中。大家注意观察 AGP8x/4x 和 AGP2x/1x 的插槽及接口。大家在市场上可能会见到有两个 PCI-E x16 插槽的主板，但这些主板并不是真正有两个 PCI-E x16 插槽，只有靠近 CPU 插座的 PCI-E x16 插槽是真正支持 PCI-E x16 标准的，另一个一般是支持 PCI-E x4 标准。如果您只有一块 PCI-E x16 显卡，请您插到靠近 CPU 插座的插槽中。

2．显示卡的设置

早期的显示卡，如 MDA、CGA、EGA 等有不同的工作模式，因此如果想让这些显示卡正常工作，就必须在 CMOS 中对显示类型进行正确设置，与实际使用的显示卡相匹配。目前大部分 BIOS 都能测试出显示卡的类型，自动进行设置，不再需要人工去设置了。

目前大部分显示卡在出厂时都带有说明和驱动程序，这些驱动程序一般为该显示卡在 Windows 98、Windows 2000 、Windows XP、Windows Vista 或 OS/2 等系统下的驱动程序，关于驱动程序的安装和设置一般在说明书上都有说明，我们在后面的章节中也将进行论述。

3.5.2　其他板卡的安装

声卡、内置 MODEM、网卡等板卡的安装方法与显示卡相同，首先根据板卡的接口类型选择合适的插槽，然后按照上面显示卡安装的方法将板卡插到相应的总线插槽中。

还有一点，在安装声卡时需要在光驱和声卡之间连接音频线，通常音频线是 3 芯或 4 芯的，其中有红色、白色的线是连接左右声道的，黑色的线是地线，不传输声音。光驱的这一头比较好连接，直接插上就可以了。声卡这边要注意，通常声卡上有二三个 CD 音频接口，各不相同，找一个和音频线接头相对应的接口，要保证红、白两线接在两个声道上，然后插上去。如果连接错误的话，可能听不到 CD 音乐或者只有一个声道发声。

3.6　硬盘、软驱和 CD-ROM 驱动器的安装

3.6.1　软盘驱动器的安装

1. 固定软盘驱动器

打开机箱后，首先找到软驱安装架，为了方便，有的卧式机箱使用竖直安装软驱的安装架，立式机箱有水平安装软驱的安装架。然后将与安装架相对的挡尘板取下，并将软驱轻轻推入软驱安装槽，放置到位后，用螺钉固定，如图 3-36 所示。

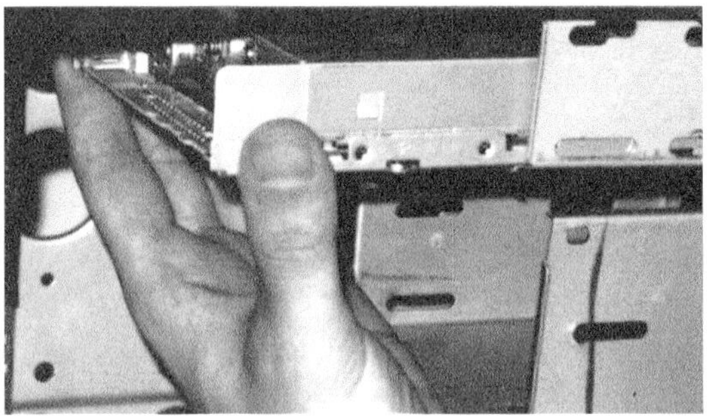

图 3-36　安装软驱

2. 连接扁平电缆

软驱使用的是 34 芯扁平电缆，如图 3-37 所示。与该扁平电缆相对应的插座（在软驱及主板或多功能卡上）上也有 34 根插针。扁平电缆的边缘上有一道彩色（通常为红色）的标志，用以表示 1 脚连线。两端及中间共三个插头（部分电缆线，为了方便 3.5 软驱与 5.25 软驱交换位置，通常增加了一个或两个插头），相邻近的两个（组）插头用于连接软驱，另一端连接主板或多功能卡上的软驱插座；如果只连接一个软驱，将外端有扭线的插头与软驱插座相连，即 A 驱，如果需要连接第二个软驱，将中间插头与软驱相连，即 B 驱，然后将扁平电缆的另一端与集成在主板上的软驱接口相连，连接时注意方向，电缆线红色标志一端应与插座一号插针对齐，如图 3-38 所示。

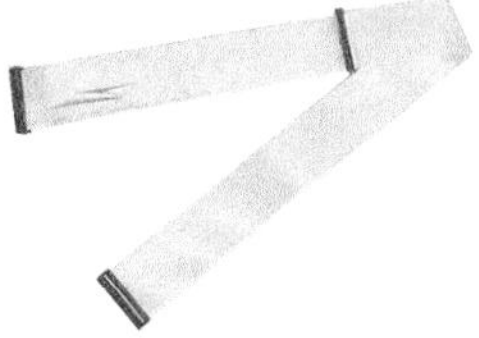

图 3-37　软驱电缆连接线

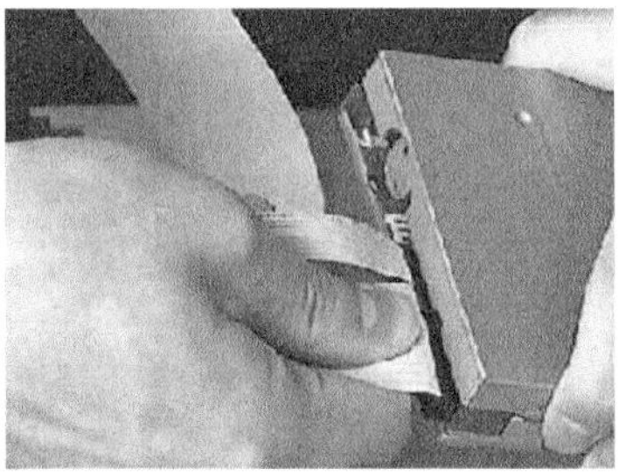

图 3-38　插接软驱扁平电缆

一般在软驱上的接口都有文字标注，比较容易区分。主板上软驱接口的标注方法有些不同，有的以文字或图形标注，容易区分，有的接口有保护槽，但没有标记，这种接口可以采用以下方法确定一号针。保护槽一般都有一个缺口，将保护槽的缺口朝上，则右侧最

靠边的那根针是一号针，这种区分办法同样适用于PC机上其他类型的接口。

如果电缆线方向接反，一般不会对设备造成损害，发生这种情况时，软驱的指示灯常亮，由此可以判断故障原因。

3. 连接电源线

软驱使用的是四芯“D”形电源线，5.25 英寸软驱使用的电源线插头与硬盘、光驱等IDE 设备所使用的相同，而 3.5 英寸软驱所使用的稍小，将该电源线插头连接到软驱的电源线插座上，要注意方向，反了通常插不上，如图 3-39 所示。

图 3-39　软驱电源线连接示意图

4. 设置 BIOS 参数

安装好软驱后，还需要在 BIOS 设置中正确设置软驱的类型参数，软驱才能正常工作。

3.6.2　UATA 硬盘的安装

目前在台式机上主要使用的硬盘有两种接口，包括 IDE 接口（UATA）和 SATA 接口。本部分介绍 UATA 硬盘的安装

1. 硬盘的主从设置

在一个 IDE 接口上通常可连接两台设备。为了区别同一 IDE 线上两个 IDE 设备，在每一台 IDE 设备上都有设置主（Master）、从（Slave）方式的跳线，IDE 硬盘在出厂时通常预设为 Single 即单一方式，相当于 Master，若要调整为从方式，则需参照硬盘使用手册调整跳线状态。例如：某硬盘的主从设置，如图 3-40 所示。

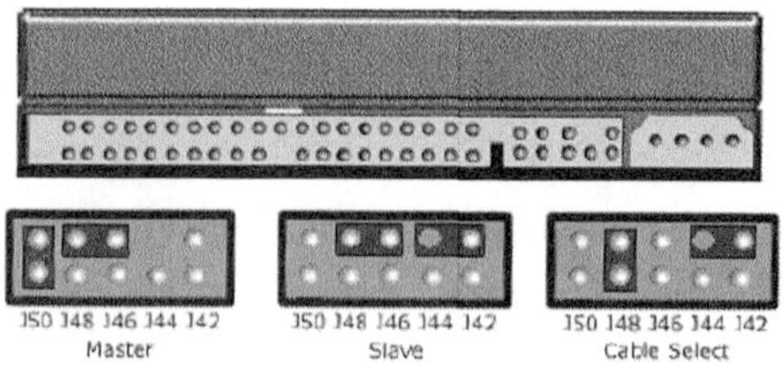

图 3-40　硬盘主从设置示意图

图 3-40 中“Cable Select”设置我们称为“线选”，是指使用特殊电缆线，根据电缆线上第 28 针的状态区分同一 IDE 线缆上的不同设备。不同厂家生产的硬盘其跳线的设置方法多有差异，请在使用时详细阅读使用手册。

2. 硬盘的固定

在驱动器安装架上找到合适的安装位置，元件面向下，将硬盘水平放入，用配套的螺钉将硬盘固定好，如图 3-41 所示。

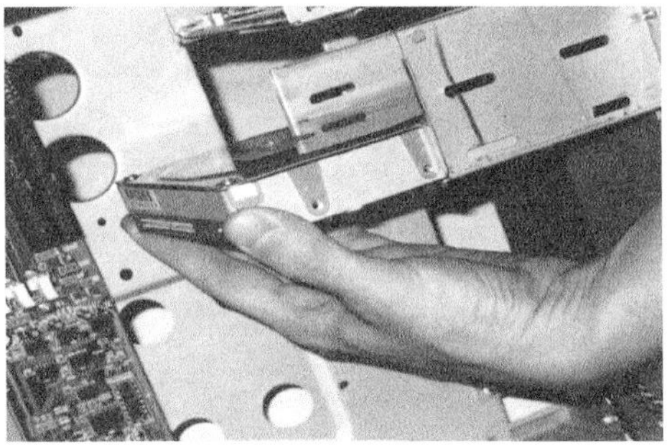

图 3-41　安装硬盘

3. 连接硬盘电缆线

将配套的 40/80 芯扁平电缆线一端与硬盘上的电缆线插座相连，要注意方向，电缆线有红色标志的一端应该与插座上标有 1 的插针对齐，连接牢固后，将电缆线的另一端与主板上 IDE 插座相连，也要注意方向。

4. 连接硬盘电源线

在电源上选择一根 4 芯电源线，将电源线“D”形插头与硬盘电源插座相连接，要注意方向，反了是插不进去的。

至此，硬盘的安装便结束了，但要使用硬盘，还需作 BIOS 设置、硬盘分区、格式化等工作。

3.6.3 SATA 硬盘的安装

SATA 硬盘的安装与 UATA 硬盘的安装相比较要容易，因为 SATA 硬盘没有跳线设置，只包括电源线和数据线的连接。

1. 硬盘的固定

在驱动器安装架上找到合适的安装位置，元件面向下，将硬盘水平放入，用配套的螺钉将硬盘固定好。

2. 连接硬盘电缆线

将 SATA 数据线一端与硬盘上的 SATA 数据接口相连，要注意方向，连接牢固后，将电缆线的另一端与主板上 SATA 接口相连，也要注意方向，如图 3-42 所示。

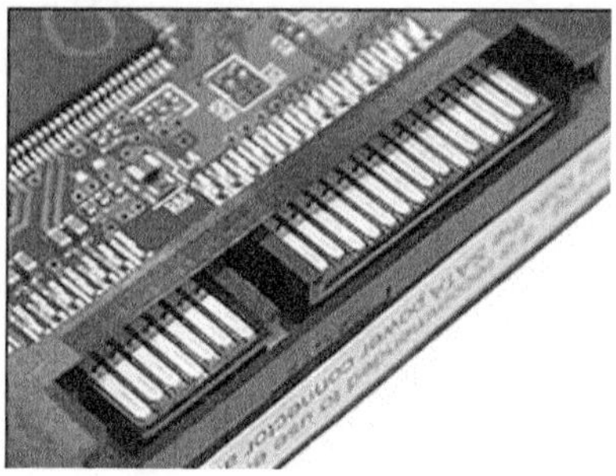

图 3-42　SATA 电源和数据接口

3. 连接硬盘电源线

在电源上选择一根 SATA 扁平电源线，将电源线插头与硬盘电源插座相连接，要注意方向，反了是插不进去的。

至此，硬盘的安装便结束了，但要使用硬盘，还需作 BIOS 设置、硬盘分区、格式化等工作。

3.6.4 光驱的安装

在市场上台式机的光盘驱动器主要有 IDE 接口和 SATA 接口两种。其安装方法比较简单，完全可以把它当作另一台硬盘来安装。对于 SATA 接口的光驱与硬盘安装完全一致，本处不作介绍了，下面只介绍一下 IDE 接口的光驱安装。

1. 设置主从跳线

IDE 光驱提供了 Master（主）与 Slave（从）工作方式设置，其位置在光驱背部，通常为三列插脚，当光驱为主设备时（无论在 IDE1 或 IDE2 上）应将跳线移至 Master 使其短接，若为从设备，则将跳线移至 Slave 使其短接。

如果硬盘和光驱使用同一条 IDE 电缆线，应把硬盘设为主盘，光驱设为从盘。光驱单独接在 IDE2 接口上时，光驱一般设为主盘。

2. 光驱的固定

打开机箱，选择一个合适的安装架，然后拆掉驱动器安装架位置的防尘面板，将 CD-ROM 驱动器从机箱前面水平推入安装架中，然后将光驱两侧的螺丝拧紧，如图 3-43 所示。

图 3-43　安装光驱

3. 安装光驱电缆线

如果硬盘与光驱使用同一条扁平线缆，应将光驱设为从盘，把 IDE 扁平线缆的另一个空余插头插到光驱后面的插座上。要注意方向，电缆线红色标记一端应与插座 1 号脚对齐。

如果光驱单独接在 IDE2 接口上，则需另用一根 IDE 扁平线缆，一头插在光驱后面的电缆线插座上，另一头插到主板上 IDE2 接口插座上。这时可以将光驱设为主盘。

4. 电源线的连接

CD-ROM 驱动器与硬盘一样，使用标准的 4 芯“D”型电源线，从电源上选取一根插入驱动器的电源插座，要注意方向，反了插不进去。

5. 音频线的连接

现在的 CD-ROM 驱动器普遍使用标准音频线，将音频线的一端与光驱音频线插座相连，另一端与声卡音频线插座相连，注意方向不要接反。

3.7　BIOS 的设置

3.7.1　概述

BIOS 设置，用于保存系统的硬件配置参数和系统实时时钟信息，例如硬盘的类型、RAM 的数量、日期及系统时间等。一般在开机时按下特定组合键可以进入 BIOS 设置。不同类型的机器进入 BIOS 设置程序的按键不同，有的在屏幕上给出提示，有的不给出提示。常见的几种机型进入设置程序的方式如表 3-1 所示。

表 3-1　进入 BIOS 设置程序方法

BIOS 型号	进入 BIOS 设置程序的按键	有列屏幕提示
AMI	<Del>或<Esc>	有
AWARD	<Del>或<Ctrl>+<Alt>+<Esc>	有
MR	<Esc>或<Ctrl>+<Alt>+<Esc>	无
Qualtel	<F2>	有
PHOENIX	<Ctrl>+<Alt>+S	无

目前比较常见是 AMI BIOS 和 AWARD BIOS。下面以 AMI BIOS 为例来讲述 BIOS 的设置。

3.7.2　主菜单

一旦进入了 AMI BIOS NEW SETUP UTILITY 设定工具，屏幕上会显示主菜单，如图 3-44 所示。主菜单共提供了 12 种设定功能和 2 种退出选择。用户可通过方向键选择功能项目，按 Enter 键可进入子菜单。

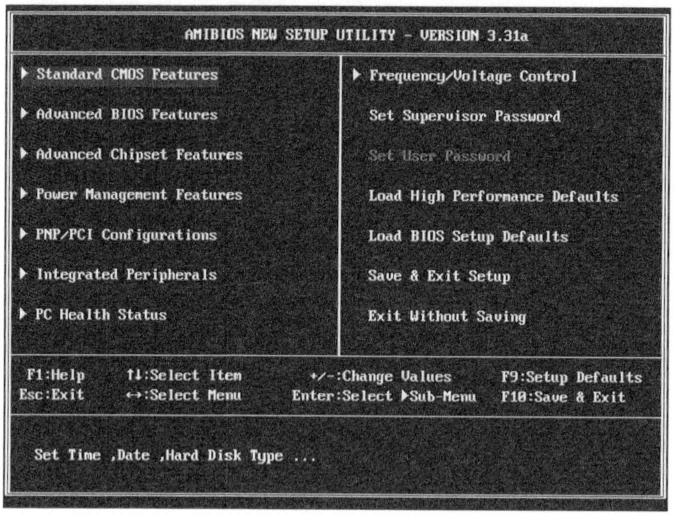

图 3-44　主菜单

- Standard CMOS Features（标准 CMOS 设定）：可对基本的系统配置进行设定，如时间、日期等。
- Advanced BIOS Features（高级 BIOS 设定）：可对系统的高级特性进行设定。
- Advanced Chipset Features（高级芯片组设定）：可以修改芯片组寄存器的值，优化系统的性能表现。
- Power Management Features（电源管理设定）：可以对系统电源管理进行特别的设定。
- PNP/PCI Configurations（PnP/PCI 配置）：此项仅在系统支持 PnP/PCI 时才有效。
- Integrated Peripherals（整合周边设定）：可以对周边设备进行特别的设定。
- PC Health Status（PC 健康状态）：此项显示了 PC 的当前状态。
- Frequency/Voltage Control（频率和电压控制）：可以进行频率和电压的特别设定。
- Set Supervisor Password（设置管理员密码）：可以设定管理员密码。
- Set User Password（设置用户密码）：可以设定用户密码。
- Load High Performance Defaults（载入高性能默认值）：可以载入主板制造商提供的为较高的性能优化过的 BIOS 设定值。
- Load BIOS Setup Defaults（载入 BIOS 设定值默认值）：可以载入主板制造商提供的最小稳定的方式运行设置的一组默认值。
- Save & Exit Setup（保存后退出）：保存对 CMOS 的修改，然后退出 Setup 程序。
- Exit Without Saving（不保存退出）：放弃对 CMOS 的修改，然后退出 Setup 程序。

3.7.3 标准 CMOS 特征

Standard CMOS Features 菜单中的项目共分为 9 个类，如图 3-45 所示。每类包含一个或一个以上的可修改项目。使用方向键选定你要修改的项目，然后使用 PgUp 或 PgDn 键选择所需要的设定值。

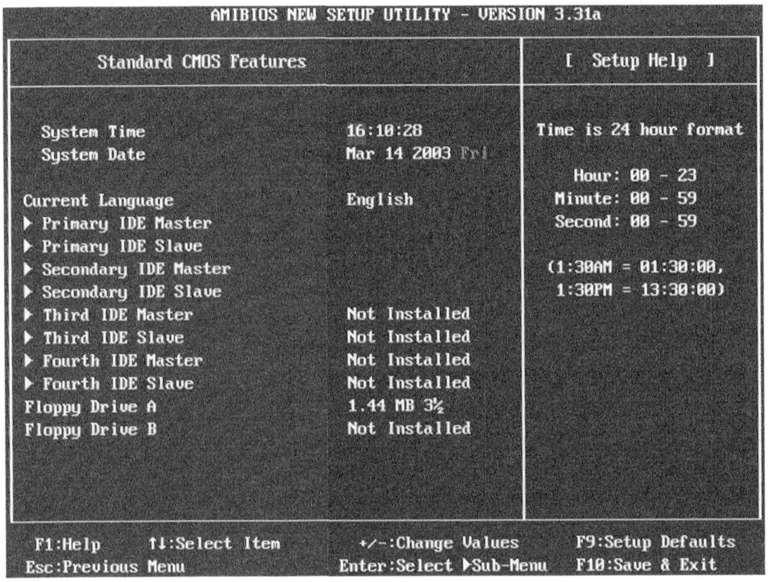

图 3-45　标准 CMOS 特征

- System Time（系统时间）：设置想要的时间（通常是当前时间）。时间格式是 <hour><minute><second>（<时> <分> <秒>）。
- System Date（系统日期）：设置想要的日期（通常是当前日期）。日期的格式是 <day><month><date><year>（<星期><月份><日期><年>）。
  - Day（星期）：从 Sun（星期日）到 Sat（星期六），由 BIOS 定义，只读。
  - Month（月份）：从 Jan（一月）到 Dec（十二月）。
  - Date（日期）：从 1 到 31 可用数字键修改。
  - Year（年）：设定年份。
- Current Language（当前语言）：选择 BIOS 的语言种类。设定值有 English、China （Simplified Chinese，简体中文）、Chinese（Traditional Chinese 繁体中文）、Japanese、Korea 等，如图 3-46 所示。

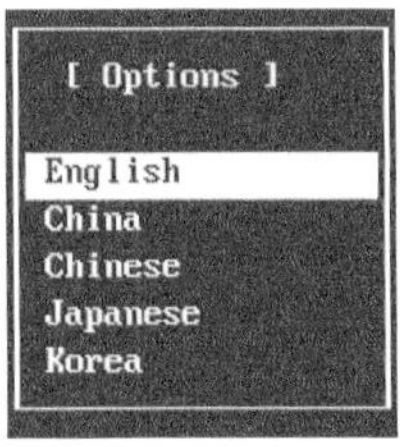

图 3-46　当前语言选择

- Primary/Secondary/Third/Fourth IDE Master/Slave（第一/第二/第三/第四 IDE 主/从）：按 PgUp/<+>或 PgDn/<->键选择硬盘类型。根据你的选择，硬盘类型将出现在右侧。部分参数说明如下。
  - Type：选择如何定义硬盘参数。
  - Cylinders：选择柱面数。
  - Heads：选择磁头数。
  - Write Precompensation：选择写预补偿。
  - Sectors：选择扇区数。
  - Maximum Capacity：选择最大的硬盘容量。

- ➢ LBA Mode：在硬盘大于 512 MB 的情况下，Windows 和 DOS 操作系统下选择 Auto；在 Netware 和 UNIX 操作系统下选择 Disabled。
- ➢ Block Mode：选择 Auto 以提高硬盘性能
- ➢ Fast Programmed I/O Modes：选择 Auto，通过优化硬盘时钟来提高硬盘性能。
- ➢ 32 Bit Transfer Mode：当 32 位 I/O 传输打开时，效能提升。

- Floppy Drive A:/B（驱动器 A/B）：此项设置软驱的类型，可选项有 Not Installed、1.2 MB 5¼、720 KB 3½、1.44 MB 3½和 2.88 MB 3½ 。

3.7.4 高级 BIOS 特征

高级 BIOS 设置界面如图 3-47 所示。

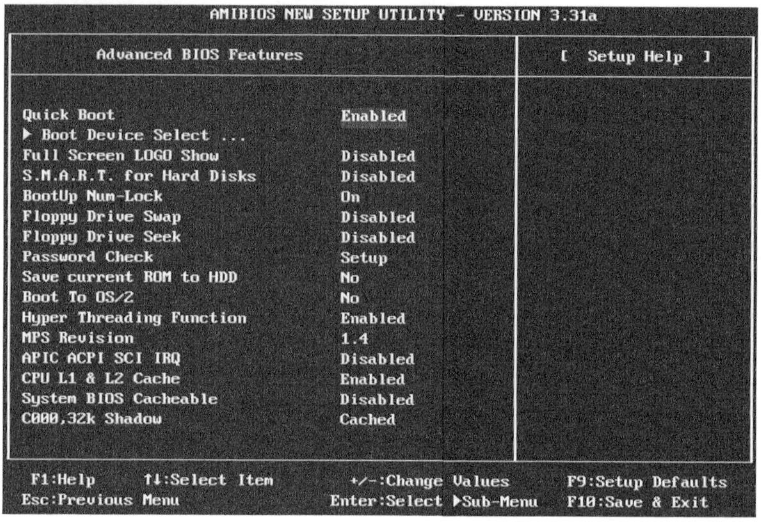

图 3-47 高级 BIOS 特征

- Quick Boot（快速引导）：此项设置为 Enabled，将允许系统跳过一些检测项目，在 5 秒内启动。设定值有 Enabled、Disabled。
- Boot Device Select（选择引导设备）：按 Enter 键进入子菜单并出现以下屏幕，Boot Device Priority: 1st/2nd/3rd（引导设备优先级）：此项允许设定 AMIBIOS 载入操作系统的引导设备启动顺序，如图 3-48 所示。设定值如下：

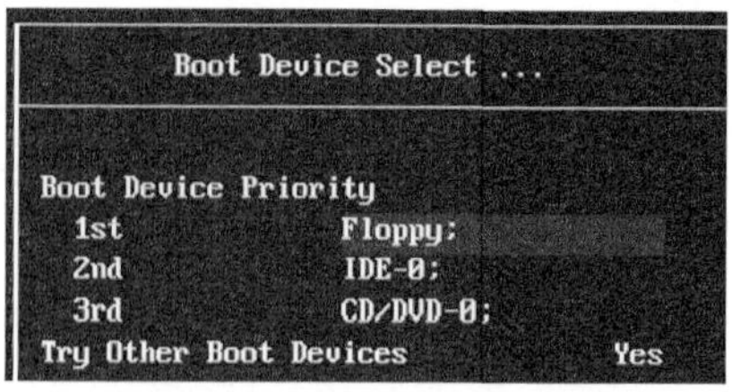

图 3-48 选择引导设备

- ➢ IDE-0：系统首先尝试从第一硬盘引导。

- IDE-1：系统首先尝试从第二硬盘引导。
- IDE-2：系统首先尝试从第三硬盘引导。
- IDE-3：系统首先尝试从第四硬盘引导。
- Floppy：系统首先尝试从软盘驱动器引导。
- ARMD-FDD：系统首先尝试从 ARMD-FDD 驱动器引导，如 LS-120、ZIP 等类似软驱装置。
- ARMD-HDD：系统首先尝试从 ARMD-HDD 驱动器引导，如 MO、ZIP 似等硬盘装置。
- CD/DVD-0：系统首先尝试从第一 CD-ROM 引导。
- CD/DVD-1：系统首先尝试从第二 CD-ROM 引导。
- CD/DVD-2：系统首先尝试从第三 CD-ROM 引导。
- CD/DVD-3：系统首先尝试从第四 CD-ROM 引导。
- Legacy SCSI：系统从 SCSI 设备引导。
- Legacy NETWORK：系统从网络设备引导。
- BBS-0：系统首先尝试从第 1 个 BBS（BIOS 启动规格）兼容设备引导。
- BBS-1：系统首先尝试从第 2 个 BBS（BIOS 启动规格）兼容设备引导。
- BBS-2：系统首先尝试从第 3 个 BBS（BIOS 启动规格）兼容设备引导。
- BBS-3：系统首先尝试从第 4 个 BBS（BIOS 启动规格）兼容设备引导。
- BBS-4：系统首先尝试从第 5 个 BBS（BIOS 启动规格）兼容设备引导。
- BBS-5：系统首先尝试从第 6 个 BBS（BIOS 启动规格）兼容设备引导。
- BBS-6：系统首先尝试从第 7 个 BBS（BIOS 启动规格）兼容设备引导。
- BBS-7：系统首先尝试从第 8 个 BBS（BIOS 启动规格）兼容设备引导。
- BBS-8：系统首先尝试从第 9 个 BBS（BIOS 启动规格）兼容设备引导。
- BBS-9：系统首先尝试从第 10 个 BBS（BIOS 启动规格）兼容设备引导。
- USB FDD：系统首先尝试从 USB 接口的软盘驱动器启动。
- USB CDROM：系统首先尝试从 USB 接口的 CD-ROM 启动。
- USB HDD：系统首先尝试从 USB 接口的硬盘启动。
- USB RMD-FDD：系统首先尝试从 USB 接口的 ARMD-FDD 驱动器引导，如 LS-120，ZIP 等类似软驱装置。
- USB RMD-HDD：系统首先尝试从 USB 接口的 ARMD-HDD 驱动器引导，如 MO、ZIP 等类似硬盘装置。
- Disabled：禁用此次序。
- Try Other Boot Device（其他设备引导）：将此项设定为 Yes 时，允许系统在从第一/第二/第三设备引导失败后，尝试从其他设备引导。.

● Full Screen LOGO Show（显示全屏 LOGO）：此选项能在启动画面上显示公司的 logo 标志。设置值如下。
  - Enabled：启动时全屏显示静态的 LOGO 画面。
  - Disabled：启动时显示自检信息。

- S.M.A.R.T. for Hard Disks(硬盘的智能检测技术):此项可以激活硬盘的 S.M.A.R.T.(自我监控、分析、报告技术)能力。S.MA.R.T 应用程序能监控硬盘的状态并预测硬盘的故障。可以提前将数据从硬盘上移动到安全的地方。设置为 Enabled、Disabled。
- BootUp Num-Lock(启动时 Num-Lock 状态):此项可以用来设定系统启动后,NumLock 的状态。当设定为 On 时,系统启动后将打开 Num Lock,小键盘数字键有效。当设定为 Off 时,系统启动后 Num Lock 关闭,小键盘方向键有效。设定值为 On 和 Off。
- Floppy Drive Swap(交换软驱盘符):此项设置成为 Enabled 可交换软盘驱动器 A 和 B 的盘符。
- Floppy Drive Seek(寻找软驱):此项设置引起启动时候 BIOS 搜寻驱动器。当设定为 Enabled 时,则在系统引导中,BIOS 会激活软驱,驱动器的激活指示灯将闪烁并且磁头来回移动一次。首先是 A,然后是 B。设定值为 Disabled 和 Enabled。
- Password Check(检查密码):此项规定了 AMI BIOS 的密码保护种类,设置如下。
  - Setup:密码框仅在用户试图进入 BIOS 设置时出现。
  - Always:密码框在每次加电开机或用户试图进入 BIOS 设置时出现。
- Save Current ROM to HDD(保存当前 ROM 到 HDD):此项允许保存 BIOS 到你的硬盘设备。设定值有 No 和 Yes。
- Boot To OS/2(引导 OS/2):允许在 OS/2 操作系统下使用大于 64MB 的 DRAM。当选择 No 时,不能在内存大于 64M 时运行 OS/2 操作系统。但如果选择 Yes 时则可以。
- Hyper Threading Function(超线程技术功能):此项可以控制超线程功能。设置为 Enabled 将提高系统性能。设定值有 Enabled 和 Disabled。
- MPS Revision(MPS 版本):此项可以选择操作系统所使用的 MPS(多处理器规范)版本。需要选择你的操作系统所支持的 MPS 版本。要了解所使用的版本,请咨询操作系统的经销商。设定值为 1.4 和 1.1。
- APIC ACPI SCI IRQ:此项可以启用或禁用 APIC(高级可编程,兼容 PC2001 设计指南,系统可以在 APIC 模式运行。启用 APIC 模式将扩展可选的 IRQ 系统资源。设定值有 Enabled 和 Disabled。
- CPU L1 & L2 Cache(CPU 一级和二级缓存):CPU 进行处理的数据信息多是从内存中调取的,但 CPU 的运算速度要比内存快得多,为此在此传输过程中放置一存储器,存储 CPU 经常使用的数据和指令,这样可以提高数据传输速度。可分一级缓存和二级缓存。设置选项有 Disabled、WriteBack 和 WriteThru。WriteBack 和 WriteThru 指根据缓存的写权利,将决定目前内存怎样控制写到内存位置。WriteBack 缓存权利将产生最好的效能。
- System BIOS Cacheable(系统 BIOS 缓存):选择 Enabled 允许建立系统 BIOS ROM 缓存,位置在 F0000h-FFFFFh 范围,能得到更好的系统性能表现。但是如果任何一个程序在此内存区内进行写入操作,系统将会报错。设定值为 Enabled 和

Disabled。

- C000, 32k Shadow：设定如何控制指定适配器 ROM 的内容。设定值描述如下。
  - ➢ Disabled：指定的 ROM 不复制到 RAM 中。
  - ➢ Enabled：指定的 ROM 复制到 RAM 中以加快系统效能。
  - ➢ Cached：指定的 ROM 不仅复制到 RAM 中，还可以从缓存中读写。

3.7.5　高级芯片组特性

高级芯片组的菜单如图 3-49 所示。

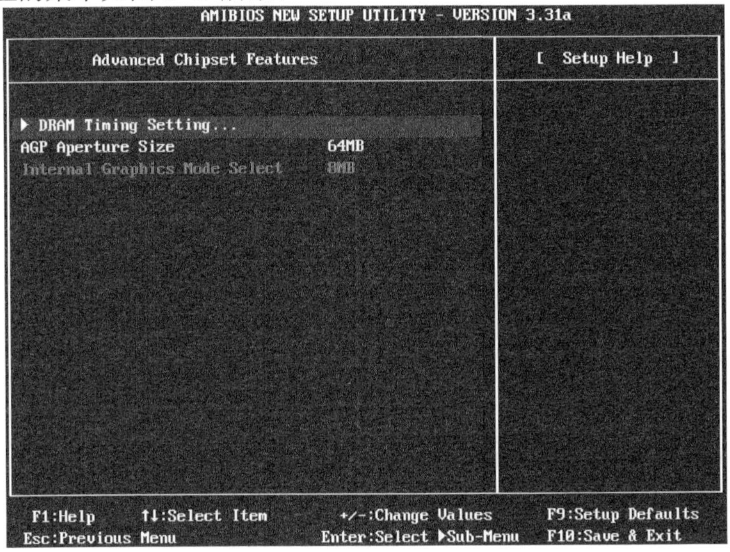

图 3-49　高级芯片组特性

- DRAM Timing Setting...（设置内存）：按 Enter 键，进入子菜单并出现以下的屏幕，如图 3-50 所示。

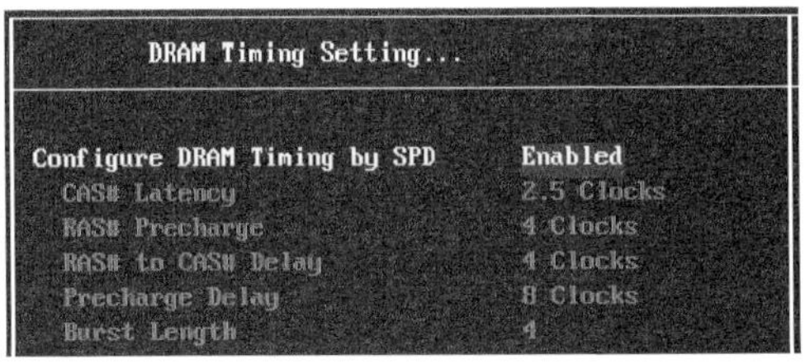

图 3-50　内存设置

- ➢ Configure DRAM Timing by SPD（由 SPD 设定内存时钟）：设置决定 SDRAM 的时钟设置是否由读取内存模组上的 SPD（Serial Presence Detect）EEPROM 内容决定。设置为 Enabled 将根据 SPD 的设置由 BIOS 自动决定配置；设置为 Disabled 将允许用户手动配置这些项目。
- ➢ CAS# Latency（CAS 延迟）：此项控制了 CAS 延迟（在时钟周期内），决定了 SDRAM 接受并开始读取指令后的延迟时间。设定值有 2Clocks 和 2.5Clocks。

2 个 Clocks 是增加系统性能，而 2.5 个 Clocks 是增加系统稳定性。

- RAS# Precharge（RAS 预充电）：此项用来控制 RAS（Row Address Strobe）预充电过程的时钟周期数。如果在 DRAM 刷新前没有足够时间给 RAS 积累电量，刷新过程可能无法完成而且 DRAM 将不能保持数据。此项仅在系统中安装了同步 DRAM 才有效。设定值有 2 clocks、3 clocks 和 4 clocks。
- RAS# to CAS# Delay（RAS 至 CAS 的延迟）：此项用来设定在向 DRAM 写入、读出或刷新时，从 CAS（column address strobe）脉冲信号到 RAS（row address strobe）脉冲信号之间延迟的时钟周期数。更快的速度可以增强系统的性能表现，而相对较慢的速度可以使系统更稳定。此项仅在系统中安装有同步 DRAM 才有效。设定值有 2 clocks、3 clocks 和 4 clocks。
- Precharge Delay（预充电延迟）：此项用来控制 DRAM 从激活状态进行预充电的时钟周期数。设定值有 5 Clocks、6 Clocks、7 Clocks 和 8clocks。
- Burst Length（爆发长度）：此项用来设置 DRAM 的“爆发”长度大小。“爆发”是 DRAM 自身的一项预测技术，它可以预测上一次内存地址访问后，下一次所要访问的内存地址。为了使用这个功能，必须设定“爆发长度”。它是实际的爆发长度加上开始地址，并允许内部地址计数器正确地产生下一个要访问的内存地址。长度越长，DRAM 速度越快。设定值有 4 和 8。

- AGP Aperture Size（MB）（AGP 口径尺寸）：此项控制系统 RAM 中的多少空间可以分配给 AGP 作为视频显示用。口径是指作为图形记忆地址空间的一部分 PCI 存储地址范围。进入口径范围内的主时钟周期不经过翻译直接传递给 AGP。设定值有 4MB、8MB、16MB、32MB、64MB、128MB 和 256MB。
- Internal Graphics Select（内置图像选择）：此项设置了系统给配给视频内存的容量大小。设定值有 Disabled、1MB、4MB、8MB、16MB 和 32MB。

3.7.6 电源管理特性

电源管理菜单如图 3-51 所示。

- ACPI Standby State（ACPI 备用状态）：此选项设定 ACPI 功能的节电模式。如果你的操作系统支持 ACPI，例如 Windows 98 SE/2000/ME，你可以通过此项的设定选择进入睡眠模式 S1（POS）或者 S3（STR）。可选项如下。
  - S1/POS：S1 休眠模式是一种低能耗状态，在这种状态下，没有系统上下文丢失，（CPU 或芯片组）硬件维持着所有的系统上下文。
  - S3/STR：S3 休眠模式也是一种低能耗状态，在这种状态下仅对主要部件供电，比如主内存和可唤醒系统设备，并且系统上下文将被保存在主内存中。一旦有“唤醒”事件发生。存储在内存中的这些信息被用来将系统恢复到休眠前状态。
  - Auto BIOS：自动决定 ACPI 休眠状态的最好模式。
  - Re-Call VGA BIOS at S3 Resuming（S3 状态初始化 VGA BIOS）：此项设置为 Enabled，允许系统从 S3 休眠状态初始化 VGA BIOS。如果你关闭此功能，

系统从休眠状态恢复的时间将会缩短，但系统需要 AGP 驱动程序初始化显卡。因此，如果 AGP 驱动不支持初始化功能，显示将不正常或者从 S3 唤醒不工作。

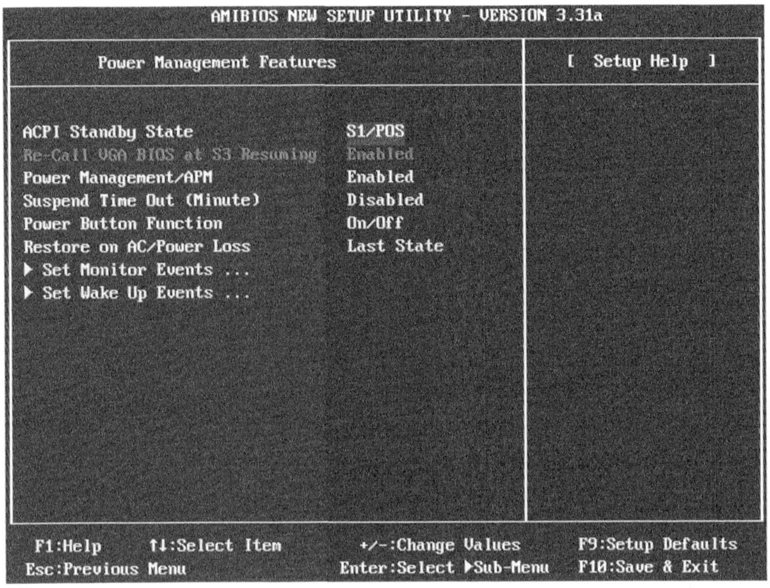

图 3-51　电源管理

- Power Management/APM（电源管理/高级电源管理）：设置 Enable 将增加高级电源管理（APM）的最大节能管理和停止 CPU 内部时钟。设定值为 Disabled 和 Enabled。
- Suspend Time Out（Minute）（挂起时间，分）：系统经过一段时间的休眠后，除了 CPU 以外的所有设备都自动关闭。设定值有 Disabled、1、2、4、8、10、20、30、40、50 和 60。
- Power Button Function（开机按钮功能）：此项设置开机按钮的功能，设置如下。
  - On/Off：开机关机按钮。
  - Suspend：当你按一下开机按钮时，系统进入休眠或睡眠状态，当按下 4 秒或超过 4 秒时，系统关机。
- Restore on AC/Power Loss（恢复电源/断电）：此项决定着开机时意外断电之后，电力供应再恢复时系统电源的状态。设定选项为 Power Off、Power On 和 Last State。
  - Power Off：保持机器处于关机状态。
  - Power On：保持机器处于开机状态。
  - Last State：将机器恢复到掉电或中断发生之前的状态。
- Set Monitor Events（设置监控事件）：按下 Enter 键，进入子菜单并出现如图 3-52 所示屏幕。
  - FDC/LPT/COM Ports、Primary/Secondary Master/SlaveIDE（FDC/LPT/COM 端口，第一/第二主/从 IDE）：此项设置决定 BIOS 是否要自动侦测指定硬件外设或组件的活动。如果设为 Monitor，当侦测到任何指定硬件外设或组件的活动，系统将被唤醒而阻止进入节电模式。设置值有 Monitor 和 Ignore。

- Set WakeUp Events（设置唤醒事件）：按下 Enter 键，进入子菜单并出现如图 3-53 所示的屏幕。

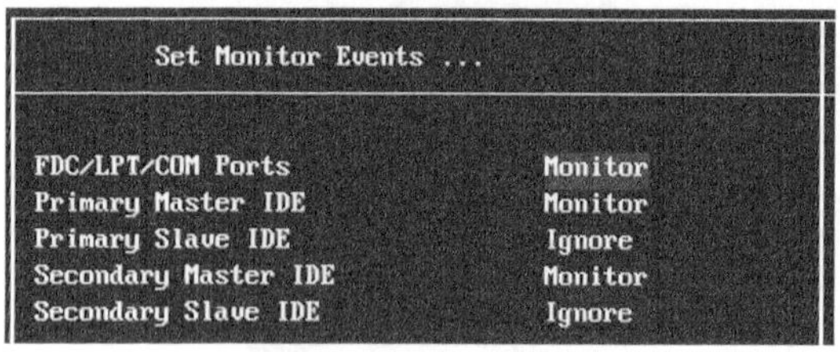

图 3-52　设置监控事件

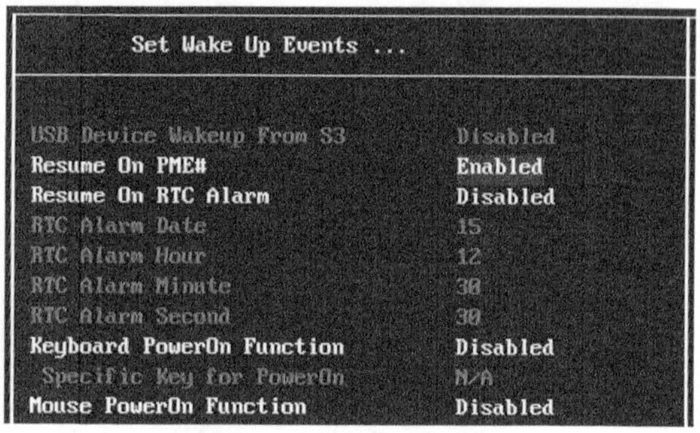

图 3-53　设置唤醒事件

- USB Device Wakeup From S3（用 USB 设备从 S3 唤醒）：此项允许系统根据 USB 设备（键盘和鼠标）的活动，从 S3 睡眠状态唤醒。设定值有 Enabled 和 Disabled。
- Resume On PME#（PME 唤醒）：这些选项规定了当检测到指定的周边硬件设备或组件的活动或输入信号，系统会从节电模式被唤醒。设定值有 Enabled 和 Disabled。
- Resume By RTC Alarm（定时启动）：此项是用来控制系统在设定的时间/日期从 S5 状态启动的特性。设定值有 Enabled 和 Disabled。
- RTC Alarm Date/Hour/Minute/Second：如果 Resume By Alarm 设置为 Enabled，系统将自动根据设置的日/时/分/秒启动，可选值如下：

  Alarm Date 01 ~ 31, Every Day

  Alarm Hour 00 ~ 23

  Alarm Minute 00 ~ 59

  Alarm Second 00 ~ 59
- Keyboard PowerOn Function（键盘开机功能）：此项控制了如何使用 PS/2 键盘开启系统。设定值有 Password、Any Key、Specific Key 和 Disabled。
- Specific Key for PowerOn（指定键位开机）：此项可以设置 Keyboard Wakeup 功能的密码（最长为 5 个字符）。
- Mouse PowerOn Function（鼠标开机功能）：此项控制了如何使用 PS/2 鼠标开启系统。设定值有 Disabled、（double-click）Left-button 和（double-click）Right-button。

3.7.7 PNP/PCI 配置

此部分描述了对 PCI 总线系统和 PnP（Plug & Play）的配置。PCI 是外围元器件连接，是一个允许 I/O 设备在与其特别部件通信时的运行速度可以接近 CPU 自身速度的系统。如图 3-54 所示。

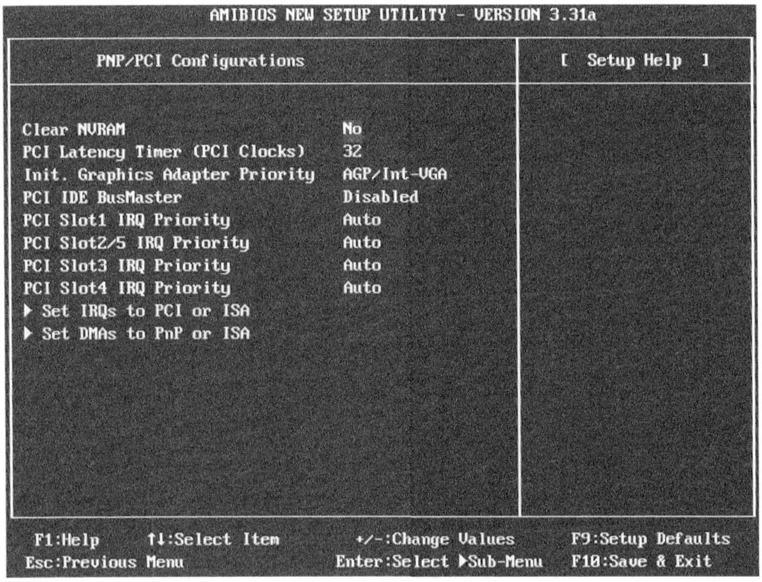

图 3-54　PNP/PCI 配置

- Clear NVRAM（清除 NVRAM）：ESCD（扩展内存配置数据）NVRAM（非挥发性的随机存取内存）是 BIOS 中以字符串格式存储 PNP 和非 PNP 设备的资源信息。当设定为 YES 时，系统重启后将 ESCD NVRAM 复位并自动将此项设为 No。
- PCI Latency Timer（PCI Clocks）（PCI 延迟时钟）：此特征控制每个 PCI 设备在占用另外一个之前占用总线的时间。此值越大，PCI 设备保留控制总线的时间越长。每次访问总线都要初始化延迟。PCI 延迟时钟值低会降低 PCI 频宽效率而高值会提高效率。设定值从 32 到 248，以 32 为单位递增。
- Init. Graphics Adapter Priority（显示适配器的优先权）：此项规定了哪个 VGA 卡是你的主要图形适配器。设置值如下。
  - Internal VGA：系统初始化板载 VGA 设备。
  - AGP/Int-VGA：系统将先初始化已安装的 AGP 卡。如果没有安装 AGP 卡，系统将初始化板载 VGA 设备。
  - AGP/PCI：系统将先初始化已安装的 AGP 卡。如果没有安装 AGP 卡，系统将初始化 PCI VGA 卡。
  - PCI/AGP ：系统将先初始化已安装的 PCI VGA 卡。如果没有安装 PCI VGA 卡，系统将初始化 AGP 卡。
  - PCI/Int-VGA：系统将先初始化已安装的 PCI VGA 卡。如果没有安装 PCI VGA 卡，系统将初始化板载 VGA 卡。
- PCI IDE BusMaster（PCI IDE 总线控制）：将此项设为 Enabled，指定在本地 PCI 总线的 IDE 控制器具有总线控制权。设定值有 Disabled 和 Enabled。
- PCI Slot1 IRQ Priority, PCI Slot2/Slot5 IRQ Priority, PCI Slot3 IRQ Priority,PCI Slot4 IRQ Priority：此项规定了每一个 PCI 插槽的中断请求线。设定值有 3、4、5、7、

9、10、11 和 Auto。选择 Auto 允许 BIOS 自动为每一个 PCI 插槽分配中断请求线。

- Set IRQs to PCI or ISA（设置 PCI 或 ISA 中断请求）：按下 Enter 键，进入子菜单并出现如图 3-55 所示屏幕。
  - IRQ 3/4/5/7/9/10/11/14/15（中断请求 3/4/5/7/9/10/11/14/15）：此项目规定了用于 IRQ 中断请求的总线。这些选项决定如果 AMI BIOS 需要从闲置的 IRQ 中调用一个 IRQ，必须通过系统 BIOS 所配置的设备。通过读取 ESCD NVRAM 可获得可使用的 IRQ 中断。主机板使用的中断是由 AMI BIOS 自行设定的。所有的主机板使用的中断是设定 PCI/PnP。如果所有的中断都是设定成 ISA/EISA 并且 IRQ14 及 15 是配置给主机板内建的 PCI IDE，则 IRQ9 仍可提供给 PCI 及 PnP 设备使用，因为至少要有一个 IRQ 供给 PCI 及 PnP 设备使用。此选项的设定值有 ISA/EISA 和 PCI/PnP 两种。默认值为 PCI/PnP。
- Set DMAs to PnP or ISA（设置 PnP 或 ISA 的直接存储器存取）：按下 Enter 键，进入子菜单并出现如图 3-56 所示屏幕。

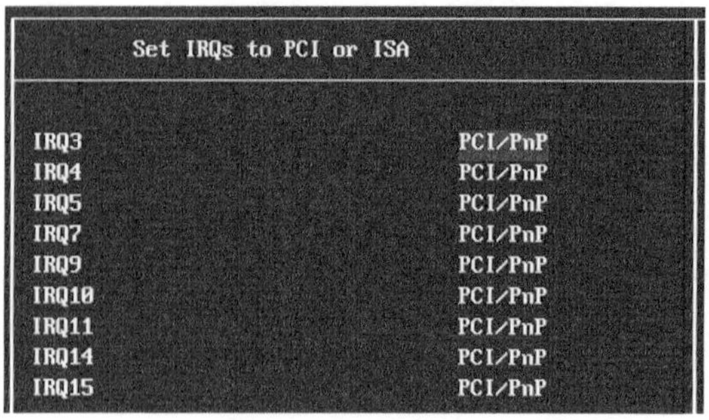

图 3-55 设置 PCI 或 ISA 中断请求

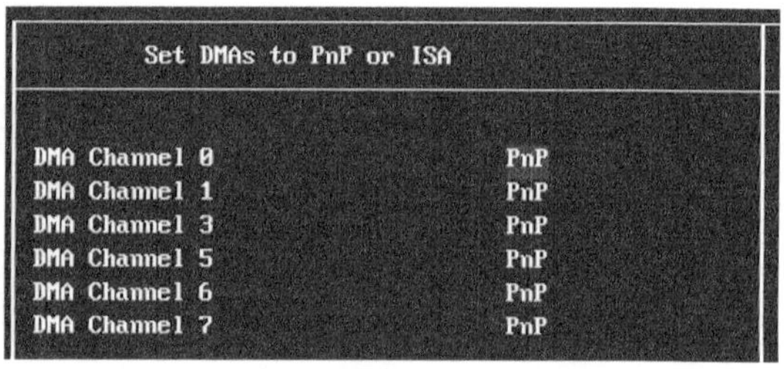

图 3-56 设置 PnP 或 ISA 的直接存储器存取

  - DMA Channel 0/1/3/5/6/7（直接存储器存取通道 0/1/3/5/6/7）：本通道提供利用手动方式来设定 DMA（直接内存存取通道）被分配到何种总线。此设定可使你保留 DMA 通道给部分早期的 ISA 周边卡使用。这些选项决定如果 AMI BIOS 需要从闲置的 DMA 中调用一个 DMA，必须通过系统 BIOS 所配置的设备。通过读取 ESCD NVRAM 可获得使用的 DMA 资料，如果需要调用更多的 DMA，请分配 ISA/EISA 设置。

3.7.8 整合周边设备

整合周边设备菜单如图 3-57 所示。

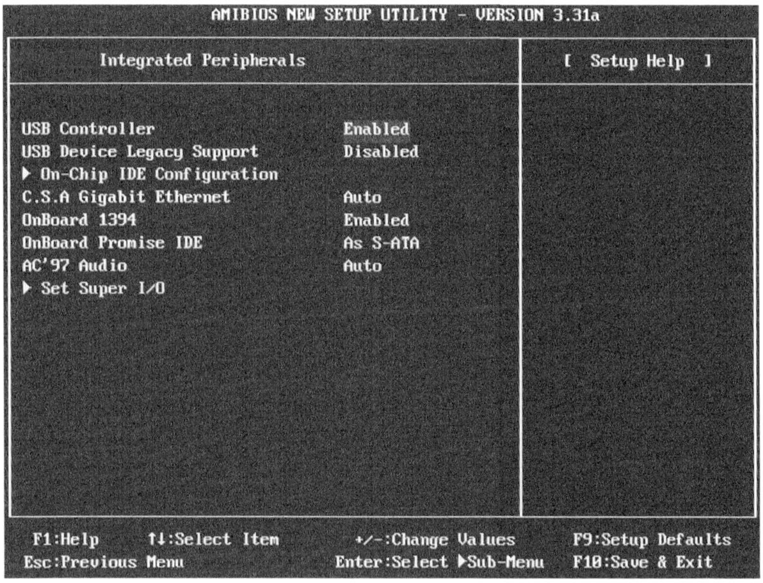

图 3-57　整合周边设备

- USB Controller（USB 控制器）：此项用来设置打开和关闭板载 USB 控制器。
- USB Device Legacy Support（USB 本地支持）：如果你使用的是不支持 USB 1.1/2.0 设备或没有安装 USB 1.1/2.0 驱动的操作系统，如 DOS 和 SCO UNIX，则应将此项设置为 All Device。如果你要使用非鼠标的 USB 装置，则此项应设为 No Mice。设定值有 Disabled、Keyboard+Mouse 和 All Device。
- On-Chip IDE Configuration（板载 IDE 配置）：按 Enter 键，进入子菜单并出现如图 3-58 所示屏幕。

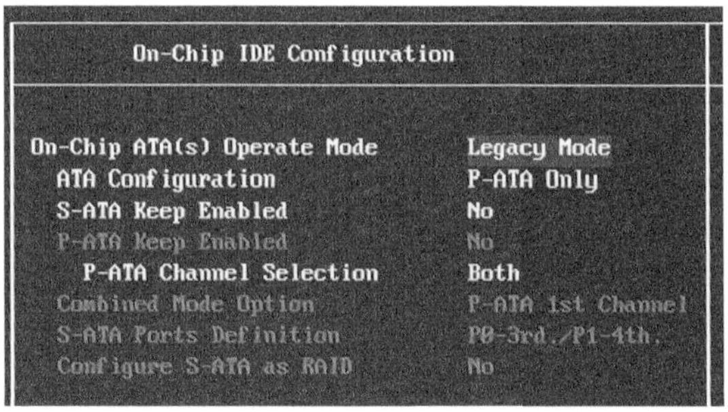

图 3-58　板载 IDE 配置

> On-Chip ATA（s）Operate Mode（板载 ATA 操作模式）：此项用于设置南桥的 RAID 控制器如何转换为 SATA 控制器的方式。Legacy Mode 允许你使用传统的 14 和 15 IRQ，而 Native Mode 允许你使用所有可选的 IRQ。设定值有 Legacy Mode 和 Native Mode。

> ATA Configuration（ATA 配置）：此项用于配置可选 ATA 控制器。设定值有 Disabled、P-ATA Only、S-ATA Only 和 P-ATA+S-ATA。

- S-ATA Keep Enabled（保持 S-ATA 开启）：此项可以启用或关闭板载 S-ATA。设定值有 Yes 和 No。
- P-ATA Keep Enabled（保持 P-ATA 开启）：此项可以启用或关闭板载 P-ATA。设定值为 Yes 和 No。
- P-ATA Channel Selection（P-ATA 通道选择）：此项可以选择并行 ATA 通道。设定值有 Primary、Secondary 和 Both。
- Combined Mode Option（组合模式选项）：当在 ATA Configuration 项中设置为 P-ATA+S-ATA 时，可以选择 ATA 控制器的组合模式。设定值有 P-ATA 1st Channel 和 S-ATA 1st Channel。
- S-ATA Ports Definition（S-ATA 端口定义）：此项可选择串行 ATA 端口的定义。
- Configure S-ATA as RAID（配置 S-ATA 作为 RAID）：可以配置 S-ATA 作为板载 RAID。设定值有 Yes 和 No。

- C.S.A Gigabit Ethernet（C.S.A 千兆网卡）：此项可以控制 C.S.A 千兆网卡。设定值有 Auto 和 Disabled。
- Onboard 1394 Device（板载 1394 设备）：此项用于控制板载 IEEE 1394 控制器。设定值有 Disabled 和 Enabled。
- Onboard Promise IDE（板载 Promise IDE）：此项用于启用或禁用板载 Promise IDE。设定值有 Disabled、AS S-TAT 和 AS Raid。
- AC97 Audio（AC'97 音效）：选择 Enabled 将允许主板检测是否有板载音频设备。如果探测到了音频设备，AC'97 控制器将被启用。如果没有，此控制器将被禁用。如果你想使用其他的声卡，请禁用此功能。设定值为 Auto 和 Disabled。
- Set Super I/O（设置超级 I/O）：按 Enter 键，进入子菜单，如图 3-59 所示。

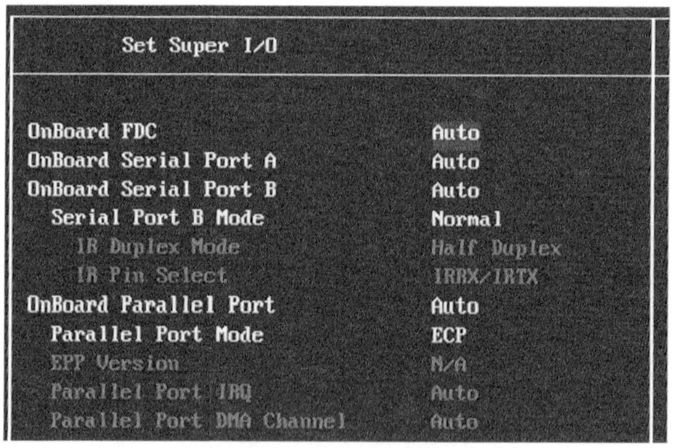

图 3-59　设置超级 I/O

- OnBoard FDC（板载软驱控制器）：该选项是用来启用或禁用板载的软驱控制器。Auto BIOS 将自动决定是否打开板载软驱控制器，Enabled 启用板载软驱控制器，Disabled 关闭板载软驱控制器。
- Onboard Serial Port A/B（板载串行接口 A/B）：此选项规定了主板串行端口 1

（COM A）和串行端口 2（COM B）的基本 I/O 端口地址和中断请求号。选择 Auto 将允许 BIOS 自动决定恰当的基本 I/O 端口地址。设定值为 Auto、3F8/COM1、2F8/COM2、3E8/COM3、2E8/COM4 和 Disabled。

➢ Serial Port B Mode（串行接口 B 模式）：此项规定串行端口 COM B 的工作模式。设定值有 normal、1.6uS、3/16 Baud 和 ASKIR（后三种工作模式是为 IR 功能设的）。
➢ IR Duplex Mode（红外线双工模式）：此模式控制红外线的传输/接收操作模式。设定值有 Full Duplex 和 Half Duplex。在 Full Duplex 模式下，允许同步，双向传输/接收。在 Half Duplex 模式下，只允许异步，双向传输/接收。
➢ IR Pin Select（使用红外线针脚）：当使用内部模组连接 IR 接口时，请设置 IRRX/IRTX。当使用 IR 适配器连接到 COMB 口时，请设置 SINB/SOUTB。
➢ OnBoard Parallel Port （板载并行端口）：这些选项规定了主板并行端口的基本 I/O 端口地址和中断请求号。设定值有 Auto、378、278、3BC 和 Disabled。
➢ Parallel Port Mode（并行接口模式）：此项为并行接口选择了工作模式。设定值有 ECP、Normal、Bi-Dir 和 EPP。
➢ EPP Version（EPP 版本）：板载并行端口兼容 EPP 规格，如果用户选择了板载并行端口的 EPP 模式，此项为并行口设置了 EPP 版本。设定值为 1.7 和 1.9。
➢ Parallel Port IRQ（并行接口中断请求）：此项当并行口设为 Auto 时，BIOS 此项将为并口自动分配 IRQ 值。
➢ Parallel Port DMA Channel（并行接口直接内存存取通道）：此项只有在 Parallel Port Mode 设为 ECP 模式，才需要设定。当设定 Auto 时，区域将显示 BIOS，自动决定并行接口 DMA 直接内存存取通道的 Auto 标志。可选值有 0、1、3 和 Auto。

3.7.9 PC 健康状态

此项描述了目前的硬件状态，包括 CPU 和系统温度，CPU 风扇转速、核心电压等。硬件监控的前提是主板上有相关的硬件监控机制，如图 3-60 所示。

● Chassis Intrusion（机箱入侵监视）：此项是用来启用或禁用机箱入侵监视功能并提示机箱曾被打开的警告信息。将此项设为 Reset 可清除警告信息。之后，此项会自动回复到 Enabled 状态。设定值有 Enabled、Reset 和 Disabled。
● PWM Frequency，CPU/System Temperature，CPU/NB Fan Speed，Vcore，3.3V，+5.0V，+12.0V，-12.0V，-5.0V，Battery，+5V SB：此项显示了目前所有硬件设备和元器件的当前状态，如 PWM 频率、CPU 电压、温度和风扇速度。

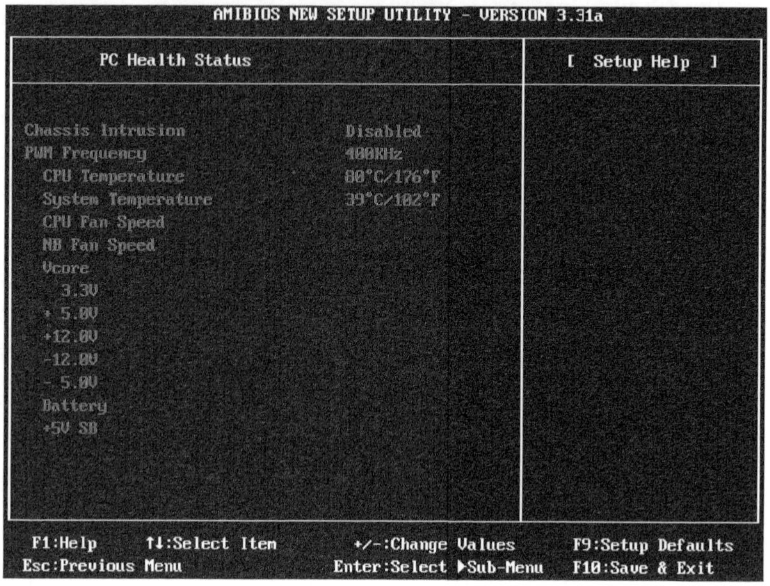

图 3-60　PC 健康状态

3.7.10　频率和电压控制

此项可以控制主板系统总线频率/电压的设定，如图 3-61 所示。

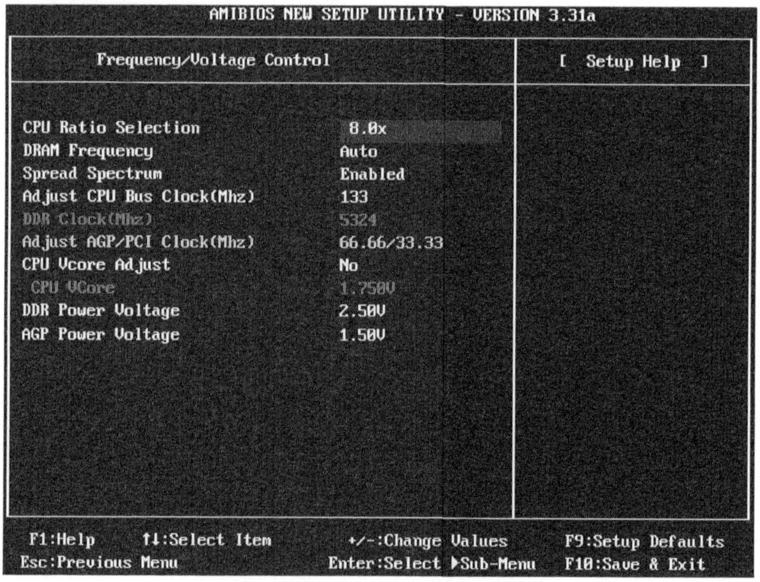

图 3-61　频率和电压控制

- CPU Ratio Selection（CPU 倍频选择）：此项用来设定外频与处理器内部时钟频率的倍数关系。
- DRAM Frequency（内存频率）：使用此项可以配置已安装内存的时钟频率。设定值有：PSB 400：266，Auto；PSB 533：266，333，Auto，354；PSB 800：266，333，400，Auto，500，532

- Spread Spectrum（频展）：当主板上的时钟震荡发生器工作时，脉冲的极值（尖峰）会产生 EMI（电磁干扰）。频率范围设定功能可以降低脉冲发生器所产生的电磁干扰，所以脉冲波的尖峰会衰减为较为平滑的曲线。如果没有遇到电磁干扰问题，将此项设定为 Disabled，这样可以优化系统的性能表现和稳定性。但是如果被电磁干扰问题困扰，请将此项设定为 Enabled，这样可以减少电磁干扰。注意，如果你超频使用，必须将此项禁用。因为即使是微小的峰值漂移（抖动）也会引入时钟速度的短暂突发，这样会导致你超频的处理器锁死。可选项为 Enabled 和 Disabled。
- Adjust CPU Bus Clock（调整 CPU 总线时钟）：此选项允许选择 CPU 总线的时钟频率（以 Mhz 调整），通过调高 FSB 的频率实现超频。
- DDR Clock（Mhz）（DDR 内存时钟）：此选项允许查看当前 DDR 内存的时钟。
- Adjust AGP/PCI Clock（Mhz）（调整 AGP/PCI 的时钟，Mhz）：此选项允许通过调高 AGP/PCI 的频率选择 AGP/PCI 的时钟频率。
- CPU Vcore Adjust（CPU 核心电压调整）：此项允许调整 CPU 的核心电压。设定值为 Yes 和 No。
- CPU Vcore：此项仅在 CPU Vcore Adjust 设置为 Yes 时有效。
- DDR Power Voltage（DDR 内存电源电压）：调整 DDR 内存的电压可以提高 DDR 内存的速度。不推荐长期改变 DDR 的电压，因为任何的改变都会影响系统的稳定性。
- AGP Power Voltage（AGP 电源电压）：可以在此调整 AGP 的电压来提高 AGP 显卡的性能，但可能会影响系统的稳定性。

3.7.11　设定管理员/用户密码

选择此功能，将出现如图 3-62 所示的信息。

图 3-62　设置管理员密码

输入密码，最多六个字符，然后按 Enter 键。当前输入的密码会清除所有以前输入的 CMOS 密码。输入后，系统会再次要求输入密码，再输入一次，然后按 Enter 键。也可以按 Esc 键，放弃此项选择，不输入密码。要清除密码，只要在弹出输入密码的窗口时按 Enter 键。屏幕会显示一条确认信息，是否禁用密码。一旦密码被禁用，系统重启后，可以不需要输入密码直接进入设定程序。

一旦使用密码功能，会在每次进入 BIOS 设定程序前，被要求输入密码。这样可以避免任何未经授权的人改变你系统的配置信息。

此外，启用系统密码功能，还可以使 BIOS 在每次系统引导前都要求输入密码。这样可以避免任何未经授权的人使用计算机。用户可在高级 BIOS 特性设定中的 PASSWARD CHECK（密码检查）项设定启用此功能。如果将 PASSWARD CHECK 设定为 Always，系统引导和进入 BIOS 设定程序前都会要求输入密码。如果设定为 Setup，则仅在进入 BIOS 设定程序时要求输入密码。

有关管理员密码和用户密码：

Supervisor password：能进入并修改 BIOS 设定程序。

User password：只能进入，但无权修改 BIOS 设定程序。

3.7.12 载入高性能默认设定值

主菜单中两项设置允许用户加载全套的高性能默认设置值或 BIOS 设定默认值来恢复 BIOS。高性能默认值是主板制造商设定的特别为优化性能表现但有可能引起稳定性问题的默认值。BIOS 默认设定值提供最稳定系统表现及较低系统性能。

如果选择 Load High Performance Defaults，屏幕将显示如图 3-63 所示信息：

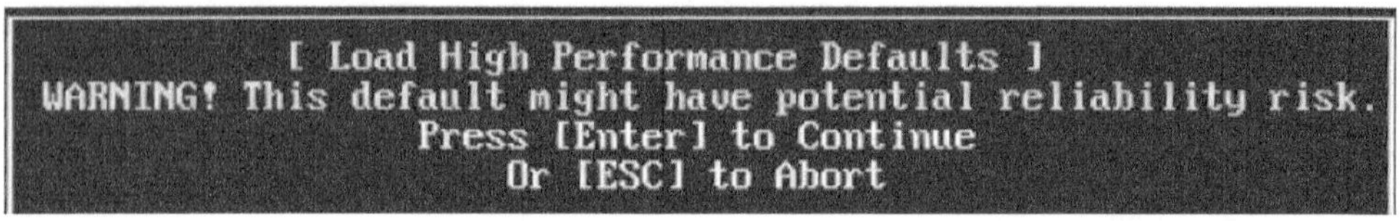

图 3-63　载入高性能默认值

按 Enter 键载入 BIOS 高性能的设定值，但可能导致系统的不稳定。

如图 3-63 所示，此设定项仅供有经验的用户及超频的用户选用。使用高性能默认值将提高大部分配件的速度来增加系统效能。因此，一个高端的系统配置意味着必须有高质量的 VGA 卡和内存等。建议用户不要在常规的系统里应用此高效能的默认设置。否则，系统将会不稳定或崩溃。如果在开启这个特性后系统出现崩溃及死机症状，请清空 CMOS 数据来解决。

当选择 Load BIOS Setup Defaults 选项时，屏幕将显示如图 3-64 所示信息。

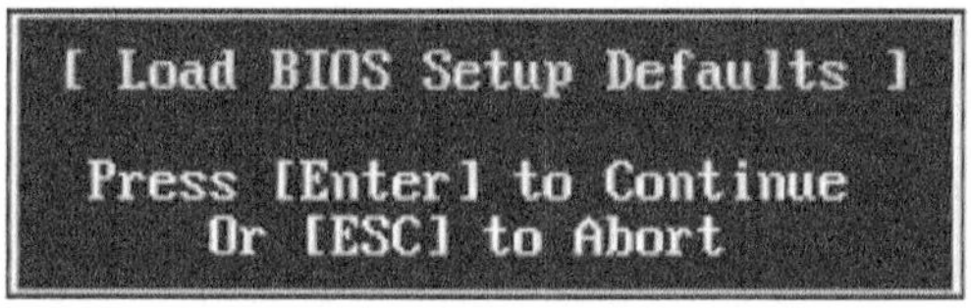

图 3-64　载入 BIOS 设定默认值

按 Enter 键，载入稳定系统性能的 BIOS 默认设定值。

3.8　微机安装的一般顺序

在组装计算机时，有时考虑不到安装的顺序问题。其实安装的顺序对于组装计算机时的效率、方便与否都是非常重要的，有的甚至会影响到组装后计算机的性能。微机的安装顺序要以具体采用的部件考虑确定。

以立式机箱为例，一般可按照下列顺序进行安装：

（1）首先将 CPU 和内存条安装到主板上，然后正确设置 CPU 的跳线和主板上其他跳线。并将主板固定在机箱内的主板安装板上。

（2）安装机箱上的电源。

（3）将主板电源插线插好。

（4）在机箱里合适的安装槽上安装好光驱、软驱以及硬盘等部件。

（5）连接好各部件的电源线，包括光驱、硬盘、软驱等部件。

（6）连接好主板上的接口与相应部件的数据电缆线，以及连接到机箱后面板上的接线。

（7）在主板上选择合适的扩展槽，安插相应的板卡。

（8）连接前面板与主板及其他板卡的连接线，如 RESET SW、HDD LED、SPEAKER、POWER LED、POWER BUTTON 等。

（9）连接其他连线，如光驱声卡之间的音频线等。

（10）合上机箱盖，拧好螺丝。

（11）连接机箱上与其他部件如显示器、键盘等的连线，接上电源线。

至此，整个微机的安装过程便告结束。

第 4 章　系统扩充外部设备

PC 机中，还有很多种外部设备。这些设备在我们的日常使用中也经常用到，本章将主要介绍外部设备。

本章重点：

- 打印机
- 扫描仪
- 多媒体设备

4.1　打印输出设备

打印机是一种输出设备，与显示器不同，打印机可形成硬拷贝。

按打印机按工作方式可分为击打式和非击打式两大系列；按有无彩色可分为单色和彩色两种。平常说的打印机一般是指针式打印机、喷墨打印机或激光打印机等。

4.1.1　打印机的几个术语

这里先介绍打印机的几个术语，常用它们比较各种打印机。

1．分辨率

分辨率以 DPI（dot per inch 每英寸多少点）表示，分辨率越高输出效果越好，但是打印机的价格也会随着分辨率的升高而增加很多。对针式打印机和激光打印机来说，DPI 较好地反映出它的输出质量。但此指标就喷墨打印机而言，当 DPI 达到一定值时，每英寸（或单位面积）再增加更多的点数不一定能使打印质量得到显著的改善。一般来说，在同样 DPI 下，激光打印机的输出质量高于喷墨打印机，喷墨打印机又高于针式打印机。就分辨率指标而言，在黑白方式下：针式打印机约为 180DPI；喷墨打印机和激光打印机约为 300DPI。

2．打印速度

打印速度一般以 PPM（page per minutes 每分钟打印页数）表示。这是喷墨、激光等非击打式打印机常用的衡量打印速度的指标。需要说明的是，打印速度与打印质量有关：彩色打印速度要比单色慢；灰度打印要比黑白两色打印慢。对针式打印机则常以不换行状态下每秒打印字符数表示。通常针式打印机的平均打印速度为 50～200 个汉字/秒；喷墨打印机为 2～4 PPM；激光打印机为 3～6 PPM。随着技术的进步，打印速度也会有所提高。

3．连续色调打印

在黑白两色打印时称为灰度输出（打印模式）。连续色调打印是指该打印机在单色打印时可打印出中间色（不饱和色）。

4. 打印介质

打印介质严重影响主观效果。特别是对喷墨打印机，一般要使用专用纸才有好的效果，若介质洇水，其效果可想而知。此外，除针式打印机外都不能打印多层介质，如银行的多联报表。

5. 耗材

除打印机本身不易损耗部分之外的开销。如：针式打印机的色带；喷墨打印机的墨盒、喷头；激光打印机的硒鼓；打印用纸等。针式打印机的色带每米打印 10 万次后就得更换；喷墨打印机打印 600～700 张左右 A4 纸墨水就会耗尽，需更换墨盒（有的要连喷头一起更换）；激光打印机每打印 2000～5000 张纸后就要更换墨粉（采用鼓粉分离技术时），硒鼓的寿命要长一些（约在万页以上）。这类耗材的后期投资数额相当可观，而且由于各种原因，用户耗材的消耗达不到厂家给出的期限。

4.1.2　针式打印机

针式打印机是通过打印针击打色带来进行工作的。其优点主要是结构简单、耗材省、维护费用低、可打印多层介质（如银行等单位打印的多联单据）；缺点是噪声大、分辨率低、体积较大、打印速度慢、打印针易折断。针式打印机的结构主要包括四部分：打印头单元、小车单元、送纸单元和控制单元。

1. 打印头单元

当打印单元接到打印命令时，打印针向外撞击色带，将色带的墨迹打印到纸上，从而在打印介质上形成字符或图像。

2. 小车单元

小车单元的任务是将打印头送到指定位置，以使打印头的打印针击打到正确位置。此外，小车上的调节杆（对针式打印机为轻重调节柄），可调节打印头与打印纸间的间隙，以保持最好的打印效果。

3. 送纸单元

送纸单元是在打印过程中提供纸张输送或退出的装置。在打印机内部控制信号的作用下，它与小车移动、打印针击打等动作同步，以完成打印过程。各种打印机送纸单元结构大体相同，一般有装纸托架、送/退纸引导板及牵引/摩擦送纸机构等。送纸单元在输送纸张时，既可采用自动方式也可采用手动方式。

4. 控制单元

控制单元是打印机的控制中心。打印机在它的控制下协调工作：送纸单元将打印介质送到指定位置，小车单元将打印头移到要打印部位，之后打印头的各打印针按主机的信号决定该打印针是否击打，从而在打印介质上打出需要的字符和图像。控制单元还要检测打印机的状况，也要接受计算机的命令。

针式打印机按针数可分为 9 针和 24 针两种。24 针打印机是将 24 根打印针分成两列，两列的针交错排列，这使得在同样尺寸上比 9 针打印机有较多的打印点，从而有较高的打印质量。如图 4-1 所示。

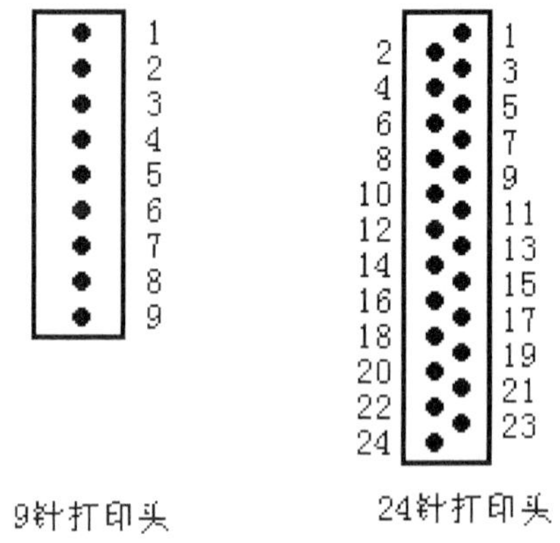

图 4-1 针式打印机的打印头

彩色针式打印机是最便宜、同时也是最早实现彩色打印功能的普及型产品。其优点是价格低、操作方便，大多配备汉字字库，对纸张的要求较低。在只要求有文字彩色输出的场合，基本上满足了要求。但在打印彩色图像时效果并不好，没有连续色调。针式打印机的另一缺点是滚筒式送纸机构较易卡纸。目前有的针式打印机以平推方式送退纸张，较好地避免了卡纸和纸张变曲现象。平推式送退纸也便于在硬介质上打印。

针式打印机在易用性、打印综合成本等方面具有优势。在我国使用的针式打印机分带汉字字库的和不带汉字字库的两种。带字库的打印机当打印字库中的字符时速度较快，但若打印非字库中的字符速度并不快。此外，字库也增加了成本。

4.1.3 喷墨打印机

喷墨打印机是最常用的彩色打印机，按墨水在常温下的状态可分为液态喷墨和固态喷墨两种。我们平常使用的喷墨打印机多为液态气泡式间断喷墨打印机。喷墨打印机的优点是噪声低、打印质量比针式打印机好。彩色效果及速度尚可。缺点是不能打印多层介质、要使用专用打印纸才有好的效果，打印成本较高。此外喷墨打印机不能高负荷工作，如不适合使用在网络共享中。

喷墨打印机的基本原理是利用电阻加热喷墨打印机的喷头，使墨水汽化而产生气泡，气泡膨胀后将墨水喷出喷嘴，并印在纸上。

喷墨打印机的结构主要包括五部分：喷头、墨盒及清洁单元、小车单元、送纸单元和控制单元。其中小车、送纸、控制三个单元与针式打印机大同小异。喷头单元与针式打印机打印头的作用相同。

清洁部分是喷墨打印机中特有的功能，它可实现对喷头的维护——喷头盖帽和喷嘴的清洗等。清洗过程可将喷嘴中的墨水抽到废弃墨水吸收器内，并使喷头代之以新鲜墨水，去除旧墨水中的气泡、杂质、灰尘等，确保喷嘴内墨水流动通畅，进而保证高的打印质量。

4.1.4 激光打印机

打印机的高端产品无疑是激光打印机，其技术原型来自复印机，由于处理过程复杂，因此价格也很高。但是在重要的几个性能方面，激光打印机比喷墨打印机优越。即使在同样分辨率下，激光打印机的打印质量也高于喷墨打印机——起码主观感觉是这样。

激光打印机是利用类似复印机的电子转印成像技术进行打印的，只不过成像到硒鼓上的技术不同。复印机利用光学原理使被复印件的图像（字符和图像）成像在硒鼓上，而激光打印机是用由计算机中图像信息调制成的激光束直接在硒鼓上成像。当被调制的激光束在硒鼓上沿轴向方向进行扫描时，按点阵组图的原理，使鼓面感光，构成负电荷阴影。当鼓面经过带正电的墨粉时，感光部分就吸附上墨粉，然后将墨粉转印到纸上，纸上的墨粉经加热熔化形成永久性的字符和图像。其主要优点是印字质量高、分辨率高、噪声低、速度快、色彩艳丽；缺点是价格高、打印成本较高、不能打印多层介质、体积较大。

彩色激光打印机对实现高质量打印所需要的介质不太挑剔。喷墨打印机产生最好的打印效果时，要使用有涂层的专用纸，对彩色打印尤其如此。彩色激光打印机能在普通纸上产生高质量的单色或彩色输出。此外，激光打印机可以用普通纸。相对而言，彩色激光打印机的耗材每页费用低得多。激光打印机可在高负荷下工作，适合共享的要求。

4.1.5 其他打印机

除以上三类打印机之外还有热蜡式、热升华式等打印机——它们都属于干式打印机。

热蜡式（Thermal Wax Transfer）打印机也叫热转印式打印机，它是利用打印头上的发热元器件去加热浸透彩色蜡的缎带，并依次将缎带上的彩色物熔化在打印介质上。彩色缎带通常是三色带，有红、黄、蓝三种颜色，经加热后分三次将红、黄、蓝三种颜色依次印刷到打印介质上。打印介质一般来说应是特殊的光滑纸张或透明胶片。部分公司使用先在打印介质的表面涂上一层白色薄膜然后再打印的技术，使打印机在普通纸、普通胶片、信封、标签和布料上都能输出较高品质的彩色图像。

热升华式(Thermal Dye Sublimation)打印机利用加热将染料熔化后转印到打印介质上，它是热蜡式打印机的一个变种。热蜡式打印机逐点将蜡状墨水熔融到打印介质上，而热升华打印机则将固态的墨水直接蒸发（由固态直接变成气态）到特殊涂覆的纸张上。热升华打印机由于不经过液化阶段，可得到类似照片效果的输出，精度可以达到 600DPI(或更高)，而一般彩色印刷仅为 180DPI 左右。它是采用专用纸张且输出品质最高的彩色打印机，售价较高，同时使用和维护费用也较高。热升华打印机采用了连续色调打印技术，染料选用 3 色或 4 色色带，打印效果细腻逼真，色彩十分绚丽。热升华式彩色打印机的打印速度比较慢，适合对彩色输出要求较高的用户。

这些打印机输出质量都非常好，但成本高、速度慢，主要用于出版印刷、广告和美工等要求高档彩色输出的场合。

4.2 扫描仪

除传统意义上多媒体设备（声卡、光驱等）外，还有一些多媒体设备现已走入家庭。如数字相机、触摸屏和扫描仪等。这里先介绍扫描仪。扫描仪可将静止的图片、文字转换成计算机可存储并处理的数字格式，以便再加工。如将大批文字稿，经扫描仪处理并存储后，再经 OCR（光学字符识别-Optical Character Recognization）软件处理，即可形成容易处理的文本；也可将照片经扫描仪处理后制成电子相册。

扫描仪的光电传感器使用排列成直线的 CCD（charge coupled device，电荷耦合器件）光电传感器。当光源发出的光被图样反射后，反射光（或透射光）被图样调制并被光电传感器转换成数字信号。数字信号经接口送到主机中可进行下一步处理。光源和传感器在步进电机带动下可扫过整个图样。

扫描仪按工作方式分为台式、手持式和滚筒式；按色彩方式分为彩色和灰度（黑白两色，但有中间色——灰度的变化）。

台式扫描仪在扫描过程中，CCD的移动完全是由电机自动完成的，扫描精度较高，工作效率也较高，使用起来省力。但台式扫描仪多了自动控制及执行机构等部件，成本也较高。

手持式扫描仪是用手握住扫描仪，并均匀移动扫描仪来进行扫描的。手持式扫描仪体积小，携带方便，其价格比台式扫描仪要低得多。但在操作时要注意掌握扫描速度，使其均匀，用力也要均匀。因此使用起来比较费力，常因方向偏移造成图像失真，很难用于工程图纸的扫描。手持式扫描仪一般不能做得太大（宽度一般为105 mm），否则手难以握持。在选购手持式扫描仪时应注意选择带有“自动补线”功能（随带的软件中），它可以减少手动时速度不稳所造成的图像失真。还应带有自动拼接功能的软件，它可以使手持扫描仪扫描大幅的图像，并使图像能够方便完美地拼接起来。

滚筒式扫描仪具有自动走纸、成像稳定的特点。既可以做成大幅面的扫描仪，也能做成小体积的便携式扫描仪，但价格昂贵。其缺点是每次扫描时只能装入单页纸进行工作，难以对较厚的书籍或较硬的介质进行扫描。

扫描仪的主要技术指标有以下几个。

1. 分辨率

特指光学分辨率。它表示扫描仪在CCD线形排列的方向上一英寸可分辨多少个点。它与每英寸传感器件数有关，用dpi（dot per inch）表示。常见的分辨率指标有300dpi、400dpi、600dpi、800dpi等几种。厂家一般还提供另一个分辨率参数——软件分辨率（也称插值分辨率）。软件分辨率是一种插值算法，是在相邻的两个CCD器件中间，用一定的插值算法补充上几个点。软件分辨率一般可达到2000dpi以上，但使用高插值算法对提高图像的输入精度并无太大帮助。

2. 色深度及灰度

色深度一般用每个点色彩的数据位数来表示。目前流行的彩色扫描仪多数为24位真彩色，可显示16M种颜色，效果已经相当好了。也有达到36位彩色的产品，可显示687亿种颜色，主要用于专业图像处理方面。扫描仪的灰度多半用在单色（黑白）扫描仪中作为性能指标，直接用灰度的级数表示：如32级灰度（5位灰度级），64级灰度（6位灰度级），256级灰度（8位灰度级）等。灰度级越多的扫描仪，扫描的图像层次就越丰富（虽然没有颜色）。

3. 幅面

幅面指标主要用于台式扫描仪和滚筒式扫描仪。幅面大的扫描仪，对大面积图像的扫描比较方便，但价格也就高得多。台式扫描仪一般有A4幅面及A4加长幅面、A3幅面等产品。幅面达到A1或A0的产品，一般称为大幅面扫描仪。

4. 速度

扫描仪的工作速度与工作时的采样分辨率、计算机工作速度及内存大小、硬盘存储速度等多方面的因素相关，所以扫描仪的速度指标是根据工作条件给定的，厂家往往给出一张不同工作情况下的速度表。一般速度表达方式为：英寸/秒。因扫描仪工作于图形方式，为使扫描仪高效工作，用户配接扫描仪的计算机应配置较大的内存。此外，有的扫描仪在彩色扫描是三次扫描（RGB各扫描一次），与一次扫描相比不仅时间较多、精度也比不上单次扫描（三次扫描要定位三次）。

5. 接口和驱动程序

常见的有USB和SCSI接口，也有使用IDE接口和并口的。应该指出，有些扫描仪所带的SCSI接口卡只具有SCSI卡的部分功能，并不是完整的SCSI卡。此外，为使扫描仪存储的图像能被图形处理软件加工处理，又规定了软件接口标准。软件接口大多使用TWAIN接口标准（Toolket Without An Interesting Name）。只要扫描仪产品与TWAIN兼容，就可以方便地使用通用图像处理软件，并与这些软件自动接口，如Photostyler、Photoshop等。

4.3 手写笔

4.3.1 手写笔简介

手写笔的出现就是为了输入中文，使用者不需要再学习其他的输入法就可以很轻松的输入中文，当然这还需要专门的手写识别软件。同时手写笔还具有鼠标的作用，可以代替鼠标操作 Windows，并可以作画。

4.3.2 手写笔的组成和安装

手写笔一般由两部分组成，一部分是与电脑相连的写字板，另一部分是在写字板上写字的笔。手写板上有连接线，接在电脑的串口，有些还要使用键盘孔获得电源，即将其上面的键盘口的一头接键盘，另一头接电脑的 PS/2 输入口。

4.3.3 手写板的类别

手写板分为电阻式和感应式两种，电阻式的手写板必须充分接触才能写出字，这在某种程度上限制了手写笔代替鼠标的功能；感应式手写板又分“有压感”和“无压感”两种，其中有压感的输入板能感应笔划的粗细，着色的浓谈，尤其适合在 PhotoShop 中画图，但感应式手写板容易受一些电器设备的干扰。

目前还有直接用手指来输入文字的手写系统，采用的是新型的电容式触摸板，书写面板的尺寸大体有以下几种：3.0 英寸×2.0 英寸（1 英寸=2.54 厘米）、3.0 英寸×4.5 英寸、4.0 英寸×5.0 英寸和 4.5 英寸×6.0 英寸。手写板区域越大，书写的回旋余地越大，运笔也就更加灵活方便。

4.4 游戏杆

游戏杆（JoyStick）又名游戏操纵杆，它通过 PC 机的 GAME PORT（15 针的游戏控制器接口）与计算机相连，使用游戏软件自带的驱动程序。PC 机只支持一个 GAME PORT，通常，GAME PORT 在多功能卡上；一般声卡也有（与 MIDI 共用）。若计算机有两个 GAME PORT 则应关掉一个，以避免资源冲突。每个游戏口总共支持 4 个开关量和 4 个模拟量。

PC 机的游戏杆有两种类型；摇杆式及按钮式。一般说来，游戏机按钮式操纵容易、定位准确，而且价钱便宜；而摇杆式则较难准确定位，价格较前者贵。另外，按钮式操纵杆里没有什么易损件，所以其使用寿命较摇杆式操纵杆要长。按钮式游戏操纵杆的外型和普通的游戏机手柄一样，但里面的电路是不同，并在后面多了两个微型电位器，是调节 X 轴及 Y 轴的中点位置的，以使要控制的对象在静止的情况下不会自动向一个方向移动。如果新买的操纵杆在使用时有上述问题出现，一般都是后面的中点电位器没有调好，只要在主角静止（即不按任何方向）的状态下，仔细调整手柄背面的 X 轴及 Y 轴的中点调整电位器，使之不会自己移动；如果调整后能随心所欲地控制主角的话，则表明手柄已能正常使用了。摇杆式类似于飞机的操纵杆，较适合于空战游戏。摇杆式一般要进行中心定位调节，调节方法同上。玩游戏时鼠标和键盘是最基本的，但游戏杆更增加了真实性。有的游戏可接上两个游戏杆（手柄），实现同机对打，但开关量和模拟量仍总共为各 4 个。此外，接两个游戏杆时，其中一个的插头应是可套插的——插头上可再插一个插头。

用户一般不用安装游戏杆的驱动程序，游戏软件通常自带。

声卡上的游戏口通常与 MIDI 使用一个插口，若游戏口与 MIDI 口同时使用，则这两个插头也应是可套插的。

4.5 数码相机和数码摄像机

4.5.1 数码相机

数码相机（Digital Camera 简称 DC），是一种能够进行拍摄，并通过内部处理把拍摄到的景物转换成以数字格式存储的照相机。和普通照相机在胶卷上靠溴化银的化学变化来记录图像的原理不同，数字相机通过光感应式图像传感器把光信号转换成电信号并储存在数码存储设备中。

数码相机是集光学、机械、电子一体化的产品。它集成了影像信息的转换、存储和传输等部件，具有数字化存取模式，与电脑交互处理和实时拍摄等特点。由于具有即拍即见、无需胶卷等优势，数码相机已经逐渐取代传统相机尤其是非专业传统相机。

常见的数码照相机实物及结构如图 4-2 所示。它主要由光学镜头、感光传感器（CCD 或 CMOS）、模数转换器（A/D）、图像处理器（DSP）、图像存储器（Memory）、液晶显示器（LCD）、端口（计算机接口、电视机接口）、电源和闪光灯等组成。各部分功能简述如下。

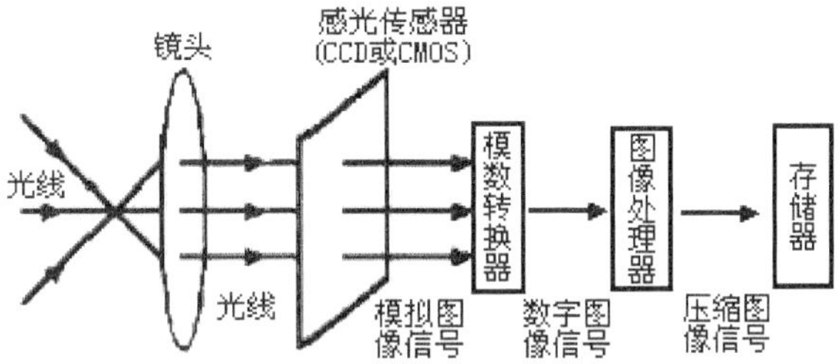

图 4-2　数码照相机工作原理

1. 镜头

把光线会聚到图像传感器上，起到调整成像大小、焦距等的作用。对于定焦数码相机，镜头、物体和聚焦平面间的理想距离被精确计算，从而固定了镜头和光圈的位置。对于变焦数码相机，有一个机械装置，可以带动镜头组前后运动，一直让镜头保持在聚焦平面中央，能够捕捉到距离镜头的较远或过近的物体。

2. 图像传感器

数码相机使用图像传感器代替传统相机的胶卷，因此图像传感器技术成为数码相机的关键技术，图像传感器的分辨率被作为评价数码相机档次的重要依据。

图像传感器的结构相当精密，以 CCD 图像传感器为例，CCD 是 Charge Couple Device 的缩写，被称为光电荷耦合器件，它是利用微电子技术制成的表面光电器件，可以实现光电转换功能。CCD 器件上有许多光敏单元，它们可以将光线转换成电荷，从而形成对应于景物的电子图像，每一个光敏单元对应图像中的一个像素，像素越多图像越清晰，像素数是数码相机的一个重要技术指标。如果想增加图像的清晰度，就必须增加 CCD 的光敏单元的数量。CCD 本身不能分辨色彩，它仅仅是光电转换器。实现彩色摄影的方法有多种，包括给 CCD 器件表面加以 CFA（Color Filter Array，彩色滤镜阵列），或者使用分光系统将光线分为红、绿、蓝三色，分别用 3 片 CCD 接收。

CCD 在摄像机、数码相机和扫描仪中被广泛使用。摄像机中使用的是点阵 CCD，扫描仪中使用的是线阵 CCD，而数码相机中既有使用点阵 CCD 的又有使用线阵 CCD 的，而一般数码相机都使用点阵 CCD；专门拍摄静态物体的扫描式数码相机使用线阵 CCD，它牺牲了时间以换取可与传统胶卷相媲美的极高分辨率。

除 CCD 外，另一种被广泛应用的图像传感器是 CMOS（互补型金属氧化物半导体）图像传感器。通常情况下，CMOS 比 CCD 成本低，耗电量小，但图像质量较差。因此，CMOS 在低档和微型类数码相机中应用较多。

3. A/D 转换器

A/D 转换器又叫做 ADC（Analog Digital Converter），即模拟数字转换器。它是将模拟电信号转换为数字电信号的器件。A/D 转换器的主要指标是转换速度和量化精度。转换速度是指将模拟信号转换为数字信号所用的时间，由于高分辨率图像的像素数量庞大，因此对转换速度要求很高，当然高速芯片的价格也相应较高。量化精度是指可以将模拟信号分成多少个等级。如果说 CCD 是将实际景物在 X 和 Y 轴向上量化为若干像素，那么 A/D 转换器则是将每一个像素的亮度或色彩值量化为若干个等级，这个等级在数码相机中叫做色彩深度。

4. DSP（图像处理器）

经过 A/D 转换后的信号必须经过 DSP（Digital Signal Processor 图像处理器）处理才能转变成计算机所能识别的图像格式。实际上，由于每幅图像所占用的存储空间太大，因此大多数码相机都通过 DSP 将图像信息压缩之后存储在机内存储器中。

5. 存储设备

数码相机中存储器的作用是保存数字图像数据，这如同胶卷记录光信号一样，不同的是存储器中的图像数据可以反复记录和删除，而胶卷只能记录一次。

存储器可以分为内置存储器和可移动存储器，内置存储器为半导体存储器，安装在相机内部，用于临时存储图像，当向计算机传送图像时一般通过串行接口。它的缺点是装满之后要及时向计算机转移图像文件，否则就无法再往里面存入图像数据。

早期数码相机多采用内置存储器，而新近开发的数码相机更多地使用可移动存储器，这些可移动存储器可能是软盘、各类闪存卡等。这些存储器使用方便，拍摄完毕后可以取出更换，这样可以降低数码相机的制造成本，增加应用的灵活性，并提高连续拍摄的性能。

存储器保存图像的多少取决于存储器的容量（以 MB 为单位），以及图像质量和图像文件的大小（以 KB 为单位）。图像的质量越高，图像文件就越大，需要的存储空间就越多。显然，存储器的容量越大，能保存的图像就越多。一般情况下，数码相机能保存几十到几千幅图像。

6. LCD（液晶显示器）

LCD（Liquid Crystal Display）为液晶显示屏，数码相机使用的 LCD 与笔记本电脑的液晶显示屏工作原理相同，只是尺寸较小。从种类上讲，LCD 大致可以分为两类，即 DSTN-LCD（双扫扭曲向列液晶显示器）和 TFT-LCD（薄膜晶体管液晶显示器）。与 DSTN 相比，TFT 的特点是亮度高，从各个角度观看都可以得到清晰的画面，因此数码相机中大都采用 TFT-LCD。LCD 的作用有三个，一为取景、二为显示、三为显示功能菜单。

7. 输出接口

数码相机的输出接口主要有计算机通讯接口、连接电视机的视频接口和连接打印机的接口。常用的计算机通讯接口有串行接口、并行接口、USB 接口和 SCSI 接口。若使用红外线接口，则要为计算机安装相应的红外接收器及其驱动程序。如果你的数码相机带有 PCMCIA 存储卡，那么可以将存储卡直接插入笔记本电脑的 PC 卡插槽中。

数码相机拍照的流程可简单作如下描述：被拍摄物体的折射线通过镜头进入相机，被图像传感器所获取——使用者通过快门来激活图像传感器，把光信号转换成电信号，将光照的强度转换成相应的数值。然后电信号被转换成数字信号并传送到相机的 DSP 上，把图像转换成相机内部存储格式。最后，把生成的图像作为一个文件保存在内部存储器中。使用者将数码相机与电脑相连接就可以通过电脑读取其中的文件，进行观看、编辑、复制等操作了。

下面介绍一下数码相机的主要指标和专业术语。

传感器类型：分为 CCD（电荷耦合器件）和 CMOS（互补型金属氧化物半导体）两种。通常情况下，CCD 芯片比 CMOS 更灵敏，因此可在昏暗的光线下照出较好的相片；用 CCD 芯片的相机照出的相片也比 CMOS 清楚，图像噪声低，所以出于图像质量的考虑，目前大多数数码相机使用 CCD 技术。另一方面，CMOS 芯片的成本较低，而且更省电，所以在廉价和超小型数码相机中应用较多。

像素数：数码相机的像素数包括有效像素和最大像素。与最大像素不同的是有效像素数是指真正参与感光成像的像素值，而最高像素的数值是感光器件的真实像素，这个数据通常包含了感光器件的非成像部分，而有效像素是在镜头变焦倍率下所换算出来的值。

色彩深度：色彩深度又叫色彩位数，它是用来表示数码相机的色彩分辨能力。红、绿、蓝三个颜色通道中每种颜色为 n 位的数码相机，总的色彩位数为 3n，可以分辨的颜色总数为 23n，如一个 24（3×8）位的数码相机可得到总数为 23×8，即 16777216 种颜色。数码相机的色彩位数越多，意味着可捕获的细节数量也越多。通常数码相机有 24 位的色彩位数已足够。

插值：插值有时也称为“重置样本”，是在不生成像素的情况下增加图像像素大小的一种方法，在周围像素色彩的基础上用数学公式计算丢失像素的色彩。有些相机使用插值法，人为地增加图像的分辨率。

图像传感器尺寸：图像传感器感光器件面积大小。一般说来，感光器件面积越大，图像效果越好，但对制造出的相机的便携性影响越大。现在市面上的消费级数码相机主要有 2/3 英寸、1/1.8 英寸、1/2.7 英寸、1/3.2 英寸四种。

感光度：根据光源的不同强度调节相机的感光能力。用 iso 感光值来度量。iso 感光值是传统相机底片对光线反应的敏感程度测量值，数值越大表示感光性越强，常用的值有 iso100、iso400、iso1000 等，一般而言，感光度越高，底片的颗粒越粗，放大后的效果较差，而数码相机为也套用此 iso 值来标示测光系统所采用的曝光，基准 iso 越低，所需曝光量越高。

分辨率：用于量度位图图像内数据量多少的一个参数。包含的数据越多，图形文件的长度就越大，也能表现更丰富的细节。通常，“分辨率”被表示成每一个方向上的像素数量，比如 2048×1536 等。而在某些情况下，它也可以同时表示成“每英寸像素”（ppi）以及图形的长度和宽度，比如 72ppi，和 8×6 英寸。

镜头组：数码相机的镜头由多片镜片组成，材质则分为玻璃与塑料两类。

焦距：焦距就是镜头中心到焦点的距离。在传统相机上，焦距指的是镜头中心点到感光胶卷之间的距离。在数码相机上焦距就是镜头中心点到图像传感器之间的距离。由于数码相机的成像器件面积都小于普通的 135 胶卷的面积，所以其镜头焦距很短，通常在数码相机的资料或说明书中提到的焦距等效于传统相机的焦距。

聚焦：改变焦点的方式。有些数码相机有固定焦点的镜头，表示焦点是不能改变的。通常，这种镜头使图像从相机前方几英尺远到无穷远处都能以清楚的焦点呈现。许多相机有手动聚焦，允许使用者把焦点调整不同的距离。带有自动聚焦的相机能够根据主体距镜头的距离自动地调节焦点。

光圈：光圈是一个用来控制光线透过镜头，它是控制进入机身内感光面的光量的装置，通常是在镜头内。常用 f 值表达光圈大小，f 值愈小，在同一单位时间内的进光量便愈多。

快门：是镜头前阻挡光线进来的装置，分为机械和电子两种，一般而言，快门的时间范围越大越好。

曝光量：图像构成最原始的关键因素，它主要由光圈（aperture）以及快门（shutter）两方面决定。

曝光补偿：一种曝光控制方式，一般常见在±2～3ev 左右，如果环境光源偏暗，即可增加曝光值（如调整为 1ev 或 2ev）以突显画面的清晰度。

白平衡：即 White Balance。物体颜色会因投射光线颜色产生改变，在不同光线的场合下拍摄出的照片会有不同的色温。例如以钨丝灯（电灯泡）照明的环境拍出的照片可能偏黄，一般来说，CCD 没有办法像人眼一样会自动修正光线的改变。所以通过白平衡的修正，它会按目前画像中图像特质，立即调整整个图像红绿蓝三色的强度，以修正外部光线所造成的误差。有些相机除了设计自动白平衡或特定色温白平衡功能外，也提供手动白平衡调整。

测光方式：测光方式决定了当照相机确定正确的曝光量的时候是怎样估计可用光的。有些高档的数字相机可以让使用者选择不同的曝光测光功能档。测光功能是指利用相机自动曝光机理进行测光、计算场景光线的一种方法，计算出拍照时的正确的曝光数据。常见的几种测光方式有矩阵测光、中心加权测光和点测光等。

LCD 取景器即 Liquid Crystal Display，液晶显示屏。有黑白和彩色之分，彩色中又有真彩和伪彩之分，伪彩便宜，但效果差。数码相机中用于取景和回放的 LCD 几乎都是目前最好的 TFT 真彩。TFT LCD 中又有反射和透射两种，反射式反射正面的环境光，从不同角度观察差别较大，显示较暗，但省电，造价低；透射式靠背后的灯光工作，角度变化小，显示明亮，但极为费电。另外液晶显示屏尺寸也是数码相机的一个重要参数。

光学取景器：传统普及型相机里常用的那种通过一组与拍摄镜头无关（高档傻瓜机上常与变焦镜头连动）的透镜取景的部件，造价低，但有视差，所看到的并不完全是所拍到的，一般说来光学取景器看到的景像约占实际拍摄景像的 85%。

存储介质：图像储存媒体，为数码相机中储存图像的可移动设备，一般称为记忆卡，而市面上数码相机所采用的记忆卡，主要有 SM 卡、CF 卡、记忆棒等，容量从数兆（M）到数吉（G）不等。

随机存储容量：除存储介质外，一般数码相机配备随机固定存储器，容量一般为 4M～32M。

图像储存格式：由于数码相机拍下的图像文件很大，储存容量却有限，因此图像通常都会经过压缩再储存。最常见的图像储存格式就是 JPG 和 TIF，JPG 经过高度压缩，能使档案变为原先的 1/4、1/8 甚至 1/16，因此可以省下不少储存空间，不过相对也会让原始图像资料有所损失，许多相机都会提供特定的压缩比例供使用者自己选择。TIF 文件几乎未经压缩，所以图像会比 JPG 保持的更完整。不过因为图像分辨率越高、压缩越小就越占存储空间，所以拍照时必须兼顾图像的品质与记忆卡的容量。

4.5.2 数码摄像机

数码摄像机也称 DV，DV 是 Digital Video 的缩写，译成中文就是“数字视频”的意思，它的本意是由索尼（SONY）、松下（PANASONIC）、胜利（JVC）、夏普（SHARP）、东芝（TOSHIBA）和佳能（CANON）等多家著名家电厂商联合制定的一种数字视频格式。然而，在绝大多数场合，DV 则是代表数码摄像机。

数码摄像机的摄像器件采用图像传感器（CCD 或 CMOS）替代传统模拟摄像机的摄像管，且信号的处理和记录采用数字信号处理方式。和模拟摄像机相比，数码摄像机有如下突出的特点。

清晰度高：我们知道，模拟摄像机记录模拟信号，所以影像清晰度（也称之为解析度、解像度或分辨率）不高，如 VHS 摄像机的水平清晰度为 240 线、较好的 Hi8 机型也只有 400 线。而数码摄像机记录的则是数字信号，其水平清晰度已经达到了 500～540 线，可以和专业摄像机相媲美。

色彩更加纯正：数码摄像机的色度和亮度带宽差不多是模拟摄像机的 6 倍，而色度和亮度带宽是决定影像质量的最重要因素之一，因而数码摄像机拍摄的影像的色彩就更加纯正绚丽，达到了专业摄像机的水平。

无损复制：数码摄像机磁带上记录的信号可以无数次地转录，影像质量丝毫不会下降，这一点也是模拟摄像机所望尘莫及的。

体积小重量轻：和模拟摄像机相比，数码摄像机机的体积大为减小，一般比一本 32 开书还小，重量则大为减轻，一般也只有 500 克左右，极大地方便了用户携带。

数码摄像机和数码相机的工作原理基本相同，很多机器也有相应的替代功能。但由于数码摄像机主要用于拍摄连续动态的影像，而数码相机主要拍摄静态画面，二者在结构、性能参数以及拍摄效果上还是有很大区别的。

数码摄像机的静态分辨率较低，每帧的数据较少，在拍照方面，数码摄像机的效果是无法和数码相机比的；而数码相机用于拍摄静态图像，它的图像处理芯片是专为处理静态图片设计的，要处理动态的流文件往往有些力不从心，所以数码拍摄的短片效果无法和数码摄像机比。

另外由于动态视频信号对存储设备容量的要求远远大于静态图像，数码摄像机大多采用数字录像带，DVD 刻录光盘，微型硬盘等大容量存储介质，使整体体积比数码相机大很多；而数码相机则多采用各类闪存卡，容量较小，只能拍摄视频短片。

除此之外，二者在光学系统、机械结构、外部形态及操作方式上也由于各自的主要功能的不同而存在着较大差异。

数码摄像机的性能指标和数码相机有很多相似的地方，请大家参考前面对数码相机的介绍，限于篇幅，此处不再介绍。

4.6 触摸屏

目前，触摸屏的使用大大简化了计算机的输入模式，使用者仅需以手指触摸屏幕，即能查询资料、分析数据，比由键盘输入要简单方便。触摸屏是一种定位装置，安装在计算机显示屏前面。触摸屏系统由两部分组成：触摸检测装置和触摸控制卡。触摸检测装置主要由位于屏幕四周的传感器组成，它将显示屏分成很多栅格（比如 64×64），利用四周的传感器判定出触摸点所在栅格的位置信息。触摸控制卡则将触摸点的位置信息转换成触点坐标并送给主机处理。触摸屏应具有快速感应、精确定位和高可靠性等指标。

触摸检测装置大致可分为两类：接触式和非接触式。接触式将检测器件做成透明的薄膜状，通过粘贴固定于显示屏表面。当手指触压其表面时，引起触点的电阻、电容或压力的变化，这种变化经触摸控制卡转换成触点坐标并送给主机处理。接触式的优点是分辨率较高，缺点是价格较贵，对显示屏亮度有影响（光线要穿过薄膜）且使用寿命较短。非接触式是用发射/接收对管作为传感器件，密布在显示屏的四周，将显示屏分成网状的栅格。当手指位于某栅格上，从而阻断接收管接收时，该栅格的位置信息就经控制卡转换成手指触摸的坐标信息，并被送到主机去处理。非接触式触摸屏透光较好、使用寿命较长，但反应速度较慢、分辨率较低。非接触式常用红外线或超声波的发射接收对管作传感器件。

由于显示器屏幕尺寸不同，触摸检测装置的大小也不同，要按显示屏尺寸配用。此外，非接触式一般作成外框形式直接套在显示屏上（放在显示器内部，称为内置式；放在外部称为外挂式）。接触式则要粘贴在显示屏上，并要将触摸检测装置的其他部分放在显示器内部，且多为内置式，安装有些不便。

触摸屏通常使用串口或专用的控制卡与主机通讯并安装相应的驱动程序，要注意避免系统资源冲突。大部分触摸屏安装驱动程序后，还要进行定位调整（安装后初始调整一次即可）。

4.7 UPS 不间断电源

UPS（Uninterruptible Power System，不间断电源）是计算机的外围设备之一。UPS 通常以蓄电池作为储能装置，用逆变器将蓄电池的电能变换成恒压交流电源。UPS 是具备稳压、稳频、滤波、抗电磁和射频干扰、防电压浪涌等功能的电源系统。

逆变电路是 UPS 的主要部件。逆变电路将直流电能转变成交流电能供用电设备使用。按逆变电路是否长期工作，UPS 分为在线式和离线式（后备式）；按 UPS 输出波形，分为正弦（波）输出和方波输出。UPS 的输出功率由逆变电路决定，断电后持续时间由蓄电池组的容量决定，一般为 10 分钟左右（具体数值见 UPS 手册）。在线式 UPS 一般为正弦输出，输出电源波形较好；离线式 UPS 为方波输出（加滤波器后为准正弦输出）。

对在线式 UPS，不管市电（交流电源）是否供电，逆变电路只从蓄电池组取得电能并转换成 AC 电源，供用电设备使用。只是市电供电时，蓄电池组由市电整流后不断补充电能；断电后，UPS 只能使用蓄电池组的电能。在线式 UPS 内的逆变电路连续工作，输出功率较大（如 100KVA），所配蓄电池组容量也较大，断电后可供电较长时间。

离线式 UPS，当市电供电时逆变电路不工作，用电设备直接经 UPS 内部的直通开关从市电取得电能。离线式 UPS 只在市电断电时，才由 UPS 内部的切换电路切换成由蓄电池组取得电能，并由逆变电路转换成 AC 电源对用电设备供电。离线式 UPS 电路简单，一般不加或只使用简单的输出滤波电路，输出大多为准正弦波（或方波）。离线式 UPS 切换时间一般为 4 ms～10ms。由于这种 UPS 大部分时间是直通市电，逆变电路较少工作，结构简单，价格便宜，可靠性较高。但因输出电压在市电正常时只对市电稍作加工，而市电异常时，又大都输出准正弦波，供电质量较差；加之存在切换时间，只在要求不高的场合使用。在线式 UPS 的逆变电路一直工作，不需切换。

UPS 内部装有检测电路，用于检测市电状态。随技术的发展，有些 UPS 可通过自带的串口，将市电状态、UPS 内部信息（如蓄电池组状态、还可持续工作时间等信息）送给用电设备（如计算机）。用电设备可根据这些信息采取相应的操作，如自动保存数据、关闭外设及主机等。

UPS 的蓄电池组一般使用免维护铅蓄电池。“免维护”是指不用给蓄电池加水，不是指不用维护，如蓄电池组的充电等。蓄电池组的充放电维护请见 UPS 手册。一般讲，蓄电池组不能过度充电，也不能过度放电。此外，正常使用时由于 UPS 开机瞬间产生的浪涌电流会损坏用电设备，所以应注意 UPS 和用电设备的开机顺序：一般先开 UPS 再开用电设备；关机时，先关用电设备再关 UPS。

一般 UPS 可以达到下列指标。

- 输出电压稳定度：离线式优于 5%，在线式优于 3%；
- 输出电压失真度：离线式优于 5%，在线式优于 3%；
- 输出频率稳定度：离线式为±1Hz，在线式为±0.5Hz；
- 瞬态特性：当负载从 0%～100%变化时，输出电压变化范围为±4%，响应时间约 10～40ms（在线式 UPS）。

4.8 投影机

到目前为止，投影机主要通过三种显示技术实现，即 CRT 投影技术、LCD 投影技术以及近些年发展起来的 DLP 投影技术。

4.8.1 CRT 三枪投影机

CRT 是英文 Cathode Ray Tube 的缩写，译作阴极射线管。作为成像器件，它是实现最早、应用最为广泛的一种显示技术。这种投影设备可把输入信号源分解到 R（红）、G（绿）B（蓝）三个 CRT 管的荧光屏上，荧光粉在高压作用下发光系统放大、会聚、在大屏幕上显示出彩色图像。光学系统与 CRT 管组成投影管，通常所说的三枪投影机就是由三个投影管组成的投影机，由于使用内光源，也叫主动式投影方式。CRT 技术成熟，显示的图像色彩丰富，还原性好，具有丰富的几何失真调整能力；但其重要技术指标图像分辨率与亮度相互制约，直接影响 CRT 投影机的亮度值，到目前为止，其亮度值始终徘徊在 300lm 以下。另外 CRT 投影机操作复杂，特别是会聚调整繁琐，机身体积大，只适合安装于环境光较弱、相对固定的场所，不宜搬动。

4.8.2 液晶光阀投影机

LCD 是 Liquid Crystal Display 的英文缩写。LCD 投影机分为液晶板和液晶光阀两种。液晶是介于液体和固体之间的物质，本身不发光，工作性质受温度影响很大，其工作温度为-55ºC~+77ºC。投影机利用液晶的光电效应，即液晶分子的排列在电场作用下发生变化，影响其液晶单元的透光率或反射率，从而影响它的光学性质，产生具有不同灰度层次及颜色的图像。

液晶光阀投影机采用 CRT 管和液晶光阀作为成像器件，是 CRT 投影机与液晶光阀相结合的产物。为了解决图像分辨率与亮度间的矛盾，它采用外光源，也叫被动式投影方式。一般的光阀主要由三部分组成：光电转换器、镜子、光调制器，它是一种可控开关。通过 CRT 输出的光信号照射到光电转换器上，将光信号转换为持续变化的电信号；外光源产生一束强光，投射到光阀上，由内部的镜子反射，能过光调制器，改变其光学特性，紧随光阀的偏振滤光片，将滤去其他方向的光，而只允许与其光学缝隙方向一致的光通过，这个光与 CRT 信号相重合，投射到屏幕上。它是目前为止亮度、分辨率最高的投影机，亮度可达 6000ANSI 流明，分辨率为 2500×2000，适用于环境光较强，观众较多的场合，如超大规模的指挥中心、会议中心及大型娱乐场所。但其价格高，体积大，光阀不易维修。主要品牌有：休斯-JVC、Ampro 等。

4.8.3 液晶板投影机

液晶板投影机的成像器件是液晶板，也是一种被动式的投影方式。利用外光源金属卤素灯或 UHP（冷光源），若是三块 LCD 板设计的，则把强光通过分光镜形成 RGB 三束光，分别透射过 RGB 三色液晶板；信号源经过模数转换，调制加到液晶板上，控制液晶单元的开启、闭合，从而控制光路的通与断，再经镜子合光，由光学镜头放大，显示在大屏幕上。目前市场上常见的液晶投影机主要是单片设计（LCD 单板，光线不用分离），这种投影机体积小，重量轻，操作携带极其方便，价格也比较低廉。但其光源寿命短，色彩不是很均匀，分辨率较低，最高分辨率为 1024 像素×768 像素，多用于临时演示或小型会议。这种投影机虽然也实现了数字化调制信号，但液晶本身的物理特性，决定了它的响应速度慢，随着时间的推移，性能有所下降。

4.8.4 数码投影机

DLP 是英文 Digital Light Procession 的缩写，译作数字光处理器。这一新的投影技术的诞生，使我们在拥有捕捉、接收、存储数字信息的能力后，终于实现了数字信息显示。DLP 技术是显示领域划时代的革命，正如 CD 在音频领域产生的巨大影响一样，DLP 为视频投影显示翻开新的一页。

DLP 投影机的技术关键点首先是数字优势。数字技术的采用，使图像噪声消失，画面质量稳定，精确的数字图像可不断再现；其次是反射优势。反射式 DMD 器件的应用，使成像器件的总效率达 60%以上，对比度和亮度的均匀性都非常出色。DLP 投影机清晰度高、画面均匀，色彩锐利，三片机亮度可达 2000 流明以上，它抛弃了传统意义上的会聚，可随意变焦，调整十分便利；另外，DLP 投影机的分辨率较高，不经压缩的分辨率可达 1024 像素×768 像素（有些机型的最新产品的分辨率已经达到 1280 像素×1024 像素）

4.9 数字摄像头

摄像头分为数字摄像头和模拟摄像头两大类。模拟摄像头可以将视频采集设备产生的模拟信号转换成数字信号，进而将其储存在计算机里。模拟摄像头捕捉到的视频信号必须经过特定的视频捕捉卡将模拟信号转换成数字模式，并加以压缩后才可以转换到计算机上运用。数字摄像头可以直接捕捉影像，然后通过串口、并口或者 USB 接口传送到计算机里。

目前最为常用的是数字摄像头，其实它是将摄像头和视频捕捉单元做在一起，通常数字摄像头是彩色的，后面拖一个小盒子。它的优点是使用简单，一般都通过微机并行通讯口或 USB 接口连接，是即插即用的，安装简单，尤其适合便携式电脑和不能打开机箱的品牌台式电脑。整体的价格往往要比买同档次的摄像头和捕捉卡要便宜。有的摄像头使用 CMOS 作为感光器件（理论上 CCD 的要好些，不过在低分辨率下相差不明显），在 640 像素×480 像素以上捕捉速度不是很快（小于 30 帧）。

有人把数字摄像头归入数码影像产品，把它当成轻便的数码相机、或者简便的数码摄像机使用，直接用于拍摄照片甚至数码影片，国外的一些调查机构也直接将它和手持数码相机统称为数码相机；有人把它划入通用电脑输入设备的大类之中，和扫描仪、数码相机、绘图仪、图形打印机等图像影像输入（出）设备相提并论；而有的人则把它当作网络影像传输设备，用它和话筒、视频软件等集成为声音、视频、数据通信三位一体的视讯中心，广泛用之于网络视频会议、网络活动影像传输和远程通讯、影像 E-mail 获取工具；也有人仅仅把它当作可视电话设备应用——这些，我们也可以从数码摄像头的一些雅号中探出一些端倪：如“神眼”、“网眼”、“快看”、“电脑眼”、“警卫眼”、“电脑相机”、“影像捕头”等。总之，无论把它视为何物，其应用领域之广，已经可以从中窥见一斑了，特别是随着网络交流的日益广泛，在网络会议、视频聊天、视频邮件方面，摄像头扮演着极其重要的角色，发挥了极其重要的作用。

4.10 刻录机

4.10.1 CD 刻录机

CD-R 刻录机（CD-Recorder 或 CD-Recordable 的缩写）是一张光盘只可以让用户写一次的光盘驱动器，其数据格式与 CD-ROM 相同；CD-R 规格书由菲利浦公司（Philips）和索尼公司（Sony）共同制定并于 1990 年颁布，雅马哈公司（Yamaha）在同年推出了第一部 2 倍速 CD-R 驱动器。

CD-RW 刻录机（CD-Re Writable）是允许用户在同一张可擦写光盘上反复进行数据擦写的光盘驱动器，由 RICOH 公司首先推出。CD-RW 采用相变技术来存储信息。相变技术是指在盘片的记录层上，某些区域是处于低反射特性的非晶体状态；数据是通过一系列的由非晶体到晶体的变迁来表示。CD-RW 驱动器在进行记录时，通过改变激光强度来对记录层进行加热，从而导致从非晶体状态到晶体状态的变迁。与 CD-R 驱动器相比，CD-RW 具有明显的优势：CD-R 驱动器所记录的资料是永久性的，刻录完成后就无法改变，若刻录中途出错，则既浪费时间又浪费 CD-R 光盘；而 CD-RW 驱动器一旦遭遇刻录失败或须重写，可立即通过软件下达清除数据的指令，令 CD-RW 光盘重获“新生”，又可重新写入数据。

1. CD-R 及 CD-RW 的刻录原理

在刻录 CD-R 盘片时，通过大功率激光照射 CD-R 盘片的染料层，在染料层上形成一个个平面（Land）和凹坑（Pit），光驱在读取这些平面和凹坑的时候就能够将其转换为 0 和 1。由于这种变化是一次性的，不能恢复到原来的状态，所以 CD-R 盘片只能写入一次，不能重复写入。

而 CD-RW 的刻录原理与 CD-R 大致相同，只不过盘片上镀的是一层 200～500 埃（1 埃＝10^{-8}cm）厚的薄膜，这种薄膜的材质多为银、铟、硒或碲的结晶层，这种结晶层能够呈现出结晶和非结晶两种状态，等同于 CD-R 的平面和凹坑。通过激光束的照射，可以在这两种状态之间相互转换，所以 CD-RW 盘片可以重复写入。

2. 刻录机的接口规格

早期的刻录机有很多都是 SCSI 接口，SCSI 接口的刻录机占用系统资源很少，刻录时相对稳定，不过必须安装 SCSI 卡，过程比较繁琐，价格也居高不下。最近几年刻录机广泛发展之 后，虽然 SCSI 接口的刻录机仍然在市场上占有一席之地，但安装简单、价格低廉的 IDE 接口刻录机逐渐占领了大部分市场成为主流。目前刻录机与主机相连的接口主要有 IDE、SCSI、USB 和 IEEE1394 等，采用 USB 1.1 接口的外置式产品由于受到接口传输速率的限制，大多只能达到 4 倍或 6 倍，不过凭借其支持热拔插、携带安装方便的优点，逐渐成为移动办公一族的最爱。IEEE1394 接口的刻录机产品目前还很少见，价格也比较昂贵，不过从长远角度来看，外置式刻录机必将逐渐过渡到 IEEE1394 接口和 USB 2.0 接口。

3. 刻录机的速度

刻录机和普通光驱一样也有倍速之分，只不过刻录机有三个速度指标：刻录速度、复写速度和读取速度。比如说某刻录机标称速度为32×12×40，说明此刻录机刻录 CD-R 盘片的最高速度为 32×，复写和擦写 CD-RW 盘片的最高速度为 12×，读取普通 CD-ROM 盘片（包括 CD-R 和 CD-RW）的最高速度为 40×。除了刻录机，CD-R 和 CD-RW 盘片也都有标称的刻录速度，对于仅支持低速刻录的盘片，如果强行采用高速刻录方式，有可能会造成记录层烧录不完全，导致数据读取失败甚至盘片报废，所以选择支持相应刻录速度的盘片是非常重要的。另外，所谓的“32×”也就是 32 倍速，1 倍速为 150KB/s，32 倍速就是 4800KB/s。

4. 刻录机的缓存

为保证刻录质量，高速刻录时除了对盘片的要求比较高以外，缓存大小也十分重要。在刻录开始前，刻录机需要先将一部分数据载入到缓存中，刻录过程中不断从缓存中读取数据刻录到盘片上，同时缓存中的数据也在不断补充。一旦数据传送到缓存里的速度低于刻录机的刻录速度，缓存中的数据就会减少，缓存完全清空之后，就会发生缓存欠载问题（Buffer Under Run），导致盘片报废。所以在没有防刻死技术的刻录机上，缓存大小直接影响到刻录的成功率。缓存越大，发生缓存欠载问题的可能性就越低。当初市场上一度出现了部分具有 8MB 缓存的刻录机产品，当然价格也比只有 2MB 缓存的产品贵一些。

4.10.2 DVD 主流刻录规格说明

（1）DVD-RAM。

DVD-RAM 采用 Phased-changed Dual 和部分 MO 的技术而成，容量由最少的 2.58 GB，至最多的 4.7 GB。早期的 DVD-RAM 全被一个外壳保护着，用户必须连外壳和 DVD-RAM 放入 DVD-RAM 读写器内进行写入数据。后期已研发了另一种可除下外壳的 DVD-RAM，不过仍需要其外壳才可写入数据。现时的双面 DVD-RAM 也有除下外壳的选择。第一代 DVD-RAM 于 1998 年 6 月面世，一年后推出 2.0 版本，容量已升级至 4.7GB，Panasonic 和 Hitachi 在 1999 年分别推出支持 DVD-RAM 的 DVD-ROM。

（2）DVD-R。

DVD-R 就好像 CD-R 一样,都是采用有机染料的方法制成，大部分 DVD 阅读器和播放器都支持 DVD-R，初出的 DVD-R 容量只有 3.95GB ，后期才扩充至 4.7GB，早期 DVD-R 是分为两类：DVD-R（G）和 DVE-R（A），DVD-R（A）是针对专业市场，利用 635-nm 激光写入数据，早于 1997 年 10 月由 PIONEER 推出 1.0 版本，直至 1999 年 5 月推出 4.7G DVD-R（A）1.9 版本。

特点：DVD-R（A）刻录机不能写入 DVD-R（G），相反 DVD-R（G）刻录机也不能写入 DVD-R（A）。

（3）DVD-RW。

DVD-RW 前身称为 DVD-R/W，1999 年 12 月 Pioneer 于日本推出家用的 DVD-RW 录像机。DVD-RW 像 CD-RW 一样，可重写超过 1000 次。DVD-RW 采用与 DVD-R 相若的

Track Pitch、Mark Length 和 Rotation Control，所有 Pioneer、Sharp 和 Zenith 的 DVD 机能阅读 DVD-RW。DVD-RW 碟有三类，1.0 版本的 DVD-RW 在日本以外的国家已很少机会找得到，最重要的是这类 DVD-RW 兼容性不高。1.1 版本的 DVD-RW 加入了 Pre-Recorded Lead-in 技术改善兼容性。最后一款是 DVD-RW 1.1 的 B 版本，B 版本载有独一无二的 ID，可复制受保护的 DVD-ROM。3 种 DVD-RW 容量都是 4.7 GB。

特点：优点是兼容性好，能够以 DVD 视频格式来保存数据，可以在影碟机上进行播放。格式化需要花费一个半小时的时间。

（4）DVD+R。

DVD+R 其实是可写入一次的 DVD+RW 之变种， DVD+R 的染色方法和 DVD-R 很类似，因此 DVD+R 也兼容一部分的 DVD-R。

特点：DVD+R 可以 CLV 格式写入数据。

（5）DVD+RW。

DVD+RW 的重写技术建基于 CD-RW 之上，约 2001 年年底面世。 Philips、SONY、HP、Dell、Ricoh 和 Yamaha 都支持 DVD-RW，DVD+RW 刻录机可读取 DVD-ROM 和 CD-ROM，也可能读取 DVD-R 和 DVD-RW，但是不能读取 DVD-RAM。 相反，大部分的 DVD-ROM 和 DVD 播放器也能阅读 DVD+RW。

DVD+RW 刻录机除刻录 DVD+RW 外，也可刻录 CD-R 和 CD-RW。DVD+RW 现有的容量为每面 4.7GB，早期的 1.0 版本，每面只有 2.8 GB，并且不兼容于大部份的播放器和 DVD-ROM。

DVD+RW 特点：易用性强，而且提高了 DVD-RW 光驱的兼容性，从刻录开始即可以在后台进行格式化，因此一分钟以后就可以开始刻录数据。DVD+RW 光盘支持两种刻录格式，分别是 Sequential Video Access CLV 格式，以及 Random Access 的 CLV 格式。不再支持 DVD-R 以及 DVD-RW 规范的盘片。

（6）DVD Multi/DVD Dual。

DVD Multi 和 DVD Dual 是在上述规格上衍生出来的产物。DVD DUAL 刻录机超越了 DVD+RW 或 DVD-RW 单一规格刻录的门槛，可以刻录 DVD+RW 和 DVD-RW 两种规格的 DVD 盘片，而且由于刻录芯片所具有的弹性设计，即使以后由于权利金或者两种规格趋势而产生的变化，在设计上都可以进行灵活调整，从而避免了重复开发的资源和时间上的浪费。

DVD Multi 特点：整合 DVD-R/RW 和 DVD-RAM。

DVD Dual 特点：整合 DVD+R/RW 和 DVD-R/RW。

第 5 章　Windows 下的软硬件设置

操作系统是所有软件的基础。本章主要讲述了硬盘分区、Windows XP 的安装、驱动程序的安装等，另外也介绍了 Windows 常用选项的设置。

本章重点：

- Fdisk 的使用
- 安装 Windows XP
- Windows 下设备驱动程序的安装
- 显示属性的设置
- 网络连接的设置

5.1　硬盘分区

5.1.1　分区格式简介

硬盘在使用前，必须进行分区操作。在提供分区方案之前，先介绍一些关于硬盘的常识。根据目前流行的操作系统来看，在 Windows 下常用的分区格式有三种，分别是 FAT16、FAT32、NTFS 格式。此外，还有在 Linux 中广泛使用的 Ext2 格式。

1. FAT16

这是 MS-DOS 和最早期的 Windows 95 操作系统中使用的磁盘分区格式。它采用 16 位的文件分配表，是目前获得操作系统支持最多的一种磁盘分区格式，几乎所有的操作系统都支持这种分区格式，从 DOS、Windows 95、Windows OSR2 到 Windows 98、Windows Me、Windows NT、Windows 2000、Windows XP 都支持 FAT16，但只支持 2GB 的硬盘分区成为了它的一大缺点。FAT16 分区格式的另外一个缺点是磁盘利用效率低。为了解决这个问题，微软公司在 Windows 95 OSR2 中推出了一种全新的磁盘分区格式——FAT32。

2. FAT32

这种格式采用 32 位的文件分配表，对磁盘的管理能力大大增强，突破了 FAT16 下每一个分区的容量只有 2GB 的限制，最大可达到 2TB。由于现在的硬盘生产成本下降，其容量越来越大，运用 FAT32 的分区格式后，我们可以将一个大容量硬盘定义成一个分区而不必分为几个分区使用，大大方便了对磁盘的管理。而且，FAT32 与 FAT16 相比，可以极大地提高磁盘利用率，减少磁盘的浪费。目前，Windows 95 OSR2 以后的操作系统都支持这种分区格式。但是，这种分区格式也有它的缺点。首先是采用 FAT32 格式分区的磁盘，由于文件分配表的扩大，运行速度比采用 FAT16 格式分区的磁盘要慢。另外，由于 DOS 和 Windows 95 不支持这种分区格式，所以采用这种分区格式后，将无法再使用 DOS 和

Windows 95 系统。

3. NTFS

它的优点是安全性和稳定性方面非常出色，在使用中不易产生文件碎片。并且能对用户的操作进行记录，通过对用户权限进行非常严格的限制，使每个用户只能按照系统赋予的权限进行操作，充分保护了系统与数据的安全。Windows 2000、Windows NT 以及 Windows XP 等都支持这种分区格式。

4. Ext2

这是 Linux 中使用最多的一种文件系统，它是专门为 Linux 设计的，拥有最快的速度和最小的 CPU 占用率。Ext2 既可以用于标准的块设备（如硬盘），也被应用在软盘等移动存储设备上。现在已经有新一代的 Linux 文件系统如 SGI 公司的 XFS、ReiserFS、Ext3 等出现。Linux 的磁盘分区格式与其他操作系统完全不同，其 C、D、E、F 等分区的意义也和 Windows 操作系统下不一样，使用 Linux 操作系统后，死机的概率大大减少。但是，目前支持这一分区格式的操作系统只有 Linux，而 Linux 对于大部分用户来说还是困难了点，在这里就不作详细介绍了。

5.1.2 Fdisk 分区工具

对硬盘进行分区、格式化是每个硬盘都必须经过的步骤。在这里具体讲解一下如何使用 Fdisk 命令进行硬盘分区。

Fdisk 程序是 DOS 和 Windows 系统自带的分区软件，虽然其功能比不上某些专业软件，但用它分区是十分安全的。操作方法如下。

第 1 步：制作一张含有新版本 Fdisk.exe 程序的启动盘。

第 2 步：备份硬盘上的个人数据。

第 3 步：将第 1 步制作的启动盘放入软驱，从软驱重新引导计算机。

第 4 步：在 A:>提示符下输入 fdisk 回车，系统会提示“Do you wish to enable large disk support（y/n)”，如图 5-1 所示。如果选择“[y]”，则按照 FAT32 格式进行分区。

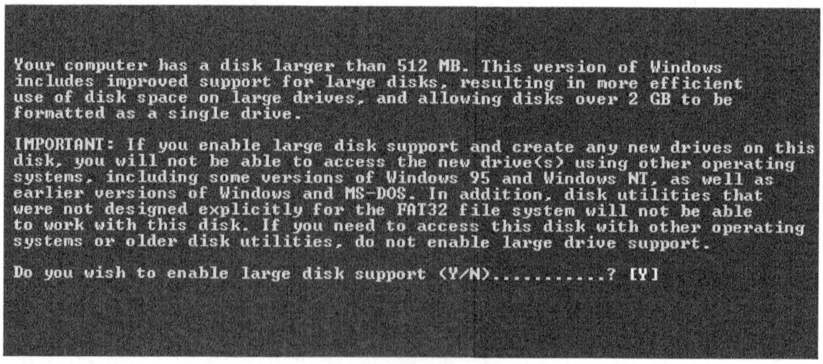

图 5-1 启动 Fdisk

出现如图 5-2 所示的主菜单。各项参数意义如下。

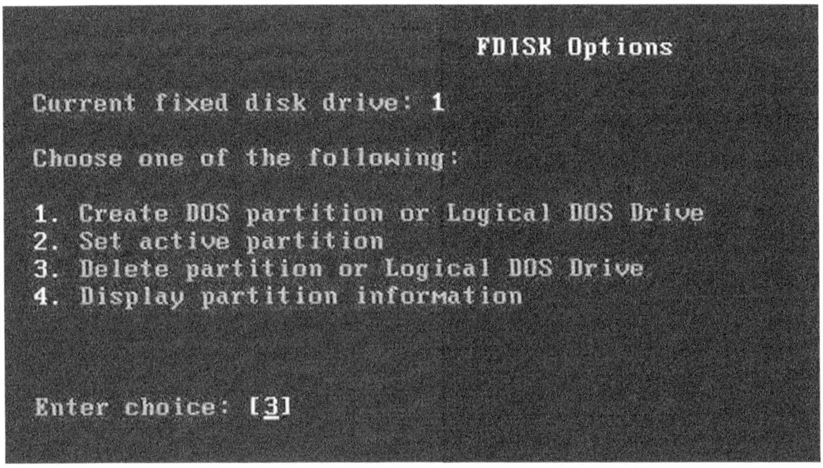

图 5-2 Fdisk 主菜单

- Create DOS partition Or Logical DOS Drive：创建主 DOS 分区；
- Set active partition：激活分区；
- Delete partition Or Logical DOS Drive：删除分区和逻辑分区；
- Display partition information：查看当前分区信息；

如果你的计算机上有两块或两块以上的硬盘，Fdisk 还会有第 5 个菜单。

- Change Current Fixed Disk Drive：改变当前硬盘。

第 5 步：进入主菜单后可以先选择“4. Display partition information”选项，查看当前分区信息，如图 5-3 所示。

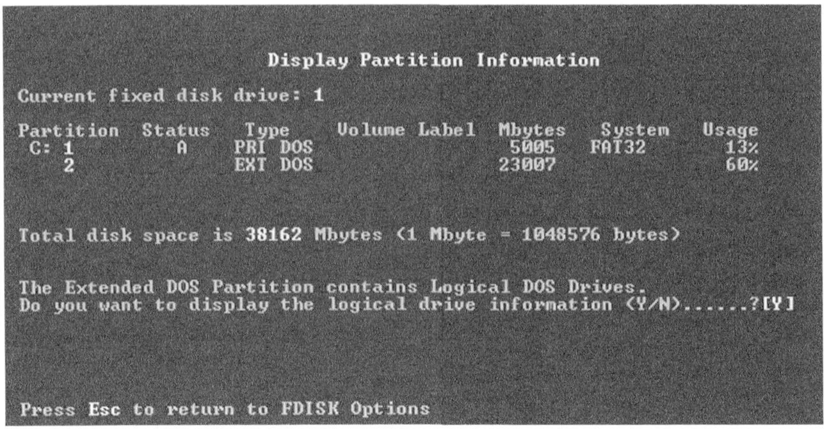

图 5-3 显示分区信息

第 6 步：创建分区。退至主菜单，选择“1. Create DOS partition Or Logical DOS Drive”选项，出现三个选项，如图 5-4 所示。

- Create Primary DOS Partition：创建主 DOS 分区。
- Create Extended DOS Partition：创建扩展 DOS 分区。
- Create Logical DOS Drive（S）in the Extended DOS Partition：在扩展分区中创建逻

辑驱动器。

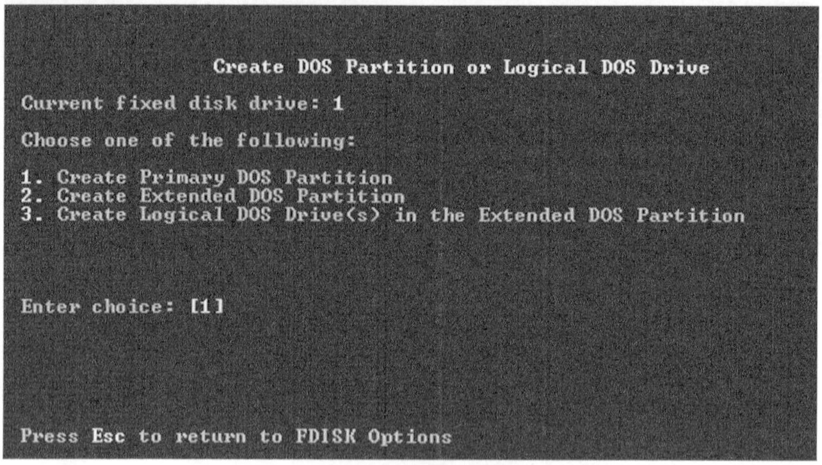

图 5-4 创建分区菜单

第 7 步：选择第 1 选项，创建主 DOS 分区，出现屏幕提示“Do You Wish to Use The Maximum Available Size for A Primary DOS Partition and Make The Partition Active（Y/N）[Y]”，如果你想创建多个分区，在此请选择 N。重新进行硬盘检测后，提示输入主分区的大小，在括号中输入要创建主 DOS 分区的大小，如图 5-5 所示。

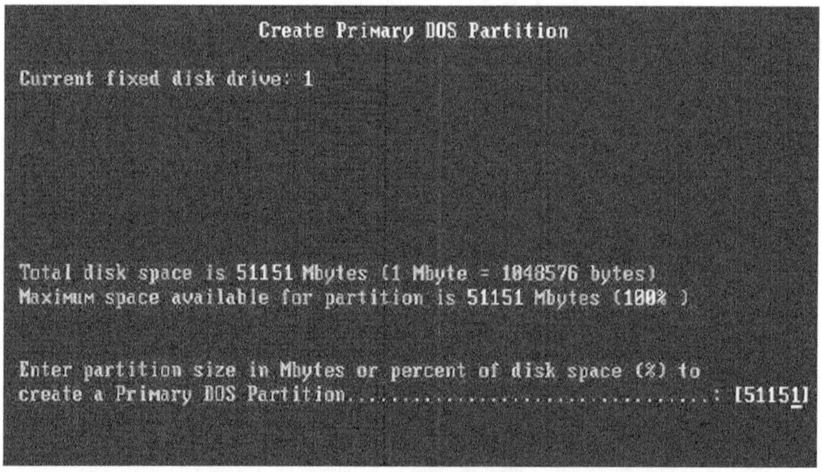

图 5-5 创建基本分区

第 8 步：返回主菜单，再次选择 1，创建分区，然后选择 2 创建扩展分区，提示输入扩展分区的大小，如果你的硬盘上只有 DOS 分区，建议你将剩余所有空间都作为扩展分区，按 ESC 键返回，程序提示没有创建逻辑驱动器，要求继续创建逻辑驱动器，请依次输入逻辑驱动器的大小，直至完成。如图 5-6、图 5-7 所示。

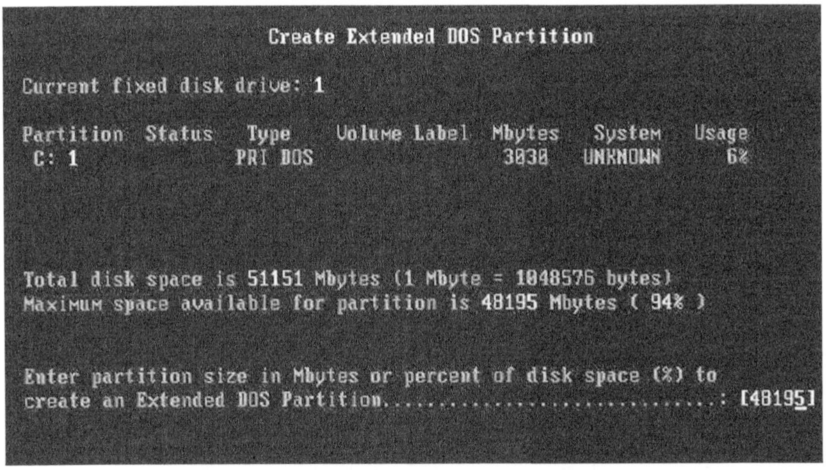

图 5-6　创建扩展分区

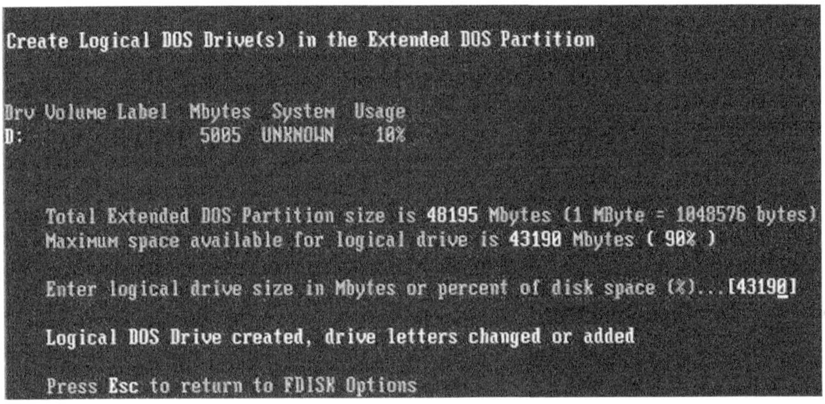

图 5-7　创建逻辑驱动器

第 9 步：删除分区。在主菜单中选择“3.Delete Partition Or Logical DOS Drive”选项，出现如图 5-8 所示的页面。

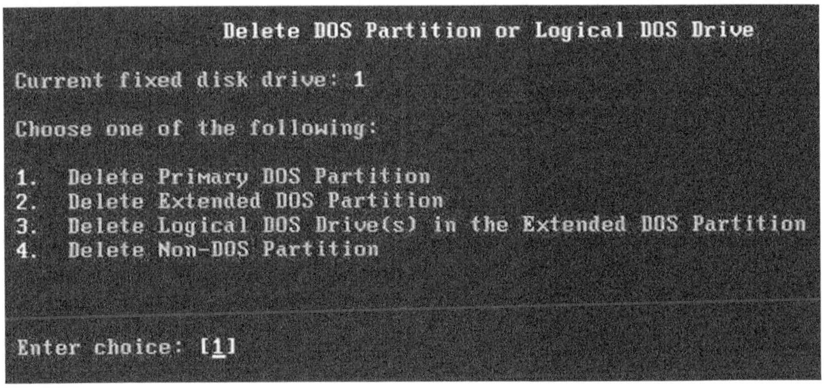

图 5-8　删除分区菜单

- Delete Primary DOS Partition：删除主 DOS 分区。
- Delete Extended DOS Partition：删除扩展 DOS 分区。
- Delete Logical DOS Drive（S）in the Extended DOS Partition：删除逻辑驱动器。
- Delete Non-DOS Partition：删除非 DOS 分区。

请按 4、3、2、1 的顺序删除，删除时屏幕出现如下警告（以删除逻辑驱动器为例），如图 5-9 所示。

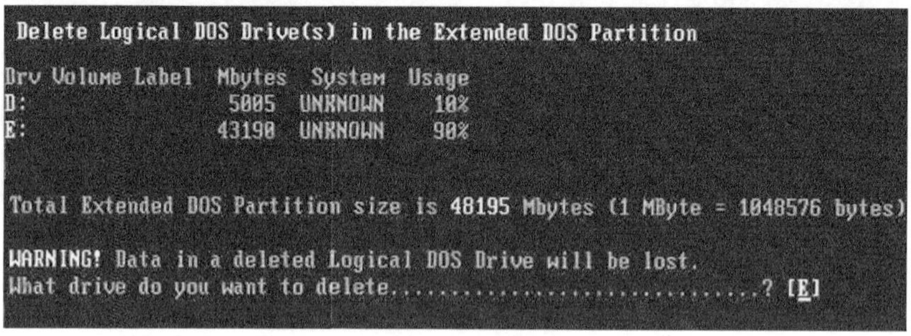

图 5-9 删除逻辑驱动器

- Warning! Data in a deleted Logical DOS Drive will be lost. What drive do you want to delete [E] ：在此处输入驱动器盘符。
- Enter Volume Label [ ]：在此处输入卷标。
- Are You Sure（Y/N）[Y]：按 Y 键确认删除。

删除后屏幕显示“d: Drive Deleted”，直至显示“all Logical Drives Deleted In The Extended DOS Partition”时，按 Esc 继续，此时屏幕显示“no Logical Drives Defined drive Letters Have Been Changed Or Deleted”，按 Esc 键继续，直至删除所有分区。如图 5-10、图 5-11 所示。

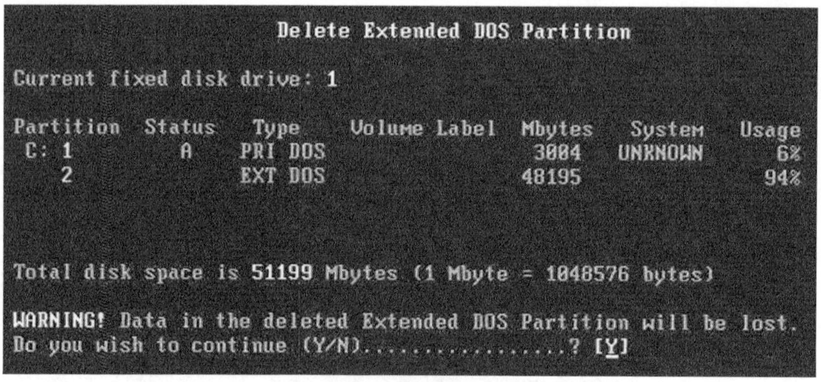

图 5-10 删除扩展分区

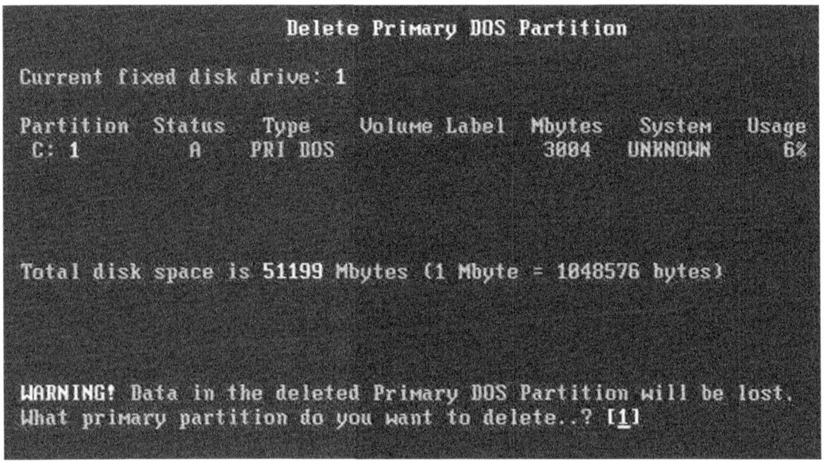

图 5-11　删除主 DOS 分区

第 10 步：激活分区。

在主菜单中选择“2.Set active partition[1]”，在括号中输入要激活的分区的序号。因为活动分区是用于引导操作系统的分区，在 FDISK 创建的分区中只有主 DOS 分区可以引导，所以建议激活主 DOS 分区，如图 5-12 所示。

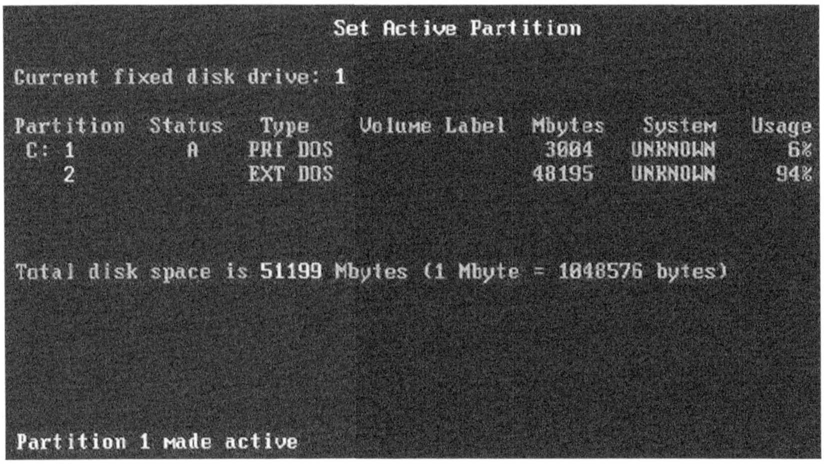

图 5-12　激活分区

第 11 步：按 Esc 键，直至退出 Fdisk，重新启动系统即完成分区。

5.2　Windows 的安装

5.2.1　概述

Windows 以其友好的用户界面、强大的功能，深受广大用户的喜爱，现在常见 Windows 版本包括 Windows 98、Windows ME、Windows 2000、Windows XP、Windows Vista 等，其中 Windows XP 是基于 NT 内核的操作系统，保持了系统的稳定性，同时也提高了系统的易用性，因此广泛用于办公、家庭等环境。这里就以 Windows XP 为例介绍 Windows 的安装过程。

Windows XP 的安装方式有升级安装、双系统共存安装和全新安装三种。Windows XP 在升级安装上做得十分出色，我们可在以前的 Windows 95/98 SE/ Me / NT/2000 这些操作系统的基础上顺利升级到 Windows XP。Windows XP 的核心代码是基于 Windows 2000 的，所以从 Windows NT/2000 上进行升级安装自然十分容易。

Windows XP 的安装主要包括收集信息、动态更新、准备安装、安装 Windows、完成安装五个步骤。

这里就以全新安装方式为例介绍 Windows 的安装过程。

5.2.2 收集信息及动态更新

第 1 步：在 Windows 98 或 2000 状态下放入 Windows XP 自动运行的安装光盘，询问是否安装 Windows XP，用鼠标选择“安装 Microsoft Windows XP”选项，如图 5-13 所示。

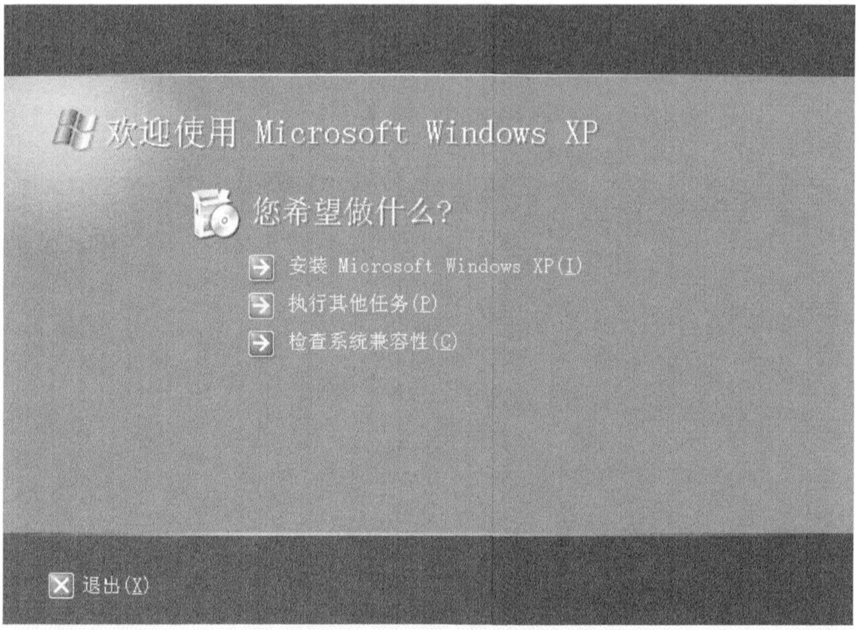

图 5-13 Windows XP 安装程序（1）

第 2 步：在“安装类型”下拉列表框中可以选择“升级（推荐）”和“全新安装（高级）”等选项。当语言版本不一致时，不能用“升级”选项，只能选择“全新安装（高级）”选项。新安装不存在系统兼容性问题，如图 5-14 所示，单击“下一步”按钮。

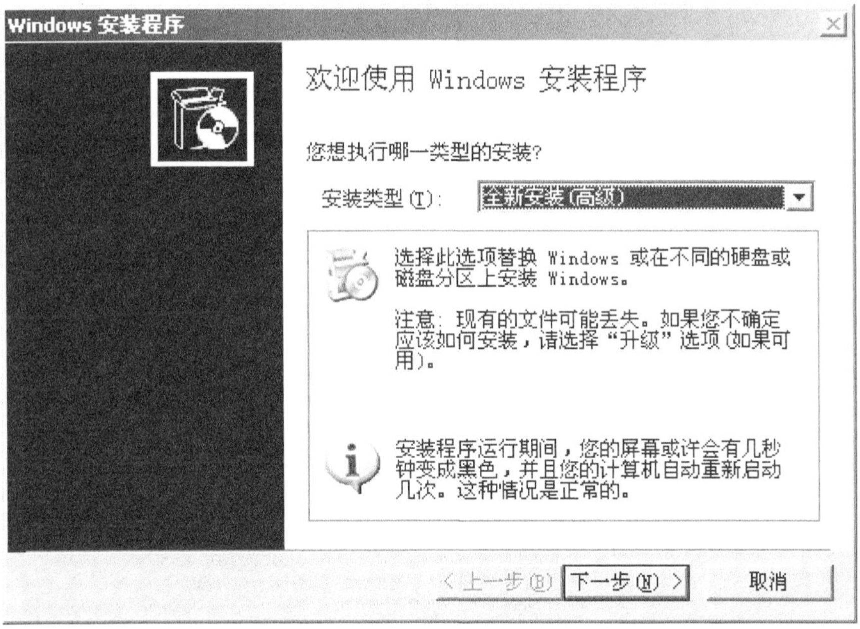

图 5-14　Windows XP 安装程序（2）

第 3 步：单击“我接受这个协议”单选按钮，如图 5-15 所示。单击“下一步”按钮。

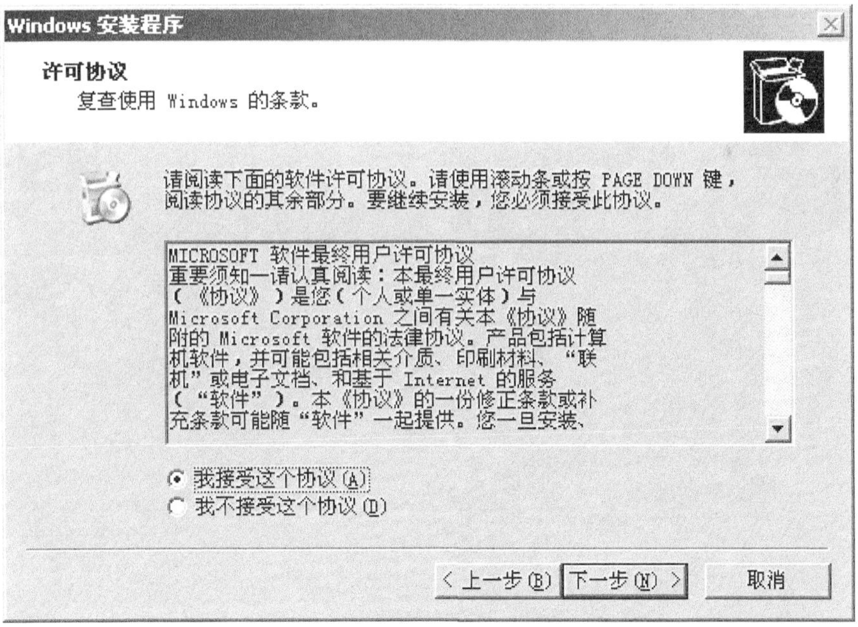

图 5-15　Windows XP 安装程序（3）

第 4 步：输入产品密钥，如图 5-16 所示。单击“下一步”按钮。

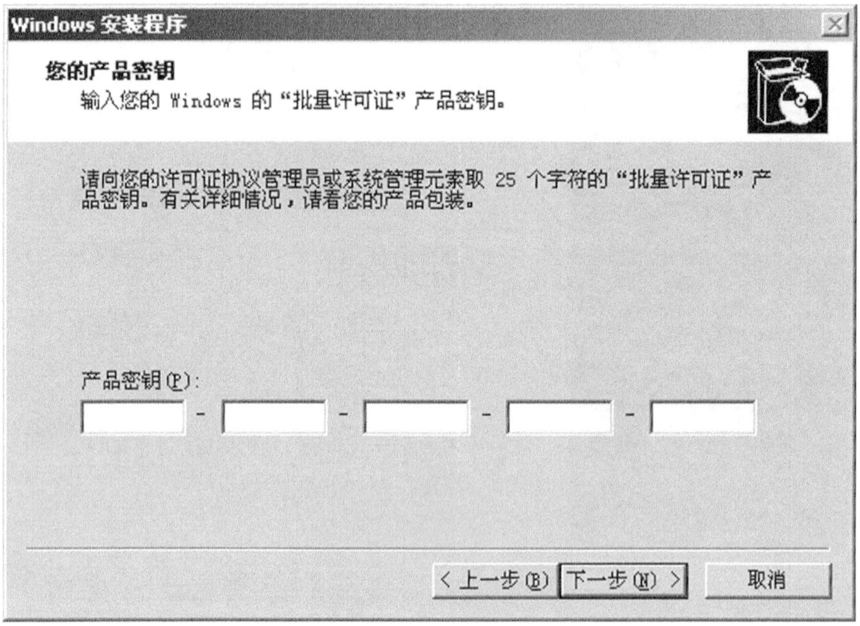

图 5-16　Windows XP 安装程序（4）

第 5 步：在“请选择你要使用的主要语言和区域”中选择“中文（中国）”选项，如图 5-17 所示。

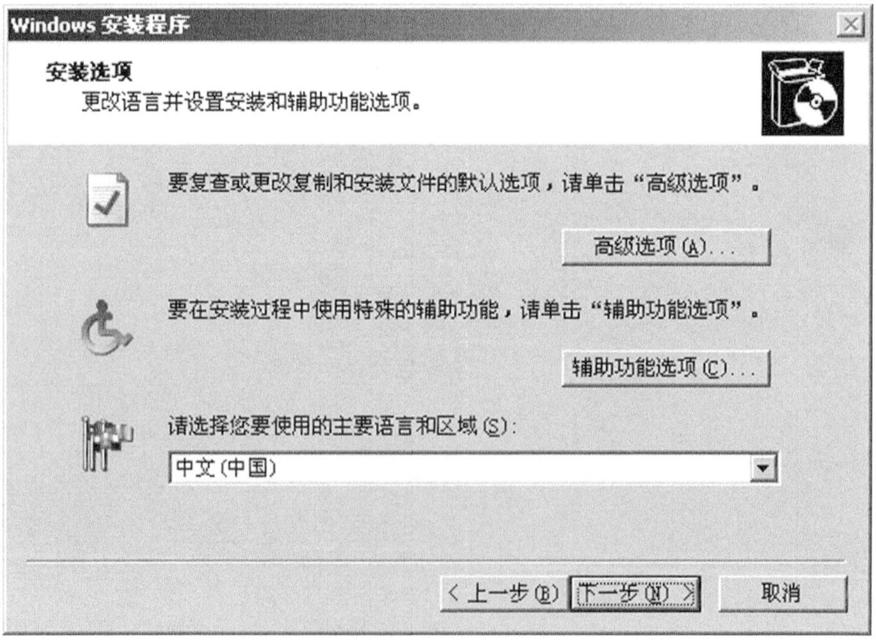

图 5-17　Windows XP 安装程序（5）

第 6 步：单击图 5-17 中的“高级选项”按钮。打开“高级选项”对话框，如图 5-18 所示。“从此文件夹复制安装文件”文本框中是安装的源目录，“到硬盘的这一文件夹”是安装的目标目录，注意目标目录没有带驱动器号。如果想自己选安装在哪个驱动器号上，勾选下面的“我想在安装过程中选择安装驱动器号和磁盘分区”复选框。

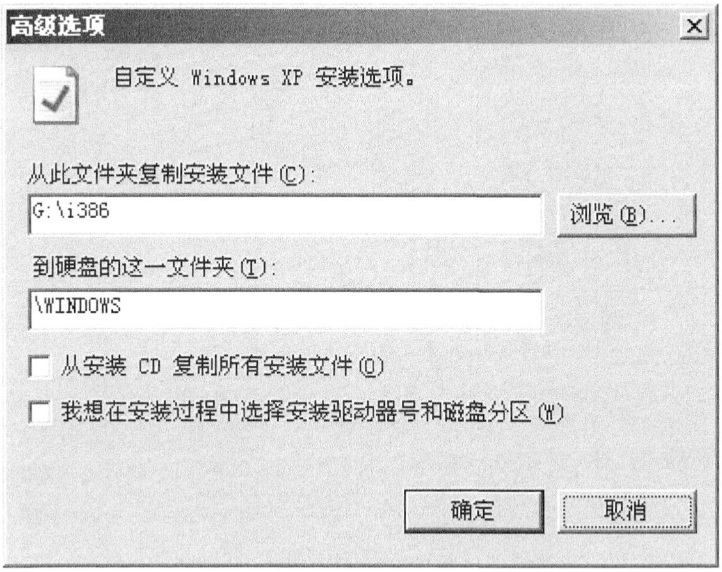

图 5-18　Windows XP 安装程序（6）

“从安装 CD 复制所有安装文件”复选框是把安装盘上的文件拷贝到硬盘上（多拷贝一次）。用光盘安装时它一般不会把安装源文件整个拷贝到硬盘，而是在安装时建立拷贝的文件列表，按列表拷贝。

第 7 步：单击图 5-17 中的“辅助功能选项”按钮，打开“辅助功能选项”对话框，如图 5-19 所示。辅助选项是为残疾人专用的。如果选中“安装时使用放大镜”复选框，在安装过程中字体会显示得很大。

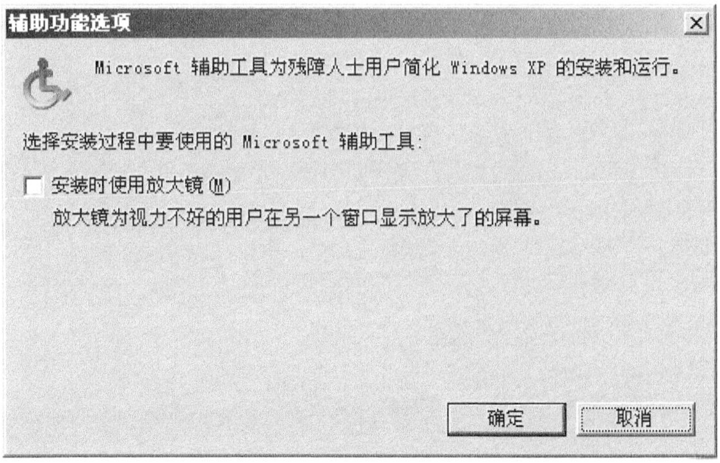

图 5-19　Windows XP 安装程序（7）

第 8 步：在图 5-17 中单击“下一步”按钮。如果你的计算机采用的不是 NTFS 的分区，系统会提示升级到 NTFS，根据具体情况而定。如图 5-20 所示。

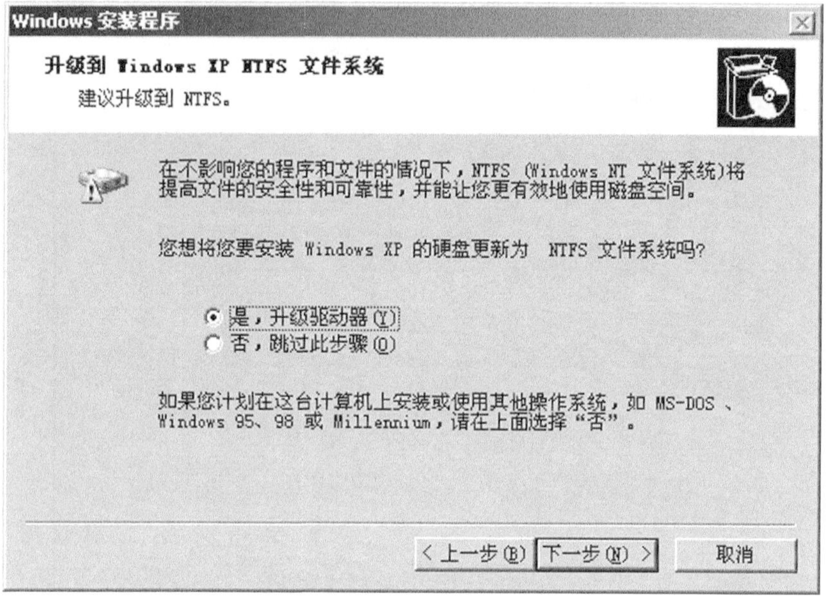

图 5-20 Windows XP 安装程序（8）

第 9 步：获得更新的安装文件。动态更新可以从 Windows Update 网站上获取最新的安装程序文件，如果你没有连接上 Internet，请单击“否，跳过此步骤”单选按钮。

5.2.3 准备安装

第 10 步：在图 5-20 中，单击“下一步”按钮。进入图 5-21 所示界面，这步的主要任务是复制安装文件，需要耐心等待一会。当系统提示重新启动计算机时，重新启动计算机。

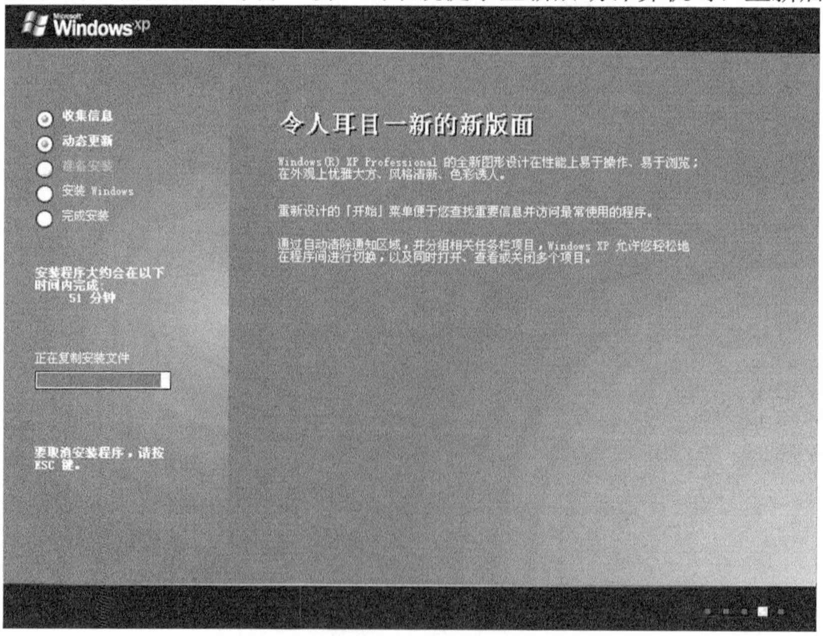

图 5-21 Windows XP 安装程序（9）

5.2.4　安装 Windows

第 11 步：重启后如图 5-22 所示。直接按 Enter 键，即开始安装 Windows XP。

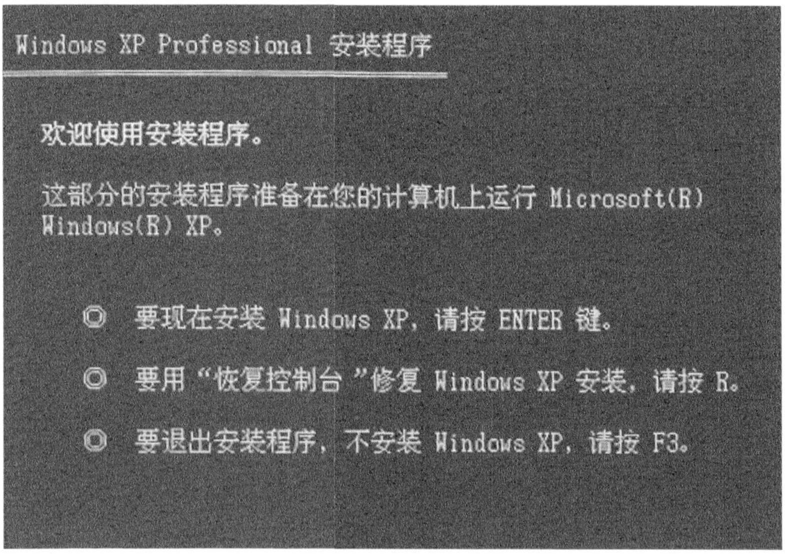

图 5-22　Windows XP 安装程序（10）

当安装有问题或启动引导程序出毛病时用，比如装了 XP 后又装 98，XP 不能启动，就要用修复安装了。要用“恢复控制台”修复 Windows XP 安装，请按 R 键；要退出安装程序，不安装 Windows XP，请按 F3 键。

第 12 步：选择要在哪个分区上安装 Windows XP，如图 5-23 所示。

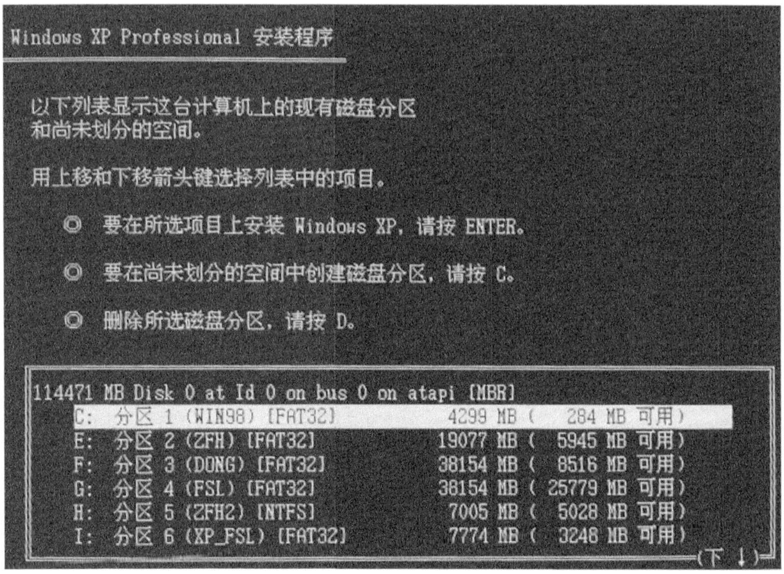

图 5-23　Windows XP 安装程序（11）

第 13 步：用何种文件系统来格式化磁盘，如图 5-24 所示。

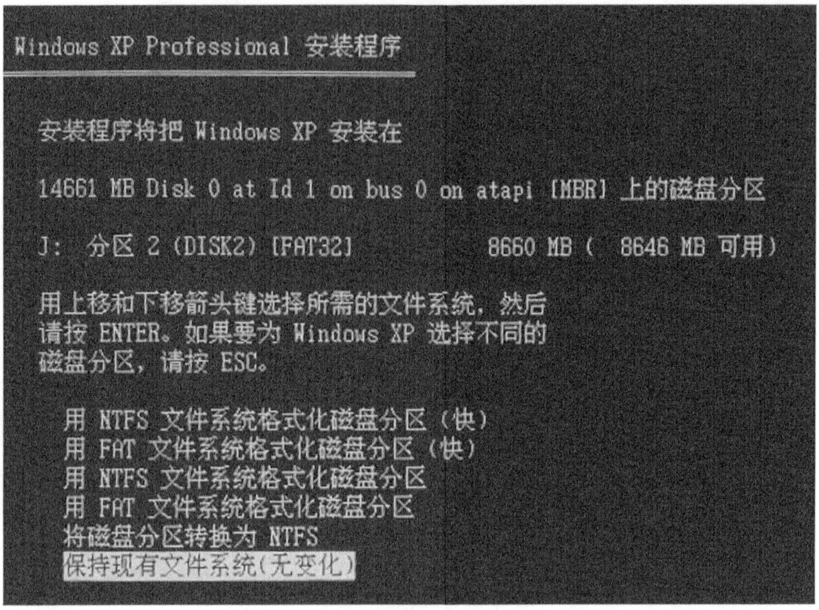

图 5-24 Windows XP 安装程序（12）

第 14 步：进入安装，正在复制文件，显示复制文件的进度，如图 5-25 所示。

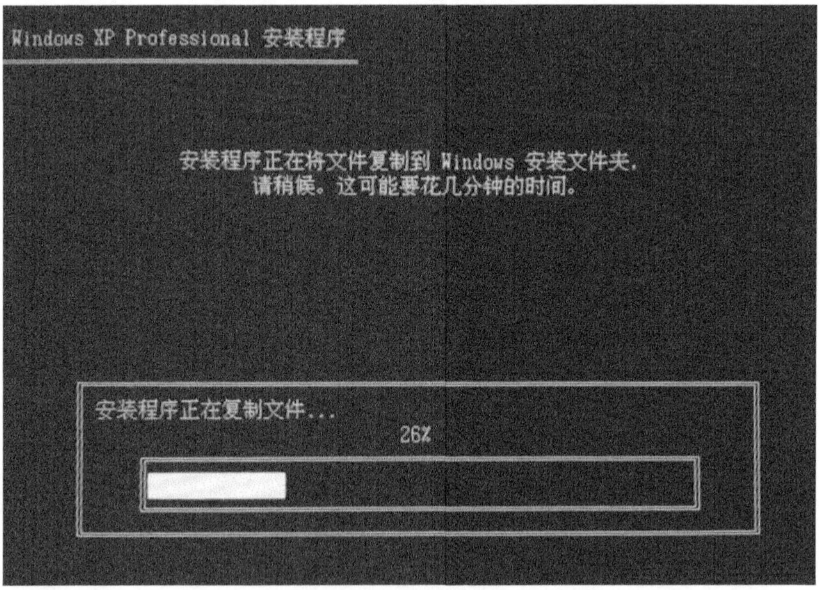

图 5-25 Windows XP 安装程序（13）

第 15 步：安装向导的安装过程会持续很长时间，可以通过安装程序中的说明来了解一下 Windows XP 的新特性，如图 5-26 所示。

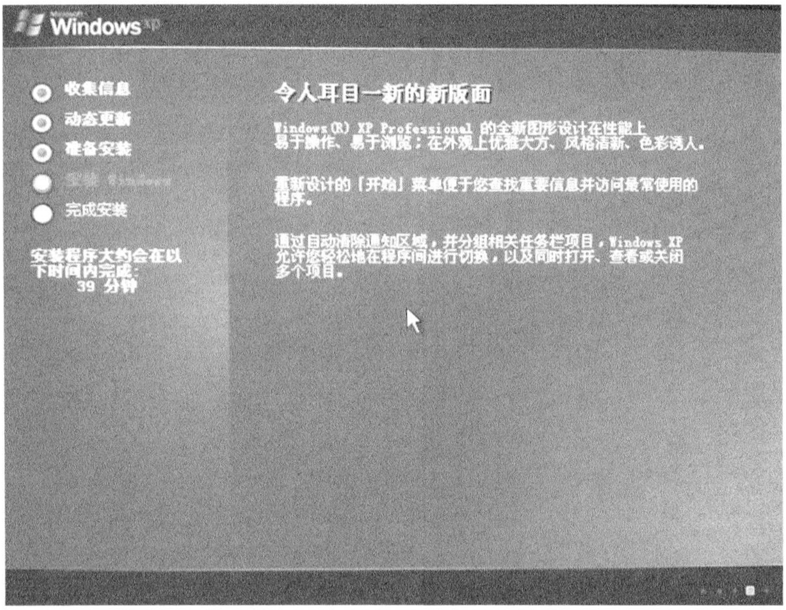

图 5-26　Windows XP 安装程序（14）

第 16 步：选择“区域和语言”选项。在安装英文版 XP 又想让它支持中文时，这个画面的选项比较重要。如果你不做特殊设定，可以单击“下一步”按钮继续，如图 5-27 所示。

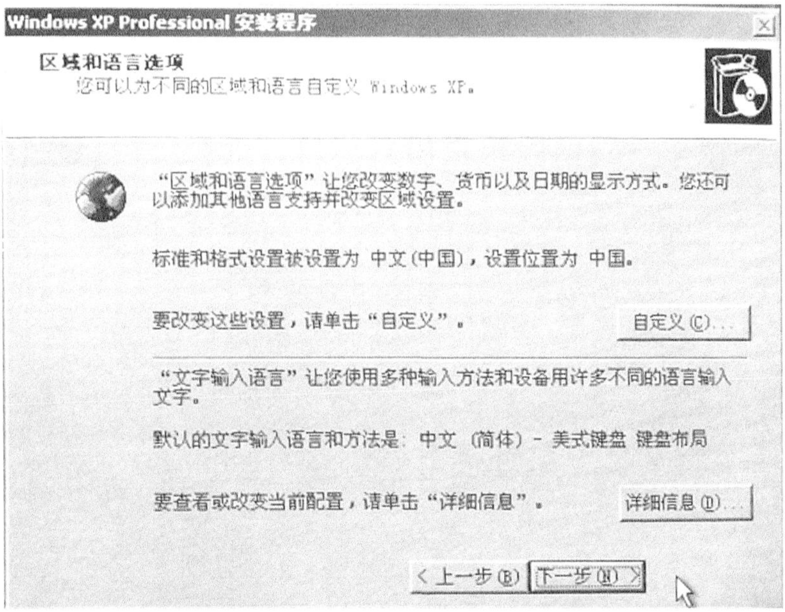

图 5-27　Windows XP 安装程序（15）

第 17 步：输入您的姓名以及公司或单位的名称，注册时用。以后在右键单击“我的电脑”并选择“属性”选项时可以看到这些信息。单击“下一步”按钮，如图 5-28 所示。

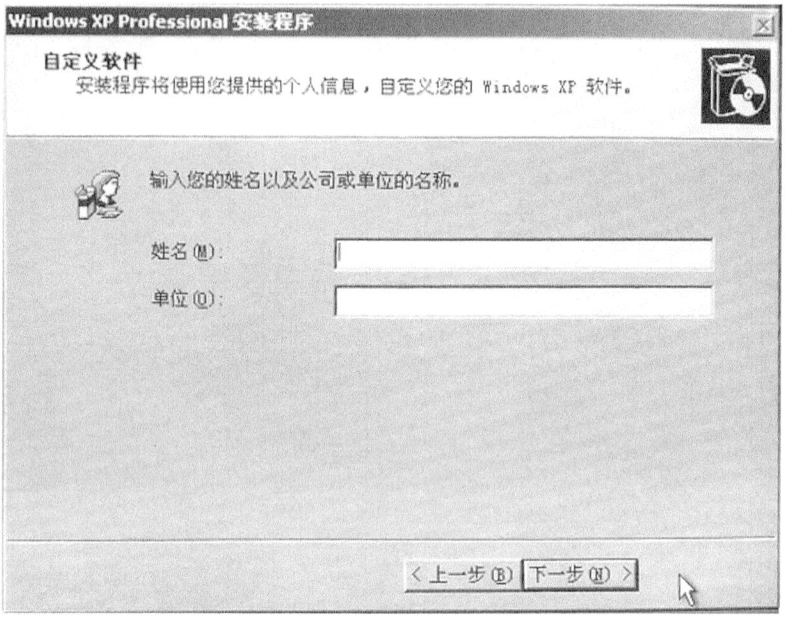

图 5-28　Windows XP 安装程序（16）

第 18 步：出现“计算机名和系统管理员密码”对话框，在此输入计算机名，联网时尤其是局域网，用于在网络上标识计算机和系统管理员密码。XP 正常启动时不使用管理员登录，只在“安全模式”时才出现，如图 5-29 所示。单击“下一步”按钮。

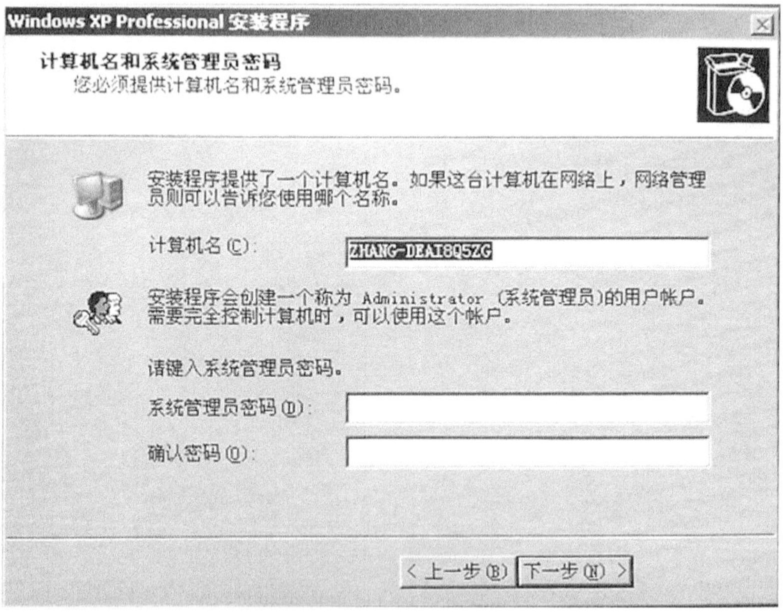

图 5-29　Windows XP 安装程序（17）

第 19 步：“日期和时间”的设置，下面的下拉选框是选时区，在中国应该选“（GMT +08：00）北京，重庆，香港特别行政区，乌鲁木齐”，如图 5-30 所示。

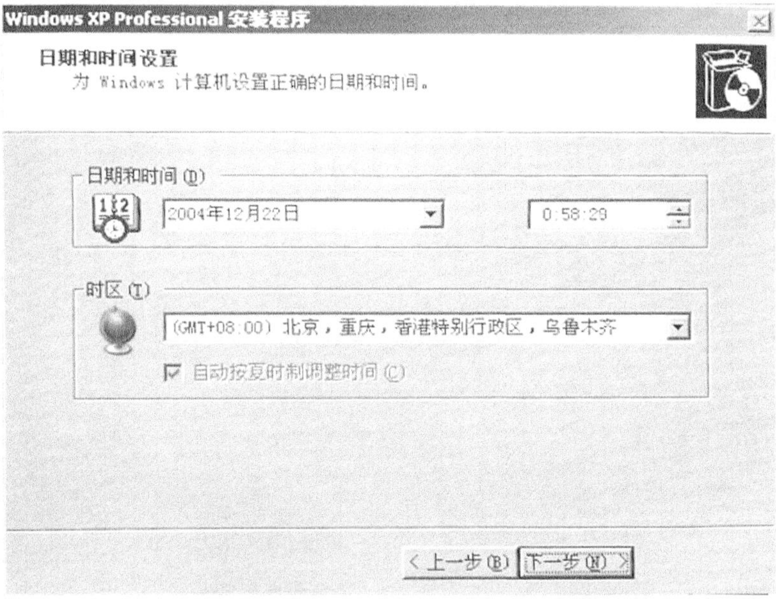

图 5-30　Windows XP 安装程序（18）

第 20 步：网络设置，一般选“典型设置”。如果需要其他协议如 IPX、NetBEUI 等，则单击下面的“自定义”按钮，如图 5-31 所示。也可以以后在网络属性里设置。

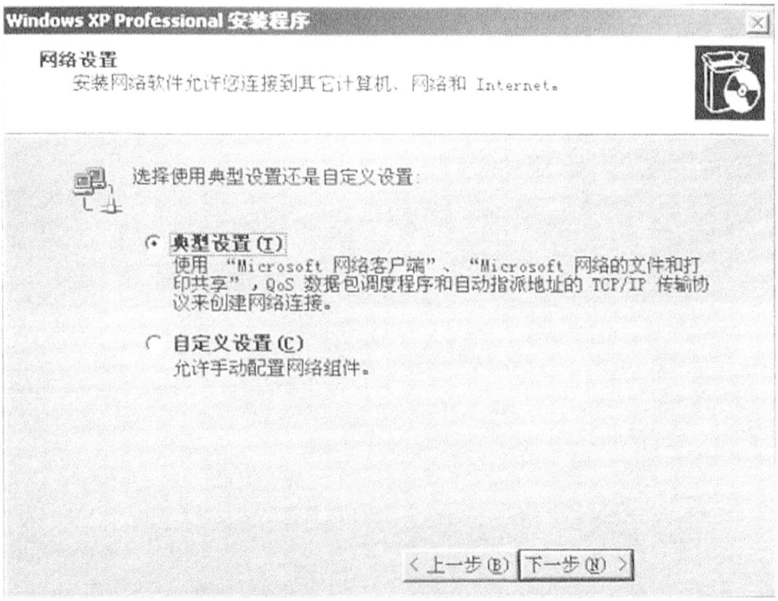

图 5-31　Windows XP 安装程序（19）

第 21 步：“工作组或域”设置，在局域网中使用。如果局域网是有“域”的，可以在这里设置“域”名。一般选“工作组”，如图 5-32 所示。如果有必要，可以在安装完毕后，在“我的电脑”→ “属性”→“计算机名”→“网络 ID”里修改。

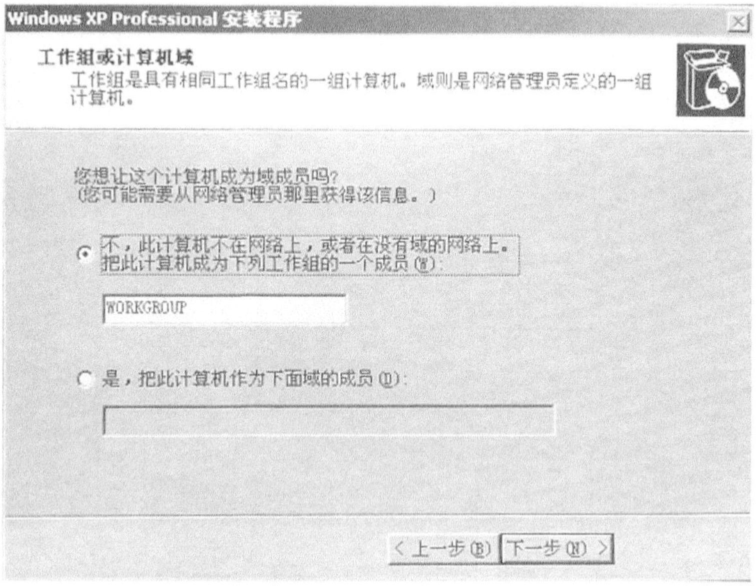

图 5-32　Windows XP 安装程序（20）

第 22 步：安装程序会继续安装所选定的安装组件、帮助文件等，以及安装“开始”菜单项目、注册组件、保存设置、删除用过的临时文件。以上操作不需要我们的干预，系统会自动完成。重新启动后，即可进入 Windows XP。

5.2.5　完成安装

第 23 步：系统重启后，首先自动进行显示设置的调整，然后开始 XP 的设置。

第 24 步：Internet 连接选项。选择以何种方式连入 Internet，如果你现在还没有连入 Internet，请单击“跳过”按钮，如图 5-33 所示。

图 5-33　Windows XP 安装程序（21）

第 25 步：注册。一般选“否，现在不注册”选项，如图 5-34 所示。

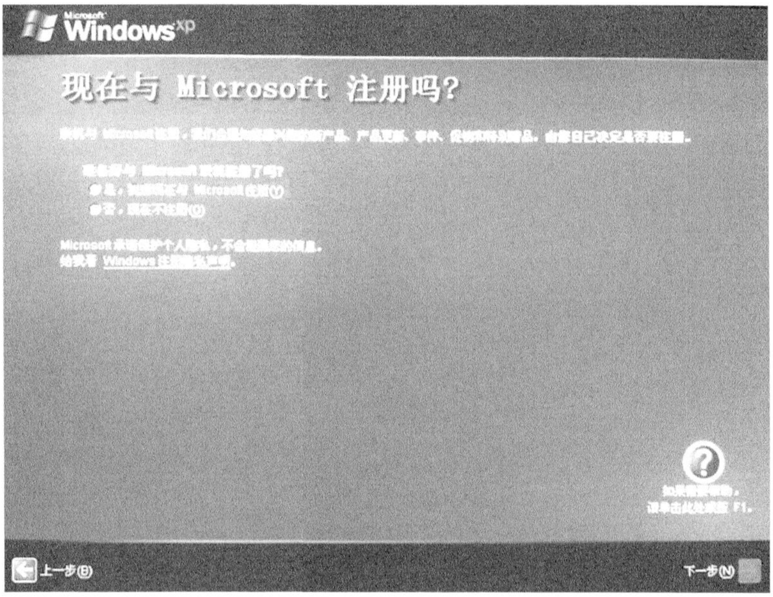

图 5-34 Windows XP 安装程序（22）

第 26 步：输入使用这台计算机的用户名，这将出现在登录时的列表中。也可以在系统安装完毕后，在“控制面板”的“用户帐户”里添加。这里输入的用户名都有系统管理员的权限，而且没有密码，还需在“用户帐户”里创建密码和更改权限。至少应输入一个。建议只输入一个，以后再添加，如图 5-35 所示。

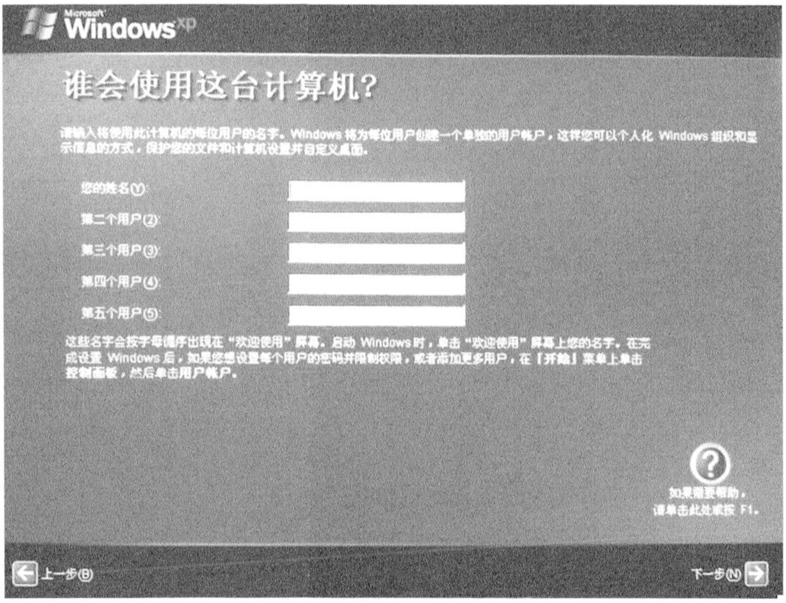

图 5-35 Windows XP 安装程序（23）

第 27 步：Windows XP 初始界面，如图 5-36 所示。

图 5-36　Windows XP 安装程序（24）

5.3　Windows 系统硬件环境配置

5.3.1　Windows 设备管理综述

“设备管理器”用以提供计算机中所安装硬件的图形显示，如图 5-37 所示。可以使用设备管理器来更新硬件设备的驱动程序（或软件）、修改硬件设置和解答疑难问题。

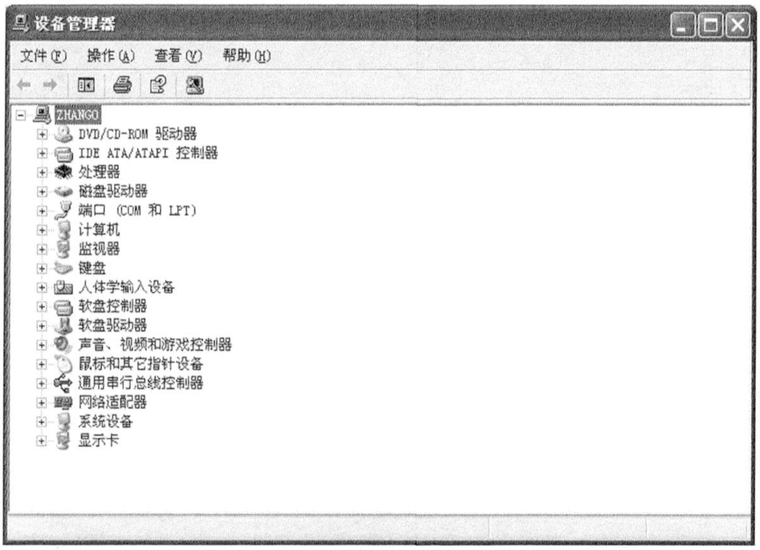

图 5-37　设备管理器

启动“设备管理器”。首先打开“控制面板”，双击“系统”选项，在“系统属性”中选择“硬件”选项，再单击“设备管理器”按钮，就可弹出“设备管理器”窗口。

在“设备管理器”中可以完成以下工作：

- 确定计算机中的硬件是否正常工作；
- 更改硬件配置设置；
- 获取每个设备驱动程序的有关信息；
- 更改设备的高级设置和属性；
- 安装更新的设备驱动程序；
- 禁用、启用和卸载设备；
- 返回到驱动程序的前一版本；
- 打印计算机中所安装设备的摘要。

通常，设备管理器用来检查硬件的状态并更新计算机上的设备驱动程序。对计算机硬件有深入了解的用户也常使用“设备管理器”的诊断功能来解决设备冲突并更改资源设置。

不正确地更改资源设置可能会禁用硬件，并使计算机出现故障或无法运行。

一般情况下，不需要使用“设备管理器”来更改资源设置，因为资源是在硬件安装期间由系统自动分配的。

5.3.2　安装设备

按照安装的难易，可将设备大概分为两组：即插即用和非即插即用。大多数在 1995 年以后生产的设备都是即插即用的。即插即用设备是应该能够连接到计算机上就立即可以使用，且无需手动配置的设备。

无论是即插即用还是非即插即用，当安装一个新设备时通常包括三个步骤：

- 连接到计算机上。
- 装载适当的设备驱动程序。如果你的设备支持即插即用，该步骤可能没有必要。
- 配置设备的属性和设置。如果你的设备支持即插即用，该步骤可能没有必要。

不论是即插即用设备还是非即插即用设备，都应该遵循设备制造商的安装说明以确保设备工作正常。可能需要关闭计算机并将计算机从其他设备中拔出，然后将设备连接到合适的端口或将设备插入合适的插槽中。

如果设备不自动工作，那么该设备是非即插即用的，或者是像硬盘那样需要启动的设备。重新启动计算机后，Windows 将尝试检测新设备。

如果 Windows 未成功找到新硬件，则必须使用“控制面板”中的“添加硬件向导”以告诉 Windows 正在安装的设备类型。“添加硬件向导”可能要求插入随设备一起提供的媒体（例如光盘或软盘）。“添加硬件向导”主要用于安装非即插即用设备。

当 Windows 检测到设备后，或使用“添加硬件向导”指明了设备后，Windows 将尝试查找并安装该设备的正确的设备驱动程序。

首先，Windows 在计算机硬盘以及设备制造商的软盘或光盘（如果已将其插入到磁盘驱动器中）上查找驱动程序。如果在其中一个地方找到驱动程序，则 Windows 会进行安装。

如果 Windows 没有找到驱动程序，且计算机已连接到 Internet 上，则 Windows 将在

Microsoft 网站上搜索一个驱动程序。如果在 Windows 更新站点上找到驱动程序，则 Windows 会将其复制并安装到计算机上。如果计算机没有连接到 Internet 上，则 Windows 会显示一条消息，提醒你连接到 Internet 上。

1. 安装即插即用设备

大多数 1995 年以后生产的设备都是即插即用的。这意味着用户能够将某个设备连接到计算机并立刻使用它，而无需配置该设备或安装其他软件。如果使用较旧的设备，或者没有出现以下过程，则该设备可能是非即插即用的。

- 按照设备厂商的说明，将设备连接到计算机上的相应端口或插槽中。
- Windows 可能提示重新启动计算机，或设备制造商的说明要求重新启动计算机。

2. 安装非即插即用设备

必须以管理员或 Administrators 组成员身份登录才能完成该过程。如果计算机与网络连接，则网络策略设置也可能会阻止你完成此步骤。

将非即插即用设备连接到计算机上。

在“开始”→“设置”→“控制面板”中选择“添加硬件”，并双击运行，系统启动“添加硬件向导”。

在“添加硬件向导”中，单击“下一步”按钮。

单击“添加新硬件设备”，然后单击“下一步”按钮。 可以执行以下任一操作：

- 如果你希望 Windows 尝试检测要安装的新非即插即用设备，请单击“自动搜索并安装新硬件（推荐）”。
- 如果你知道要安装的硬件的类型和型号，并想从设备列表中选择该设备，请单击“从列表中手动选择安装硬件（高级）”。
- 单击“下一步”按钮，然后按屏幕提示操作。

3. 配置设备设置

在安装即插即用设备时，Windows 自动配置该设备，这样该设备就能和计算机上安装的其他设备一起正常工作。作为配置过程的一部分，Windows 将唯一的一组系统资源分配给安装的设备。这些资源可以是下面的一个或多个资源：

- 中断请求（IRQ）号。
- 直接内存访问（DMA）通道。
- 输入/输出（I/O）端口地址。
- 内存地址范围。

分配给该设备的每个资源都必须是唯一的，否则设备将无法正常工作。对于即插即用设备，Windows 自动保证这些资源的正确配置。

有时候，两个设备需要相同的资源，从而导致设备冲突。如果发生这种情况，可以手动更改资源设置以保证每个设置都是唯一的。但是有些资源，例如，取决于驱动程序和计算机，PCI 设备上的中断可以共享。

在安装非即插即用设备时，该设备的资源设置不是自动配置的。取决于所安装设备的类型，可能需手动配置这些设置。设备附带的手册中应该提供如何进行配置操作的指导。

通常，不应该手动更改资源设置。因为这样做以后，设置将固定不变，这会减少 Windows 在为其他设备分配资源时的灵活性。如果有很多资源都变成固定的，Windows 可能无法安装新的即插即用设备。

5.3.3 Windows 设备驱动程序的安装

在前面的章节中已经为大家介绍了 PC 机的硬件安装过程，在本章中也介绍了 Windows 的安装，但在这些情况下，计算机还不能正常的工作。为了让计算机各部件都能达到较高的性能，则必须为这些部件安装相应的驱动程序，这些驱动程序包括主板驱动、显示卡驱动、声卡驱动、网卡驱动等，下面为大家介绍这些驱动程序的安装过程。

1. 主板驱动程序的安装

所谓主板驱动程序，是指主板芯片组的补丁程序。由于主板芯片组的多样性，以及操作系统的迅速发展，在有些情况下，主板芯片组对操作系统的支持并不是很好，另外也为了使芯片组能发挥出强大的性能，芯片组厂家往往要为部分芯片组开发相应的补丁程序，来弥补芯片组与操作系统的之间的兼容问题。

不过不是所有的芯片组都需要安装补丁程序。Intel 早期生产的芯片组，如 440BX、440LX、440ZX 等，由于 Windows 98/2000/XP 中已经自带了这些主板芯片组的驱动程序，因此这些芯片组是不需要安装补丁程序的。Intel 生产的 I810、I850、I815、I845、I865、I848 等芯片组，以及 VIA、SIS、ALI 生产的系列芯片在 Windows 98/2000/XP 下则必须安装补丁程序，否则计算机系统不能正常工作。

主板驱动程序的安装是比较简单的，执行驱动程序中的 setup.exe，按照提示进行就可以了。如图 5-38、图 5-39 所示。

图 5-38　主板驱动安装（1）

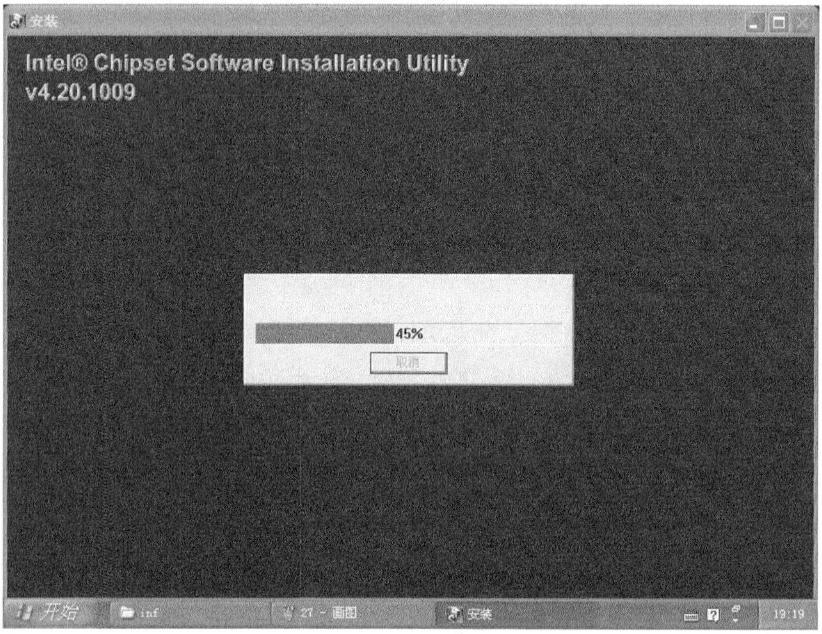

图 5-39　主板驱动安装（2）

2. 显示卡驱动程序的安装

生产显示卡的厂商非常多，显示卡市场的竞争也异常激烈，新的产品也在不断推出，Windows 系统不可能提供这么多的显示卡驱动程序，因此往往需要用户手动来添加显卡的驱动程序。

安装显示卡驱动程序的方法有两种。

第一种方法：采用手动的方式添加驱程程序，如果操作系统为 Windows 98，操作过程如下。

打开“控制面板”，双击“显示”图标，系统弹出“显示属性”窗口，如图 5-40 所示，在“设置”选项卡中单击“高级”按钮，系统会弹出新的窗口。在新窗口中选择“适配器”选项卡，单击“更改”按钮，弹出“升级驱动程序向导”窗口。

图 5-40　Windows 98 显示属性

按照系统提示进行，在下图情况下，单击“浏览”按钮，指定厂商提供的驱动程序的位置，再单击“下一步”按钮，如图 5-41 所示。

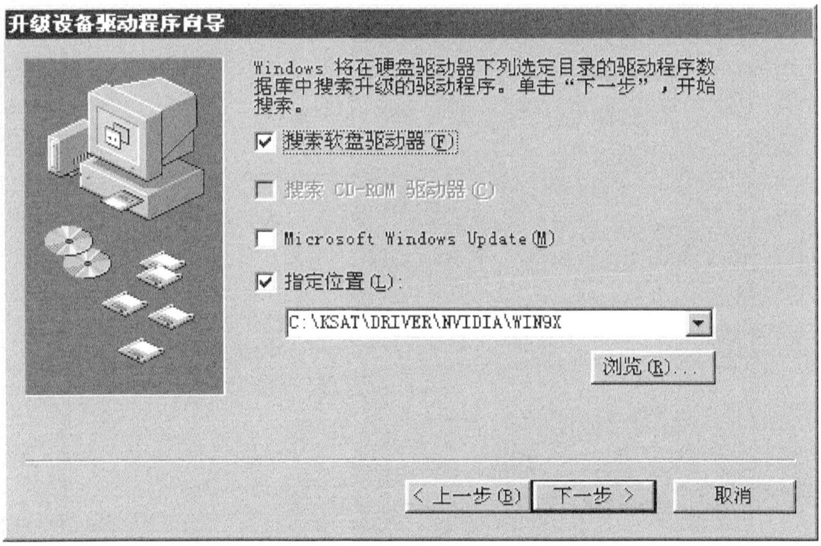

图 5-41　升级驱动程序向导

重新启动计算机后，显示卡驱动程序安装完成。

如果操作系统为 Windows 2000/XP，安装过程如下：

启动设备管理器，如图 5-42，找到“视频控制器”，并双击视频控制器，弹出视频控制器属性窗口，单击“重新安装驱动程序”，系统弹出“硬件更新向导”，如果了解显卡驱动程序的位置，请选择“从列表或指定位置安装”，并点击“下一步”按钮，如图 5-43 所示。

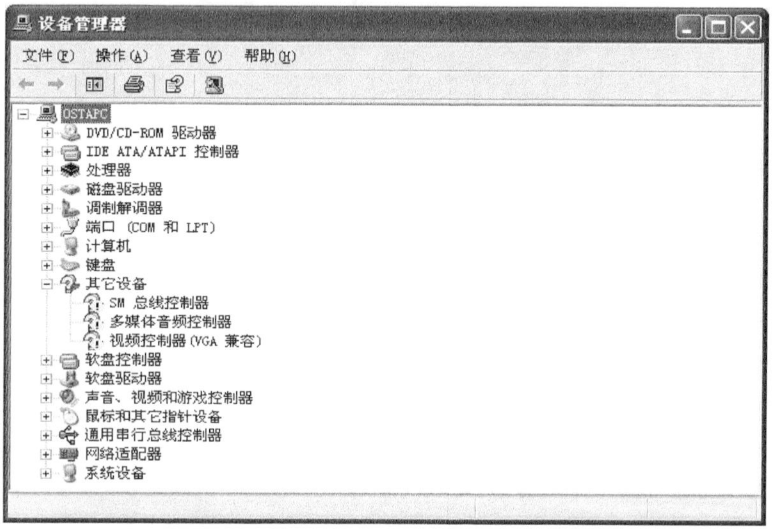

图 5-42 设备管理器

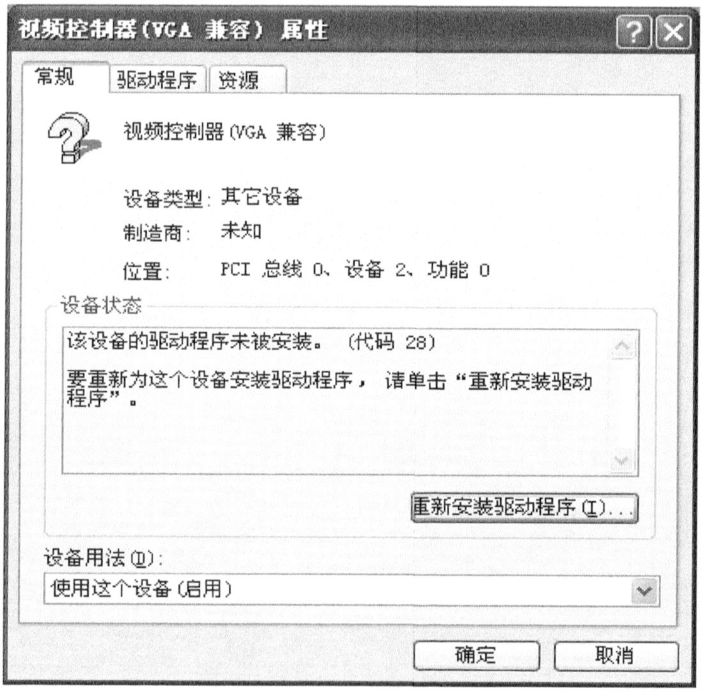

图 5-43 视频控制器属性

选中“在搜索中包括这个位置”复选框，单击“浏览”按钮，指定厂商提供的驱动程序的位置，再单击“下一步”按钮，如图 5-44 所示。

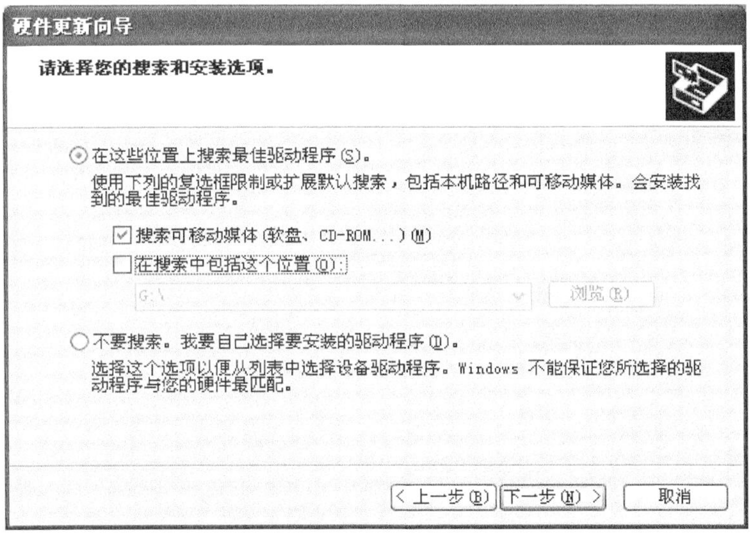

图 5-44　硬件更新向导

当系统提示安装成功后，单击“完成”按钮，重新启动计算机后，显卡驱动安装完成，如图 5-45 所示。

图 5-45　完成驱动安装

部分显卡厂家在提供的驱动程序中含有 setup.exe 程序，直接运行该程序就可以安装显卡驱动程序了，这里就不再做详细说明了。

3. 声卡驱动程序的安装

声卡的驱动程序安装方式也很多，这里向大家介绍一种比较通用的方法，利用“设备管理器”来添加驱动程序。在没有为声卡安装驱动程序的情况下，在“设备管理器”中的“其他设备”中会存在一项或几项设备，如图 5-46 所示。

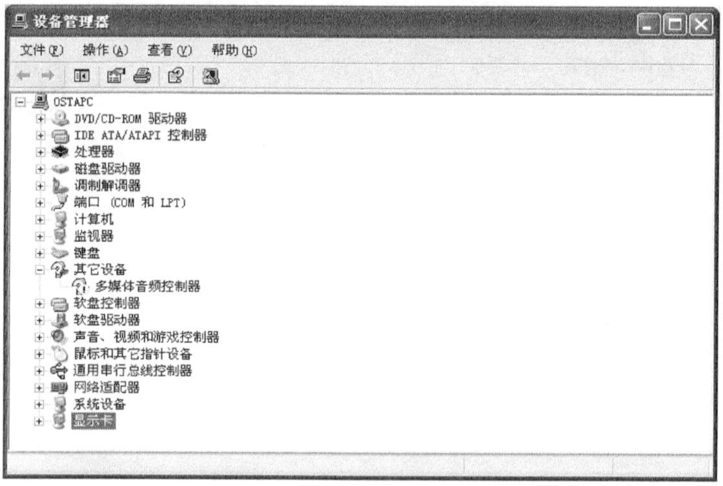

图 5-46　多媒体音频控制器

双击该设备，出现“多媒体音频控制器属性”窗口，单击“重新安装驱动程序”按钮，弹出“硬件更新向导”窗口，按照提示操作，这个过程与上面安装显示卡的过程相同，单击“完成”按钮后，声卡驱动安装成功。部分声卡的厂商所提供的驱动程序中有 setup.exe，采用自动安装的方式运行，可以很轻松地安装好声卡驱动，这里就不再详细介绍了。

4. 调制解调器驱动程序的安装

如果用户采用的是内置 PCI 调制解调器，则安装方法与显卡、声卡驱动的安装方法相同，不过相应的设备应为“PCI 简易通讯控制器”，这里就不再详细介绍了。在驱动程序安装完成后，会在“调制解调器属性”窗口中出现相应的调制解调器，如图 5-47 所示。

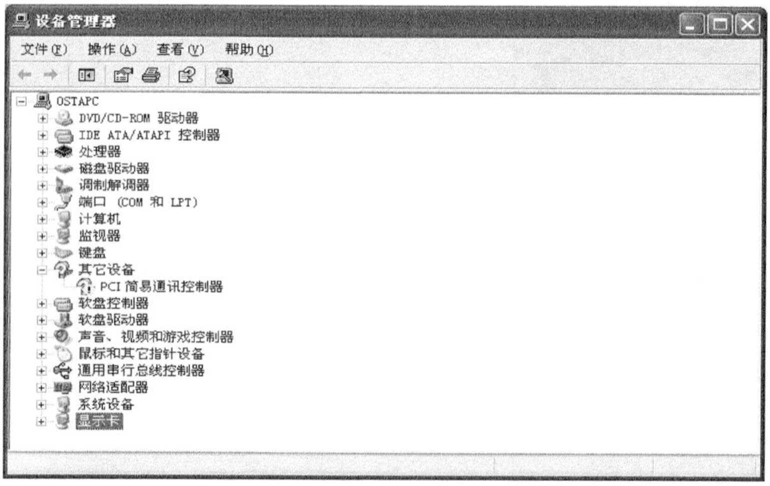

图 5-47　PCI 简易通讯控制器

一部分外置的调制解调器也支持即插即用功能，当连接上新的 MODEM，打开电源，并启动计算机后，计算机会发现新的设备，并为其安装驱动程序，根据系统提示为该设备安装驱动程序就可以了，如图 5-48、图 5-49 所示。

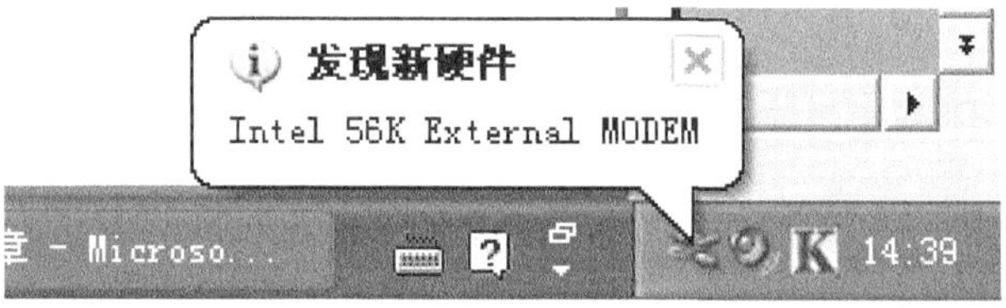

图 5-48 发现新硬件

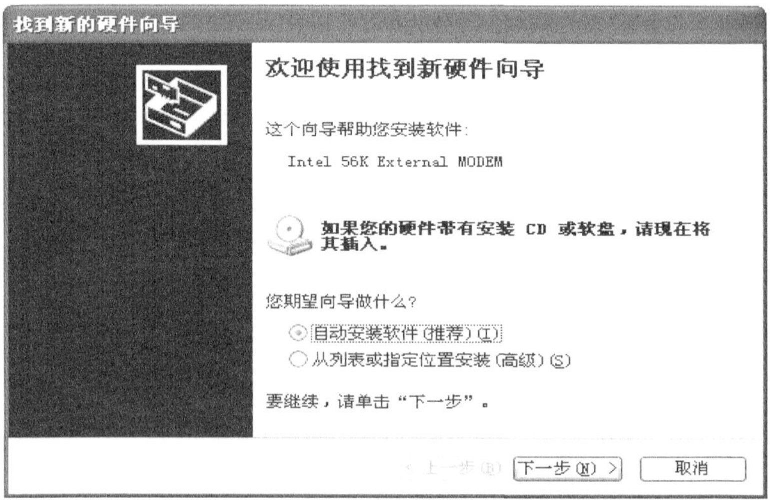

图 5-49 找到新的硬件向导

对于一些非即插即用的 MODEM，驱动安装则有所不同。安装方法如下：打开“控制面板”，双击“电话和调制解调器”选项，选择“调制解调器”选项，单击“添加”按钮，让系统进行检测，会找到调制解调器，如图 5-50 所示。

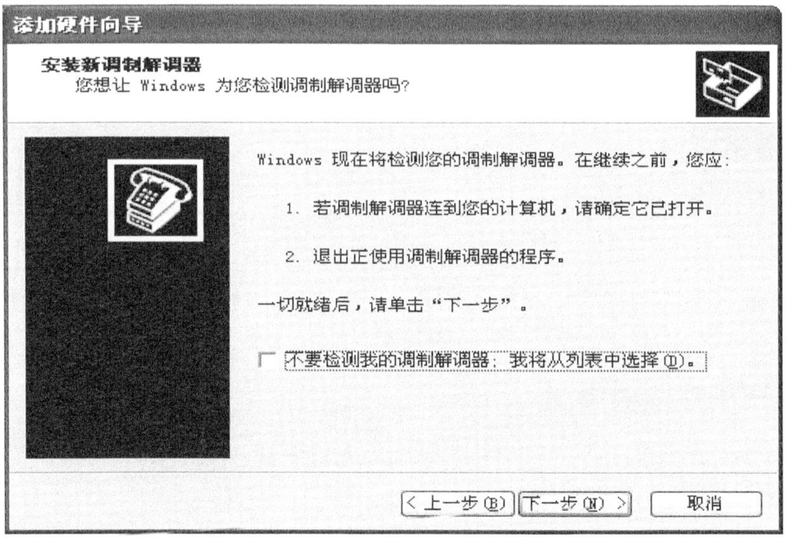

图 5-50 添加调制解调器

5. 网卡驱动安装

目前常用的 PCI 网卡都属于 PnP 设备，其驱动程序的安装方法与声卡相同，这里不再介绍。在设备管理器中未安装驱动程序的网卡标注为“以太网控制器”。Windows 2000/XP 本身已经提供了大量的网卡驱动，往往安装好 Windows 后，网卡驱动已经安装完毕了。

5.4 Windows 2000/XP 系统软件环境配置

有关 Windows 操作的内容在一些基础知识的书中已经介绍不少了，这里只对部分与计算机系统相关的内容为大家介绍一下。

5.4.1 添加或删除程序

利用控制面板中添加或删除程序可以实现对应用软件的安装与卸载，并可添加或删除 Windows 组件，制作系统盘。

1. 安装/卸载应用程序

大部分的软件都有自己的安装文件，人们习惯上执行应用程序的安装文件来安装，很少采用“添加或删除程序”中“添加新程序”功能来安装软件，如图 5-51 所示。但由于一些应用程序没有提供反安装程序，所以常用添加/删除程序的卸载工具来卸载软件。

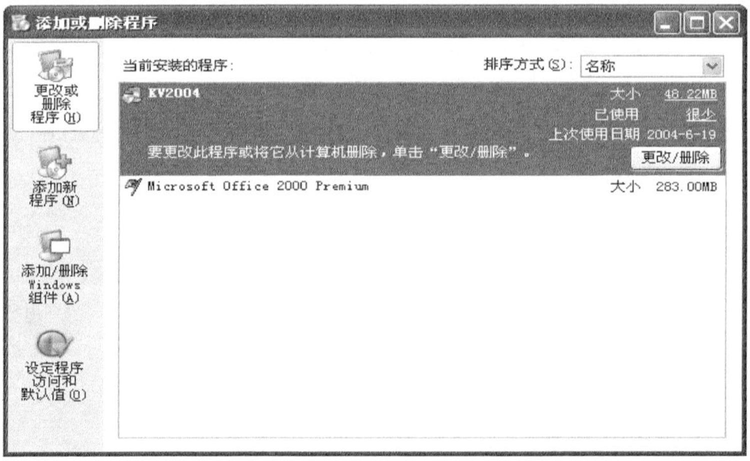

图 5-51 添加或删除程序

如果想卸载某个应用程序，在列表中单击相应的应用软件，然后单击“更改/删除”按钮，系统就会将该软件卸载或为其增加/删除组件。

2. 添加/删除 Windows 组件

通过此项不仅能添加/删除 Windows 组件，还能解决 Windows 中的一些小故障，例如某个组件损坏等。

首先弹出“Windows 安装程序”窗口，该窗口消失后，出现“Windows 组件向导”，在“组件”框中选择相应选项前的复选框，带阴影的方框表示只安装该项的部分组件，单击

“详细信息”按钮可以查看组件的具体内容。再单击“确定”或“应用”按钮，即可完成 Windows 组件的添加/删除工作，如图 5-52 所示。

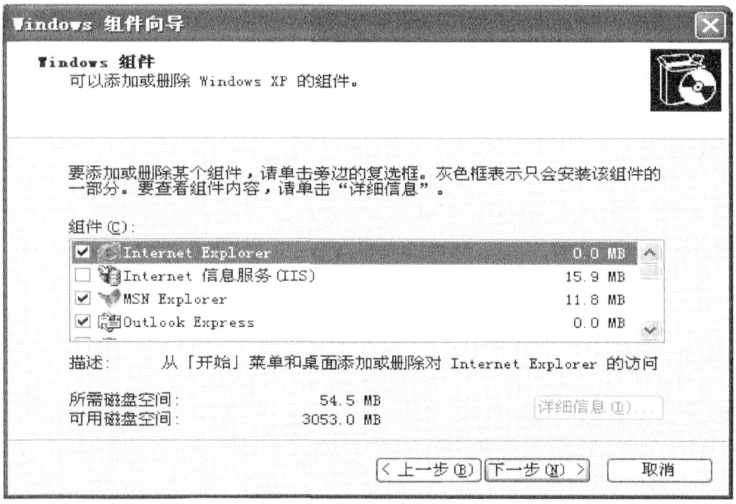

图 5-52　添加/删除 Windows 组件

5.4.2　显示属性设置

1. 颜色和分辨率调整

打开“控制面板”，双击“显示”图标，出现“显示属性”窗口，选择“设置”选项卡，如图 5-53 所示。在“颜色质量”下拉列表框中选择不同的颜色，颜色值选的越高，系统表现的色彩越丰富。拖动“屏幕分辨率”中的拖动块，可以调整显示分辨率。

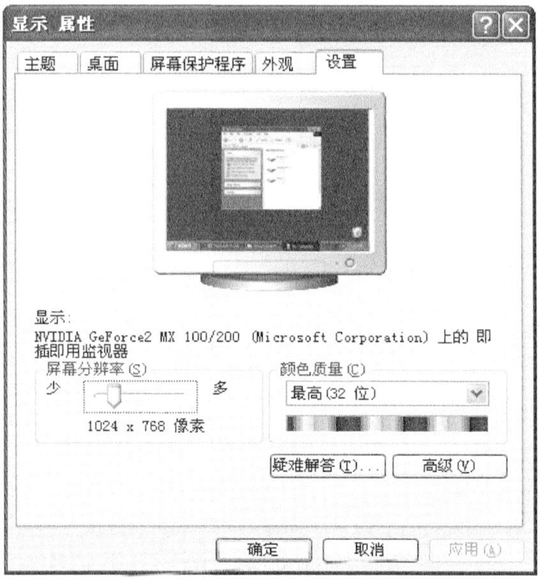

图 5-53　颜色和分辨率调整

2. 刷新频率调整

CRT 显示器的刷新频率高低直接影响着使用者的健康，如果显示器的刷新频率较低，屏幕闪烁明显，对眼睛是非常不好的。只有刷新频率达到 75Hz 以上，人的眼睛才感觉不到屏幕的闪烁，所以对于家庭用户一定要将屏幕刷新频率调整到合适的值，以保护眼睛。而 LCD 显示器则无此现象。如果想调整刷新频率，首先要求对于显示卡和监视器的设置要正确，这里就不再一一介绍了。

打开“显示属性”窗口，选择“设置”选项卡，再单击“高级”按钮，出现显示器及适配器的属性窗口，如图 5-54 所示。选择“监视器”选项卡，在“屏幕刷新频率”下拉列表框中选择刷新频率值，就可以更改屏幕的刷新频率。

3. 图形硬件加速设置

打开“显示属性”窗口，选择“设置”选项卡，再单击“高级”按钮，选择“疑难解答”选项卡，可以对图形进行“硬件加速”的设置，如图 5-55 所示。

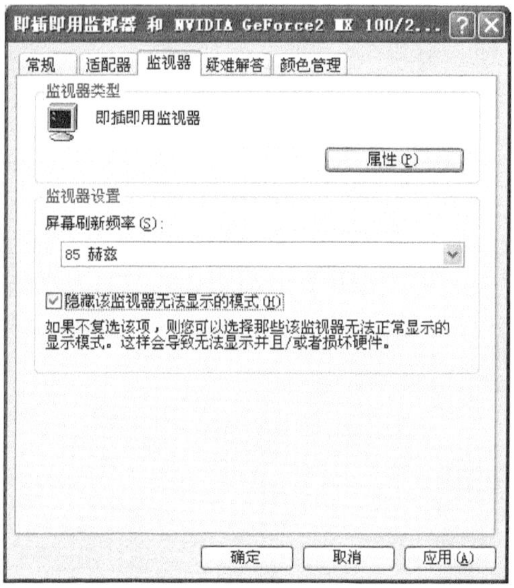

图 5-54　刷新频率调整

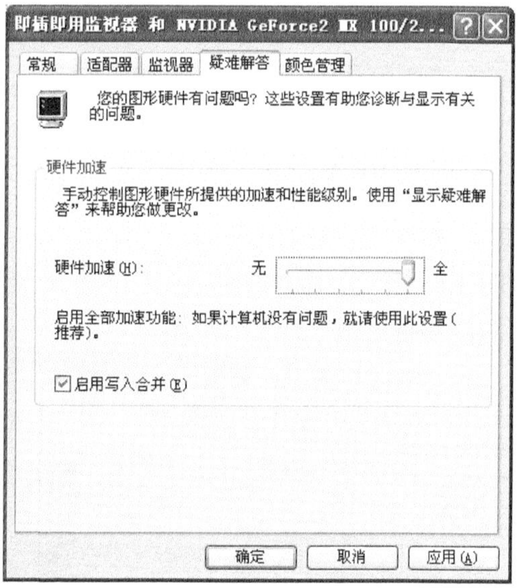

图 5-55　图形硬件加速设置

5.4.3　打印机设置

1. 添加打印机

选择“开始”→“设置”→“打印机和传真”命令，出现“打印机和传真”窗口，单击“添加打印机”图标，出现“添加打印机向导”对话框，如图 5-56 所示，根据提示进行安装。如安装的是连接在本机的打印机，则单击“本地打印机”单选按钮，在列表选择对应的打印机型号，单击“下一步”按钮。如果有厂商提供的驱动程序，单击“从磁盘安装”按钮，通过“浏览”确定驱动程序的位置，再单击“确定”按钮，按提示安装即可。

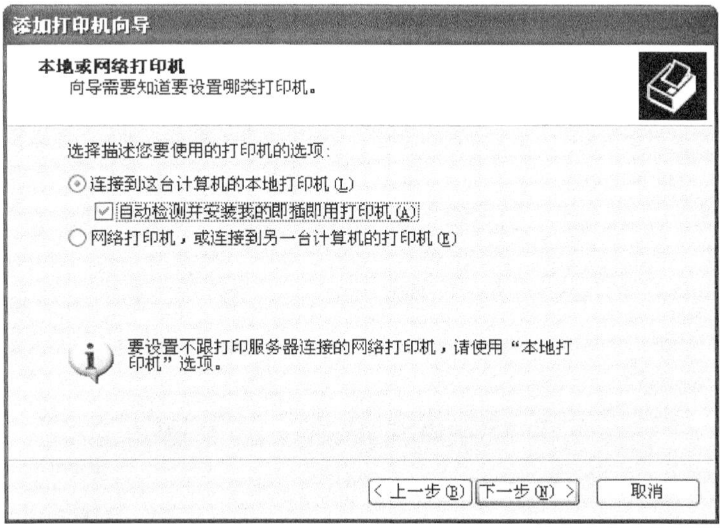

图 5-56　添加打印机

2. 打印机设置

通过单击菜单“开始”、“打印机和传真”，启动“打印机和传真”窗口，选择要进行设置的打印机，单击右键，在快捷菜单中选择“属性”选项，系统会弹出“打印机属性”对话框，在“常规”选项卡中可以打印测试页，在“端口”选项卡中可以调整打印机的端口、驱动程序、超时设置等，如图 5-57 所示，在“设备设置”选项卡中可以选择纸张的大小、来源等，但这里的设置根据打印机的不同，选项也有所不同。

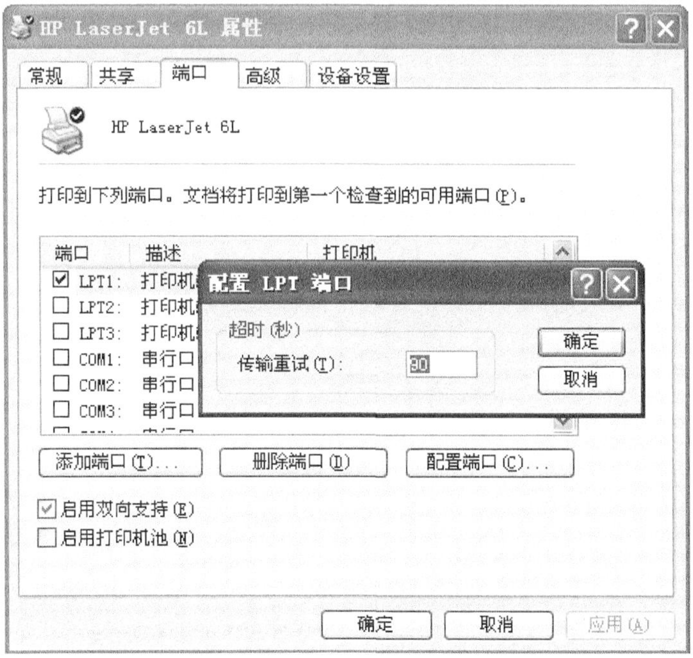

图 5-57　打印机设置

5.4.4 网络连接设置

1．建立新连接

打开“控制面板”，双击“网络连接”图标，弹出“网络连接”窗口。在 Windows 2000/XP 下，网络设置与 Windows 98 不同，Windows 2000/XP 为每一个本地网卡都建立了一个“本地连接”，不需要再添加。如果采用的是拨号连接或宽带连接，则需要手动添加连接。

单击“创建一个新的连接”，弹出“新建连接向导”对话框，在 Windows XP 下，通过该连接向导，可以建立通过 MODEM 的拨号连接、DSL 宽带拨号连接、DSL 在线宽带连接、拨号到工作场所的连接、直接连接等等连接方式，如果是 Windows 2000，建立的连接类型相对少一些，如图 5-58 所示。

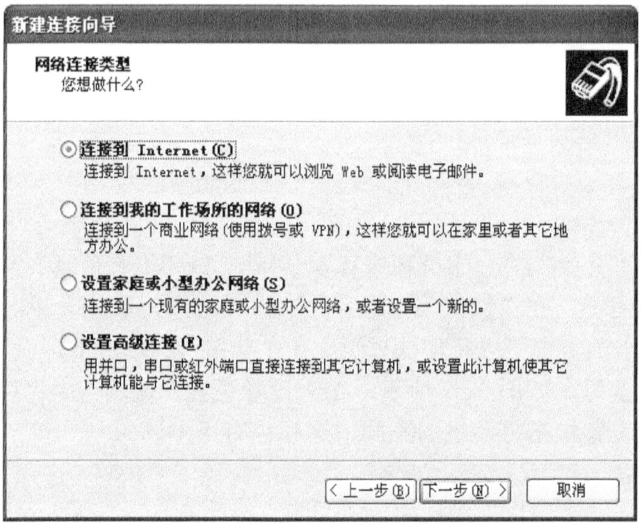

图 5-58 新建连接向导

2．添加网络协议

不同的网络连接，会采用不同的网络协议，因此网络协议都是从属于某个连接的。如果为某个连接添加协议，首先打开该连接的属性窗口，例如为本地连接添加 NetBEUI 协议，操作过程为：单击“本地连接”图标，并单击鼠标右键，选择“属性”选项，弹出“本地连接属性”窗口，如图 5-59 所示。

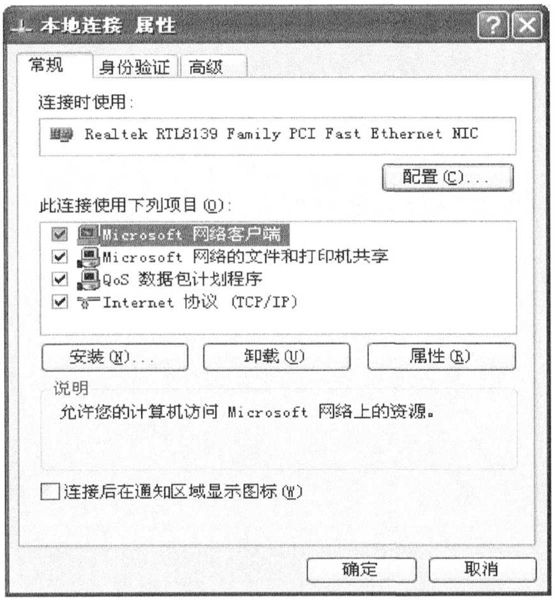

图 5-59　本地连接属性

单击“安装”按钮，选择“协议”，如图 5-60 所示。再从列表框中选择 NetBEUI 协议，如果列表框中没有 NetBEUI 协议，可以单击“从磁盘安装”按钮，在 Windows 安装盘上搜索相应的文件，如图 5-61 所示。

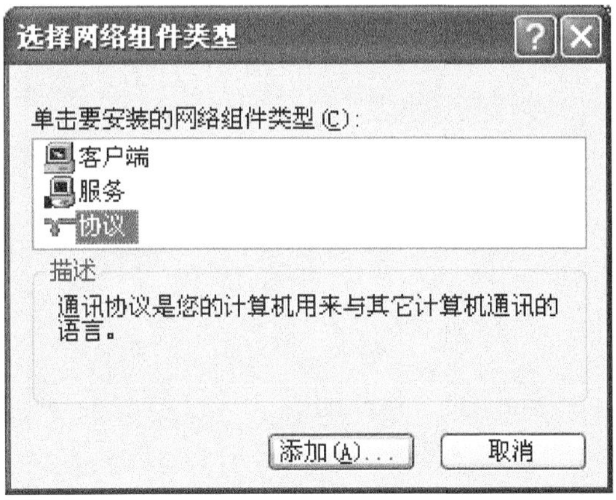

图 5-60　选择网络组件类型

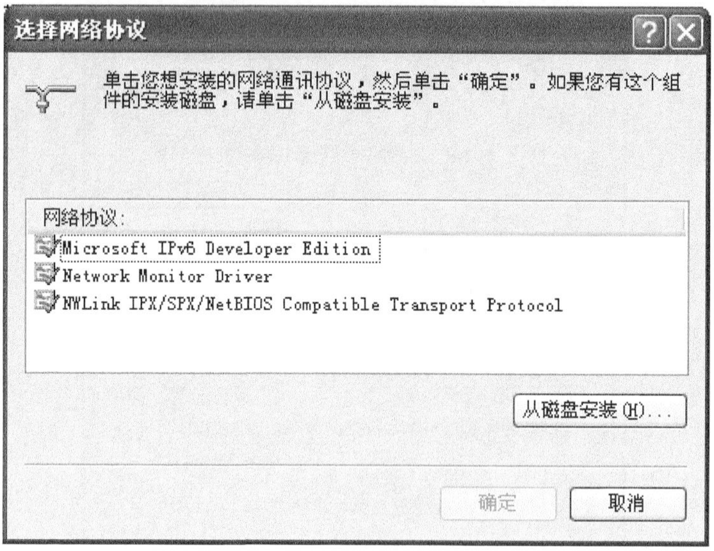

图 5-61　网络协议选择

3. TCP/IP 设置

在网络连接窗口中，单击相应的连接，并单击鼠标右键，选择“属性”选项，系统弹出“连接属性”窗口，单击“Internet 协议（TCP/IP)”，并点击“属性”，弹出“Internet 协议（TCP/IP）属性”窗口，在“IP 地址”中可以设置相应连接的 IP 地址，如图 5-62 所示。单击“高级”按钮，可以设置 DNS、WINS、网关等选项，如图 5-63 所示。

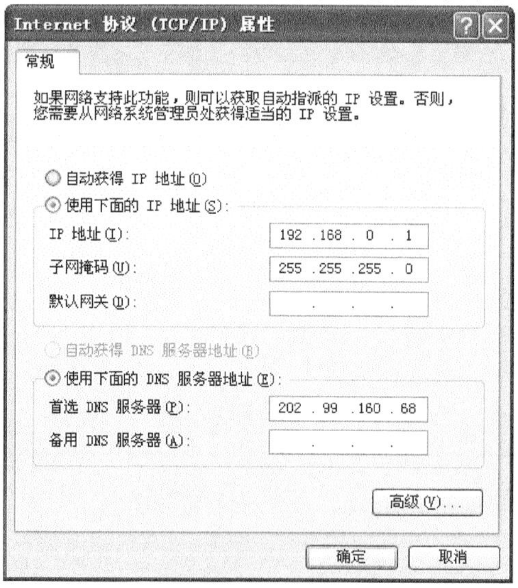

图 5-62　TCP/IP 属性

图 5-63　高级 TCP/IP 设置

第 6 章　ROM-BIOS、DOS 及 DOS 文件的执行

目前 Windows XP 等成为操作系统的主流，但 Windows 98、Windows ME 等基于 Windows 9X 的系统与 DOS 之间还有着千丝万缕的联系，了解 DOS 及 DOS 装载的过程，将会对 PC 机的软硬件有更多的认识。本章介绍 ROM-BIOS、DOS 及 DOS 装载的过程等一些基础知识。

本章重点：

- POST 上电自检程序
- DOS 的装载

6.1　ROM-BIOS

PC 机开机时首先执行的是 ROM-BIOS（Basic Input and Output System），基本输入输出系统中的程序，其入口地址为 FFFF:0000。这是由 PC 机的 CPU 决定的，与操作系统无关。ROM-BIOS 固化在 ROM 中，可以保证在系统断电的情况下不会丢失数据。了解 ROM-BIOS 的功能和执行顺序，对判断故障部位有实际意义。

6.1.1　ROM-BIOS 的组成

ROM-BIOS 主要由以下四部分组成：

（1）POST（Power On Self Test）上电自诊断程序。

POST 对主板主要部件进行测试并初始化。之后通过读取主板上 CMOS RAM 中的内容来识别系统的硬件配置，并根据这些配置信息对系统中各扩充 I/O 部件进行测试和初始化。在 POST 执行过程中，还将安装调用 ROM-BIOS 提供的基本 I/O 驱动程序的中断服务程序。

（2）INT 19H（系统自举装入程序）。

在 POST 执行后，若系统无致命错误，INT 19H 程序将自举盘上的引导记录读入内存。

（3）CMOS RAM（设置程序）。

这是一个独立模块，在系统自举装入程序执行前，若按下 Del 键（或其他键，各系统不同）则被运行。通过运行系统设置程序（SETUP 程序或称为 CMOS SETUP），可将系统的配置情况存入 CMOS RAM 中。

（4）一组基本 I/O 设备驱动程序。

这是 ROM-BIOS 提供的一个便于操作的与系统硬件的接口，使程序员不需对各种硬件设备特性有充分的了解就可使用它们。访问硬件是通过 ROM-BIOS 提供的程序中断方式（软中断）进行的，各种 I/O 操作通过它们各自的中断来实现。I/O 设备驱动程序及它们使用的中断向量主要有 INT 10H、ROM-BIOS 视频服务、INT 16H、ROM-BIOS 键盘服务、INT 17H 和 ROM-BIOS 打印服务等。

近几年，ROM-BIOS 有时被固化在 Flash ROM 中，因此可以通过更换其内容来升级。

6.1.2　POST 过程

POST 包含两部分功能：上电自检和基本 I/O 初始化（含 I/O 芯片初始化以及安装基本 I/O 驱动程序使用的中断向量）。

POST 的自检包括对系统 ROM-BIOS、CPU、系统主板、基本的 640K 内存及 1MB 以上的内存的测试，COMS RAM 中系统配置的校验，初始化视频控制器并测试视频内存、检验视频信号和同步信号，对 CRT 接口进行测试，对键盘、软驱、硬盘及 CD-ROM 子系统作检查，对并行口（打印机）和串行口（RS-232C）进行检查。

自检中如发现有错误，将按两种情况处理：对于致命错误则停机，此时由于各种初始化操作还未完成，不能给出任何提示或信号；对于严重错误（非致命错误）则给出提示或声音报警信号，等待用户处理。

对 PC 机及其兼容机而言，加电后，通过电源就绪信号向 CPU 发出复位（Reset）信号，CPU 将从 FFFF:0000 地址执行第一条指令——ROM-BIOS 程序的入口，运行 POST 自诊断程序。结合开机过程中的显示信息，POST 流程如图 6-1 所示。

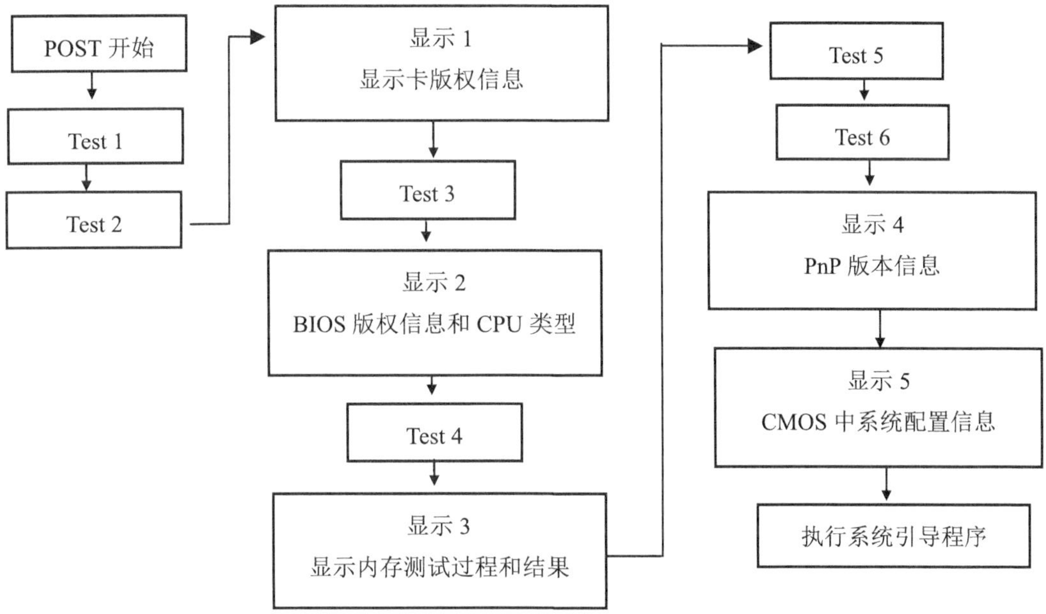

图 6-1　POST 程序流程示意图

1. POST 的启动

POST 在三种情况下运行。

冷启动：即开机加电。

硬件复位：按 Reset 键。

热启动：按 All＋Ctrl＋Del 组合键。

2. Test1

POST 启动后，严格按流程图顺序执行。其中 Test 1 模块按如下顺序进行测试和初始化基本硬件部分。

- CPU。
- ROM-BIOS 校验和。
- CMOS RAM 校验和。
- 初始化 8237 DMA 控制器。
- 以读/写/读方式测试最低（第一个）32K RAM。
- 初始化 8259 中断控制器，设置 INT 10H-INT 17H 共 8 个中断向量。
- 高速缓冲（Cache）控制器（对 AT 及以上机型）。

一旦 Test 1 过程中发生任何异常，POST 认为系统有致命错误，将自动停机。

3. Test2 及显示 1

Test 1 工作完成后，POST 测试并初始化显示卡及显示存储器。若正常，在初始化过程中，显示卡的扩展 I/O BIOS 将显示显示卡的特征信息及版权信息。

4. Test3

- 测试 8259 中断控制器。
- 测试 8253 定时器。
- 测试键盘。

5. 显示 2

显示 ROM-BIOS 版本信息。测试 CPU 类型（通过读主板跳线和 CPU 特征码——CPU ID），并显示 CPU 类型。

6. Test 4 及显示 3

测试除最低 32K RAM 外的所有内存，并显示测试结果（热启动不测试这项）。

POST 以 16K 为单位，以读/写方式仅测试每个 16K 的第一个字节。若正确，则认为这 16K 块没有错误；若有错，测试结束，并将无错的内存当作系统可用的最大内存。可见，开机的内存自检是不大可靠的（每 16K 只测试了第一个字节）。

最低的 32K RAM 是在 Test 1 中进行，若有错，POST 会认为是致命错误。

7. Test 5

从 C800:0000h 地址开始，以 2K 字节为间隔，依次查找是否有扩展 I/O BIOS，直到 E000:0000h。若有，则按下述顺序进行。

检查扩展 I/O BIOS 校验和，并读取 I/O BIOS 特征信息。若无异常，则跳转到扩展 I/O BIOS 的入口，执行该 I/O BIOS 程序——通常是接口卡的初始化程序。

POST 以 2K 为间隔，向地址增加方向依次查找其余的 I/O BIOS（I/O 扩展卡），若有，则执行。

8. Test 6

测试下列部件，并与 CMOS RAM 中的数据比较，若有错，则以声响和屏幕显示告知用户。

- 软盘适配器。
- 串行接口/并行接口。
- 硬盘适配器。

9. 显示 4

显示即插即用版本信息，并初始化即插即用板卡。

10. 显示 5

显示 CMOS RAM 中配置信息。

11. 执行系统自举装入程序（INT 19H）引导操作系统装入

一旦 POST 完成测试和初始化工作，POST 便通过软中断 INT 19H 引导操作系统。

6.2　DOS 的载入及 DOS 功能

一旦 POST 完成，系统便执行 INT 19H（系统自举装入程序），以便装入操作系统。本节以 DOS 为例，介绍 DOS 的装入和 DOS 的功能。

6.2.1　DOS 文件的载入过程

主机板上 ROM-BIOS 系统自举装入程序 INT 19H 的唯一功能就是在磁盘的指定位置（通常是软磁盘的 0 面 0 道 1 扇区），读取一个磁盘自举程序（Boot Record，自举记录，又称 Boot，引导程序），并将控制权转给它。对于一个可以自举的 DOS 软盘而言，磁盘自举程序（Boot Record）要查找名为 IO.SYS 和 MSDOS.SYS 的两个隐含文件是否是目录表中的第一个和第二个文件，以验证磁盘是否为 DOS 系统盘。如果找到了这两个文件，就把它们和 DOS 命令解释程序 COMMAND.COM 一起装入内存。在装入过程中，DOS 的可选部分也一起装入。若系统盘是硬盘，则硬盘的第一扇区是主引导扇区，内有分区表和主自举程序，而 DOS 分区的第一扇区才是 DOS 引导扇区，因而硬盘有两次引导过程。

6.2.2　DOS 系统文件和 DOS 模块

DOS 系统主要由三部分组成，DOS-BIOS 模块、DOS KERNEL 模块和 DOS SHELL 模块。它们分别对应用程序提供特定的支持。这三个模块对应着三个文件，其文件名分别为 IO.SYS、MSDOS.SYS 和 COMMAND.COM。其中前两个文件为系统隐含文件。在 PC-DOS 中则相应为 IBMBIO.COM、IBMDOS.COM 和 COMMAND.COM。

1. IO.SYS 文件

这个文件完成 DOS 的基本输入输出管理功能，它是 DOS 中最依赖于硬件的部分，不仅提供内部驱动程序，还负责装载和初始化系统。此文件又分为系统初始化程序（SYSINT）和内部（DOS 内嵌）设备驱动程序两个部分。

系统初始化程序完成系统自举过程中的初始化工作，其中包括确定内存容量、装入并定位 MSDOS.SYS、解释 CONFIG.SYS 并设置系统的运行环境等。

设备驱动程序组成了设备链。DOS 的设备驱动程序，可用同样的命令和实用程序存取各种设备上的文件。DOS 系统提供的驱动程序一部分在 IO.SYS 中，一部分在 ROM-BIOS 中，且部分在 ROM-BIOS 中提供的驱动程序，在 IO.SYS 中也提供了，但功能更强。

2. MSDOS.SYS 文件

这个文件完成 DOS 的文件管理和系统调用功能，它是 DOS 的核心（DOS 的 Kernel 模块）。它负责磁盘与其他系统资源的管理；尤其是它以软件中断 INT 21H 形式，提供了很多系统功能调用，可使用户程序或 DOS 的系统软件方便地共享系统资源（内存和外设）。

3. COMMAND.COM 文件

它是 DOS 顶层的默认的命令解释程序，是操作系统和用户的接口，用于支持用户的键盘命令。它除了用于处理 AUTOEXEC.BAT 文件的初始化程序外，其余为 COMMAND.COM 模块。该模块分为常驻内存部分和暂驻内存部分。常驻部分由 IO.SYS 加载到内存低端，位于 DOS 内核和可安装的设备驱动程序之上。暂驻部分由 IO.SYS 加载到内存高端。它包括命令解释程序、内部命令程序、批处理程序等。

DOS 的系统文件 IO.SYS 和 MSDOS.SYS 必须存放在磁盘上的指定扇区内，如果用 DOS 的拷贝命令把这两个文件和 COMMNAD.COM 文件拷贝到磁盘中，并不能使这张盘成为系统自举盘。制作系统盘的方法是用 FORMAT /S 命令。DOS 的 SYS.COM 虽不能生成系统自举盘，但可用其恢复系统盘上的文件。

6.2.3 磁盘操作系统（DOS）的作用

DOS 由 DISK OPERTING SYSTEM 三个英文单词的第一个字母组合而成，即磁盘操作系统，它存放于磁盘，是一个单用户操作系统。常见的 DOS 操作系统有 PC-DOS 和 MS-DOS，而实际上 PC-DOS 和 MS-DOS 是一样的。

随着微型计算机系统硬件及 DOS 本身的发展和功能的改进，MS-DOS 有多个版本。目前，应用最多的是 DOS3.3、DOS6.0、DOS6.2、DOS6.22 等版本。随着版本的逐步提高，DOS 的功能也不断增强。

要使用计算机完成某一操作，就必须使用操作系统，将你的计算机置于操作系统的控制之下。DOS（磁盘操作系统）是一组重要的程序，它可以使用户很容易地建立和管理程序和数据。DOS 的自举，就是在用户使用计算机之前，将 DOS 的四个基本文件（三个文件和一个自举程序）从磁盘装入内存，将计算机置于 DOS 的管理之下。这以后，用户就可以使用 DOS 的各种命令让计算机完成相应的工作。

DOS 采用模块结构，由三个模块和一个引导程序 BOOT 组成。三个模块是输入输出系统（IO.SYS）、文件系统（MSDOS.SYS）和命令处理程序（COMMAND.COM）。这三个模块组成单向调用的层次结构，COMMAND.COM 调用 MSDOS.SYS，这两个又可以调用

IO.SYS，反之则不行。

引导程序和初始化部分在自举后退出内存（被覆盖）。

DOS 加载后的内存映象如表 6.1 所示。

表 6.1　　DOS 加载后内存映象

0000:0000/	中断向量表
0040:0000/	ROM-BIOS　工作区
	DOS 与 ROM-BIOS 通讯区 DOS-BIOS 模块
	DOS-Kernel 模块
	用户程序区
	………
/9000:ffff	COMMAND.COM 暂驻部分

不同版本的 MS-DOS，其系统都是由三个模块和一个引导程序组成，但是版本不同，同一个模块其长度不同，功能也不尽相同。在使用时，三个模块要配套，即属于同一版本下的模块。不同版本的 MS-DOS，其相同文件名的外部命令文件的长度、功能强弱有很大的差异，使用时要注意外部文件是在哪个版本下的，不可混用。

DOS 提供的功能是通过中断调用去使用的。其中，INT 21h 是应用程序和 DOS 之间的主要接口。要求系统提供服务功能的，都要通过这个调用。

下面介绍一下 DOS 以中断形式提供的服务功能。

通过使用软中断的 INT 指令（INT XX 是汇编语言形式，又称 DOS 中断），DOS 提供了访问设备和文件的各种功能。程序可通过 DOS 中断调用使用 DOS 提供的功能，中断码从 20H 到 3FH。有些中断码是 DOS 保留的，不容许程序使用。下面给出了 DOS 提供的、可由程序使用的 8 个 DOS 中断。28H~3FH 中断是保留给 DOS 使用的。

- 20H DOS 终止功能：终止正在运行的程序，即关闭所有的文件，冲掉磁盘缓冲区中的所有数据。通常用在 COM 程序中；
- 21H DOS 功能调用：这是应用程序和 DOS 之间的主要接口；
- 22H DOS 结束地址；
- 23H DOS CTRL/Break　出口地址；
- 24H DOS 严重错误向量；
- 25H DOS 绝对磁盘读；
- 26H DOS 绝对磁盘写；
- 27H DOS 终止但仍驻留；
- 28H~3FH DOS 保留。

DOS 服务程序提供了输入/输出、文件访问、设备访问和控制程序几项功能。这些功能的调用都要通过 DOS 中断 21H 实现，如果需要使用哪种功能，只要把相应的功能码放入 AH 寄存器中就可以了。应用程序通过中断 21H 发出对 DOS 功能调用的请求。由于它控制了许多设备，在写或读之前要用中断21H打开文件。中断21H也能关闭文件，以保证数据安全地保存在设备上，并防止保存前进一步的设备访问。简而言之，DOS提供的服务功能能够方便地控制程序，并使之按要求工作。

6.2.4 DOS文件的执行

DOS文件可分为两大类，存放在磁盘上的文件称为磁盘文件，否则称为设备文件。例如，COMMAND.COM是个磁盘文件，而屏幕、打印机就是一个设备文件。除系统文件外，其他磁盘文件都是用户命名的，而设备文件则是由DOS内部定义，并按DOS的文件去管理的。

磁盘文件按扩展名分类。DOS系统在扩展名部分有约定，其含义约定如下。

- .COM：系统程序文件；
- .EXE：执行程序文件；
- .BAS：BASIC语言程序文件；
- .FOR：FORTRAN语言程序文件；
- .PAS：PASCAL语言程序文件；
- .ASM：汇编语言程序文件；
- .OBJ：目标程序文件；
- .LIB：库文件；
- .BAK：后备文件；
- .BAT：批处理文件。

DOS保留的设备文件名如下。

- CON：控制台（通常指键盘输入及屏幕输出）；
- AUX（或COM1）：第一串行/并行适配器端口；
- COM2：第二串行/并行适配器端口；
- LPT1（或PRN）：第一台并行打印机；
- LPT2（或LPT3）：第二台（或第三台）并行打印机；
- NUL：虚拟设备。

使用设备文件名时需要注意以下几点：

- 不能用这些固定的设备名去建立文件；
- 当使用这些设备名时，应保证这个设备确实存在。如果用不存在的设备名，相当于使用不存在的设备，会导致DOS操作无法预料到的错误；
- 约定的设备名可在DOS命令中文件名的位置上使用；
- 设备后面的冒号是任选的，例如，键入“CON”或“CON:”都可以；
- 这些设备大多数可重定向。

DOS文件在执行的时候有一个执行优先顺序，从高到低依次为：

内部命令→.COM→.EXE→.BAT

所以，在同一个目录下如有两个文件名分别为TEST.EXE和TEST.BAT的可执行文件，因为.EXE的执行优先顺序比.BAT高，所以系统只会执行TEST.EXE，而不是TEST.BAT。

除非键入全名，如“TEST.BAT”，那么系统就会执行这个文件了。

6.3　DOS 环境变量

环境变量是存放程序运行时使用的参数和所需特殊数据的存放路径，一些程序使用其中的信息来配置它们自身或查找指定的文件。比如，一些游戏软件要知道工作在兼容方式的声卡的设置；编译程序要知道存放库文件的路径等，环境变量就可完成这一功能。

6.3.1　环境变量

DOS 把环境变量保存在一块称为“环境区”的内存中，在那里环境变量被排列成一系列变量及相关值。每一个环境变量的格式，都是以大写字母存储的名字，其后跟一个等号和某些文字，一个典型的环境变量如下设置：

SET PROMPT = PG

变量名为 PROMPT，其值是“PG”。

环境变量的设置修改和查看，可以通过 DOS 命令 SET 来实现。

在默认状况下，存放 DOS 环境变量的内存区域大小是有限制的，一旦所存放的环境变量太大，超出了这个区域，就会产生一个“环境变量溢出”的错误，且超出部分丢失。但是可以在 CONFIG.SYS 文件中，通过 SHELL 命令来改变 DOS 环境变量空间的大小。

使用 SHELL=[PATH]COMMAND.COM /E:xxxx 来建立另一个 DOS 命令解释器，同时也提供了一个大小为 xxxx 字节的内存区域来存放 DOS 环境变量，存放 DOS 环境变量的内存区域应小于 32K-1 字节。（xxxx 的取值范围在 160～32767 之间）。

一些应用程序可能要求自己的环境变量，这样这个程序就可以在每次执行的时候使用这些环境变量的信息。例如，一个字处理程序可以通过搜索名为 DIRECTIONARY 的环境变量来确定程序所使用的字典在磁盘上存放的位置。

环境变量的设置可在 AUTOEXEC.BAT 或 DOS 命令行下，用 SET 命令设置。其格式为 SET [String1] = [String2]。

它用来把字符串 String2 赋给名为 String1 的环境变量。若省略 String2，则将变量 string1 设置为空。若只是无任何参数的 SET 命令，则显示当前的环境设置。通过 SET 命令设置的变量长度最长为 123 字节。例如：

SET TEMP=C:\DOS\TEMP

设置了临时文件存放路径为 C:\DOS\TEMP 目录。

DOS 有三个预定义的环境变量，它们不用 SET 命令就可以直接设置，这些是 PATH、PROMPT 和 COMSPEC。

6.3.2　常见 DOS 环境变量

通常使用的 DOS 环境变量有 COMSPEC、PATH、PROMPT、TEMP、DIRCMD 等。

1. COMSPEC 环境变量

COMSPEC 环境变量的作用是告诉 DOS，要重新装入的命令解释程序（通常是 COMMAND.COM）存放在磁盘上的位置。如果不设置这个环境变量，当一个大的计算机程序（其覆盖了 COMMAND.COM 的暂驻部分）退出时，需要将临时移出内存区的 COMMAND.COM（暂驻部分）重新载入内存时，因找不到命令解释程序，就会出现系统错误，导致系统死机。此外也可以通过这个环境变量，来使用自己喜欢的命令解释程序，代替 DOS 本身提供的命令解释器 COMMAND.COM。例如：

SET COMSPEC = C:\MYCMD.COM

表明当需要重新装载命令解释程序时，应使用 C 盘的根目录下的 MYCMD.COM 文件，代替通常使用的 COMMAND.COM 命令解释器。注意，COMSPEC 环境变量是指重新装入，而 SHELL 是指自举时装入，两者是不同的。

2. PATH 环境变量

这个环境变量用的较多。用户通过它告诉 DOS，按用户设置的路径来查找可执行文件。例如：

SET PATH = C:\DOS;C:\TOOLS;C:\Windows

设置了指向 C:\DOS;C:\TOOLS;C:\Windows 的路径。

还可以利用环境变量来传递和引用参数，如路径已设置为 PATH = C:\DOS;C:\TOOLS 如果要加上 C:\Windows 这个目录，可以键入这样的命令 PATH = %PATH%;C:\WIN DOWS。这样就设置了指向 C:\DOS;C:\TOOLS;C:\Windows 的路径，还不必为增加路径而大费周折的重写路径名称，也避免了超出键盘输入容许的长度范围。

在 DOS 自举时其默认值仅为当前目录，如果 PATH 环境变量所指定的所有目录上都找不到所输入的命令，系统则会给出相应的出错信息。

3. PROMPT 环境变量

这个环境变量用于设置 DOS 提示符的格式，DOS 系统默认的命令提示符一般设置为显示当前驱动器名，后接一个大于号。可设置为当前驱动器名和路径，即使用下述设置即可。

SET PROMPT=pg

4. DIRCMD 环境变量

这个 DOS 环境变量可以让用户设定 DIR 命令的默认参数。

例如，如果用户希望在列目录和文件时内容满一屏时自动暂停，这可以通过下面一条命令来简化操作：

SET DIRCMD=/P

这时使用 DIR 命令，用户就不用输入“/p”参数了。如果暂时不想使用这个默认参数，可以输入 DIR /-P

如果要清除掉这个默认参数，可以输入 SET DIRCMD= ，这样默认参数就可被清除掉。

5. TEMP 变量

计算机程序在执行的时候，常常会在磁盘上临时生成一些文件，这些文件在程序结束的时候会被自动删除。如果由于异常情况发生，这些临时文件不能被删除，就会永久的保存在磁盘上。这些文件对用户来说是毫无用途的，并占用了大量的磁盘空间，如果系统没有设置 TEMP 这个变量，那么临时文件存放的位置就是不固定的，这对用户手工删除这些临时文件造成不便。因此用户可以通过 TEMP 环境变量来告诉 DOS 系统把这些文件存放在用户指定的地方，这样用户要清除异常情况下产生的文件就比较方便了，最常见的方法是在 C 盘根目录建立一个 TEMP 子目录，然后在 AUTOEXEC.BAT 文件中加入：

SET TEMP=C:\TEMP

许多应用程序也设置环境变量，如 PCTOOLS、声卡驱动程序等。在批处理程序中，也常常使用环境变量。因此，要适当地调整环境变量区的大小，以防溢出。

需要注意的是，用户对于自己要删除的临时文件应有确切的认识，不能删除那些正在使用的临时文件，否则会造成程序的不正常运行和数据的丢失。因此用户在删除临时文件时，应确保没有任何程序处于运行状态。

6. APPEND 变量

APPEND 是 DOS 中的一个外部命令，它可以扩展目录的搜索，其功能是扩展 PATH 命令的目录搜索路径，更主要的是建立非可执行文件（统称数据文件）的目录搜索路径，它占据的内存空间要大于 PATH 命令。

第 7 章 微机常用工具软件

软件中一个很重要类型是工具软件，一些常用工具软件如系统检测诊断软件、拷贝工具软件、杀毒软件、压缩软件等都是用户身边必备的工具软件，使用这些工具软件，有助于用户维护和管理计算机系统，提高上机效率。

本章重点：

- WINDOWS XP 中的实用工具软件
- 常用维护测试软件
- 常用杀毒软件

7.1 WINDOWS XP 中的实用工具软件

7.1.1 启动系统配置实用程序 Msconfig

“系统配置实用程序”(Msconfig.exe)是 Windows 提供给用户的用于修改系统配置信息的简便工具。可以利用该工具通过一系列复选框的选择或取消来修改系统配置，从而降低输入错误的危险。可以使用“系统恢复”撤销对计算机的有害更改，但必须以管理员或 Administrators 组成员身份登录才能完成该过程。如果计算机与网络连接，则网络策略设置也可以阻止完成此步骤。

1. 启动“系统配置实用程序”

Msconfig.exe 是一个应用程序，在 WINDOWS\PCHEALTH\HELPCTR\Binaries 文件夹下，在“开始”菜单上是不可见的程序，可以使用“运行”命令启动它。

（1）使用“运行”命令启动程序。

- 单击“开始”，然后单击“运行”命令，“运行”程序窗口如图 7-1 所示。

图 7-1 “运行”程序窗口

- 在“打开”文本框中键入所要打开项目的路径，或单击“浏览”按钮来查找此项目。Msconfig.exe 可以省略路径，例如，可直接键入程序名 Msconfig，程序运行界面如图 7-2 所示。

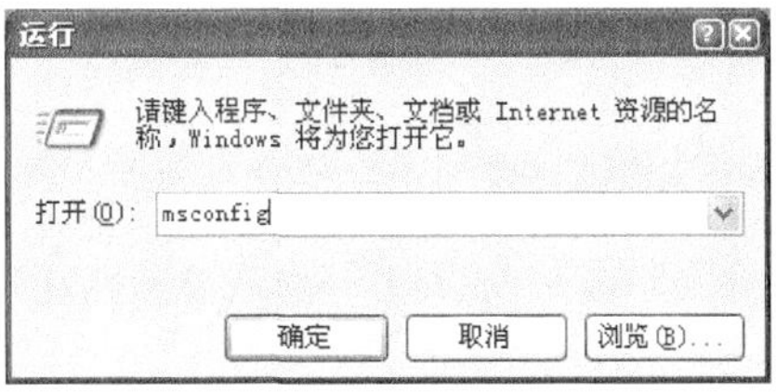

图 7-2 键入 Msconfig

（2）Msconfig.exe 程序运行后，系统配置实用程序启动，打开的“系统配置实用程序”界面，如图 7-3 所示。

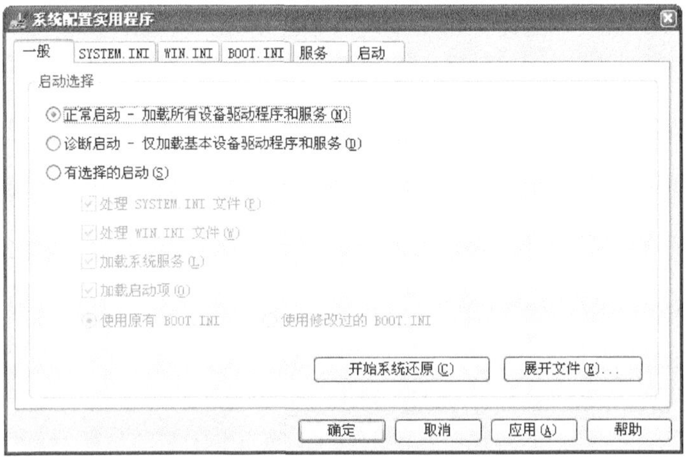

图 7-3 系统配置实用程序界面

2. “系统配置实用程序”的功能

在图 7-3 所示的界面上，可供用户实现系统配置及检查的有“一般”、“SYSTEM.INI”、“WIN.INI”、“BOOT.INI”、“服务”、“启动”6 个选项及开始系统还原、展开文件 2 个命令按钮。

（1）一般：用于选择计算机再启动时加载设备驱动程序及软件的方式。

①正常启动：执行常规启动程序，加载上述系统文件设置的所有设备驱动程序及软件，起到改变计算机配置的作用。

②诊断启动：对于有问题的计算机可以选择此选项。它仅加载基本设备驱动程序及服务，可以为疑难解答创建干净的环境，借此可检查问题的其他可能原因。诊断启动操作如下所述：

- 选择“诊断启动”，单击“确定”按钮，然后，在出现的“系统配置”窗口中，单击“重新启动”，便可重新启动计算机。
- 计算机重新启动后，将出现“系统配置实用程序”窗口，界面如图 7-4 所示，单击“确定”按钮，重新启动完成。

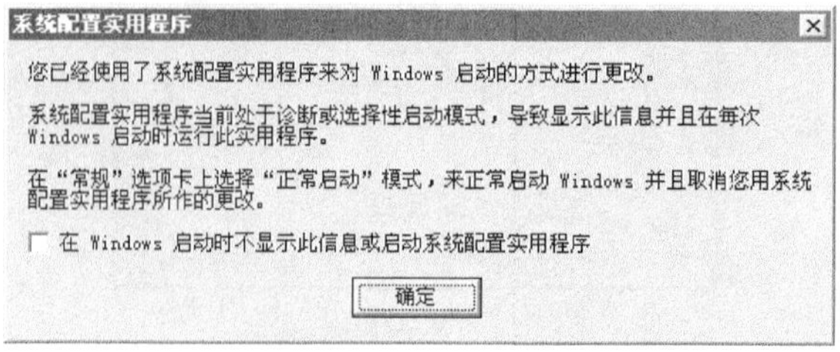

图 7-4 诊断启动后的系统配置实用程序窗口

- 选择诊断启动，系统将仅加载基本设备驱动程序及服务。启动 Windows XP 后，症状是否还出现，借此可确定系统问题之所在。
- 如果执行诊断启动后该问题仍然存在，可以检查以下原因：
  - 文件是否丢失、损坏或已被替换。使用工具“系统文件检查器”检查该选项。
  - 注册表可能损坏。请使用“注册表扫描和备份”实用程序来检查该选项。
  - 计算机可能受病毒感染。以“virus”为关键字搜索网站，查找有关病毒扫描软件的信息。
  - 从 Windows 的旧版本升级未成功。
- 如果执行诊断启动后该问题不存在，则：
  - 单击“常规”选项卡上的“有选择的启动”，然后清除随后的所有复选框。但无法清除“使用原有 BOOT.INI”复选框。
  - 从第一个可用的复选框（处理 SYSTEM.INI 文件）开始，每次选择一个复选框，然后重新启动计算机，直到再次出现问题。
  - 一旦再次出现问题，请单击与所选文件相关的选项卡。例如选择 WIN.INI 文件后又出现问题，请单击“系统配置实用程序”中的“WIN.INI”选项卡。

注意：可在重启计算机前打印该帮助主题，因为在启动过程中将无法访问帮助；请先选择“有选择的启动”中的第一个复选框，然后根据提示重新启动计算机。

③有选择地启动：允许用户启动 Windows XP 时选择要加载的项目，可以起到修复问题的作用。使用“有选择的启动”选项使问题孤立，每次启用一个选项并当系统提示时重新启动，直到该问题再现。问题再次出现后，单击与在“有选择的启动”中所选文件相应的选项卡，可将问题孤立。有选择的启动的四个选项：

- 处理 SYSTEM.INI 文件（P）；
- 处理 WIN.INI 文件（W）；
- 加载系统服务（L）；
- 加载启动项（O）。

注意：从第一个可用的复选框（处理 SYSTEM.INI 文件）开始，每次选择一个复选框，然后重新启动计算机，直到再次出现问题。 一旦再次出现问题，就确定问题所在，然后，单击与所选文件相关的选项卡，重新进行编辑修正。例如，如果选择 WIN.INI 文件后又出现问题，请单击“系统配置实用程序”中的“WIN.INI”选项卡。

④开始系统还原：系统还原可以撤销对计算机的有害更改并还原它的设置和性能。系统还原将计算机返回到一个较早的时间（称为还原点）而不会丢失最近的工作，如保存的

文件，电子邮件，或历史和收藏夹列表。这将在后面介绍。

⑤展开文件：由用户手工指定所需还原文件的原始位置和目标位置。可以用于从 Windows 安装文件中提取系统文件，同 Windows 98 第二版 SFC 的提取文件功能相似。

（2）SYSTEM.INI、WIN.INI 选项：SYSTEM.INI 和 WIN.INI 是 Windows 重要的系统文件，在 Windows 3.X 系统中所有 Windows 的设置选项都保存在这两个文件中。在此处可灵活地标识设置，并最大程度地减少编辑配置文件时产生的固有问题。如有不可用的复选框表示由“系统配置实用程序”临时删除的行。

（3）BOOT.INI 选项：BOOT.INI 中记录的是操作系统启动选项，在此可以方便地配置、修改这些选项。

（4）服务选项：显示当前执行的用于支持其他程序，尤其是低层（接近硬件）程序的指定系统功能的程序、例程或进程。

（5）启动：供用户设定 Windows 启动项。

7.1.2 系统还原

“系统还原”是 Windows XP Professional 的组件之一，用以在出现问题时将计算机还原到过去的状态，同时并不丢失个人数据文件（如 Microsoft Word 文档、浏览历史纪录、图画、收藏夹或电子邮件等）。“系统还原”可以监视对系统和一些应用程序文件的更改，并自动创建容易识别的还原点。这些还原点允许用户将系统还原到过去某一时间的状态。还原点每日创建，同时也在发生一些重要的系统事件（例如，已安装应用程序或驱动程序）时创建。也可以在任何时候创建并命名自己的还原点。

1. “系统还原”可以执行以下任务

（1）将计算机还原到过去的某一状态。

通过在更改发生前创建还原点，“系统还原”可自动跟踪所有时间以及特定时间间隔里对计算机的更改。还原点用于存储计算机的状态。

（2）还原计算机而不丢失个人文件。

“系统还原”不会丢失个人文件或密码。当使用“系统还原”将计算机恢复到早期的状态时，像文档、e-mail 消息、浏览历史和最后一次指定的密码将会保存起来。

（3）存储过去 1～3 周内的还原点。

还原点的确切保存数目取决于计算机上发生了多少活动，硬盘（或 Windows XP Professional 文件夹所在的分区）的大小，以及计算机上分配了多少磁盘空间来保存“系统还原”的信息。

（4）定位还原点的日期。

运行“系统还原”时会显示一个日历，帮助查找与还原点相关的日期。如果不是每天都使用计算机，则某些日期可能会不包含任何还原点。如果经常使用计算机，则几乎每天都可能有还原点，而且有些天可能有多个还原点。

（5）确保所有还原是可逆的。

如果不满意计算机还原后的状态，可以撤消该还原或选择另一个还原点。所有成功的还原都是可逆的。所有失败的还原会由“系统还原”自动撤消。

（6）提供了多种类型的还原点。

包括初始系统检查点、系统检查点、程序安装还原点、Windows XP Professional 自动更新还原点、手工创建还原点、还原操作还原点、未标记的设备驱动程序还原点、Microsoft 备份实用工具恢复还原点。

2. 启用系统还原

启用“系统还原”，首选要打开“系统属性”对话框。

要打开“系统属性” 对话框，请依次单击“开始”→“控制面板”→“性能和维护”命令，然后单击“系统”。在“系统属性”对话框中，单击“系统还原”选项卡。系统还原打开界面如图 7-5 所示。

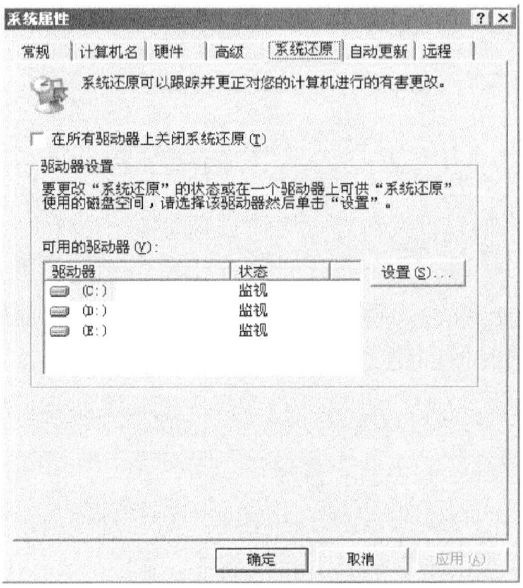

图 7-5 系统还原窗口

3. 关闭系统还原

在“系统属性”对话框中，单击“系统还原”选项卡。在该窗口中选中“在所有驱动器上关闭系统还原”复选框可以关闭所有驱动器上的系统还原。也可选择除系统驱动器之外的任一个驱动器，如“D:”，再单击“设置”按钮，出现“驱动器设置”窗口，在该窗口中选中“关闭这个驱动器上的系统还原”复选框， 界面如图 7-6 所示。

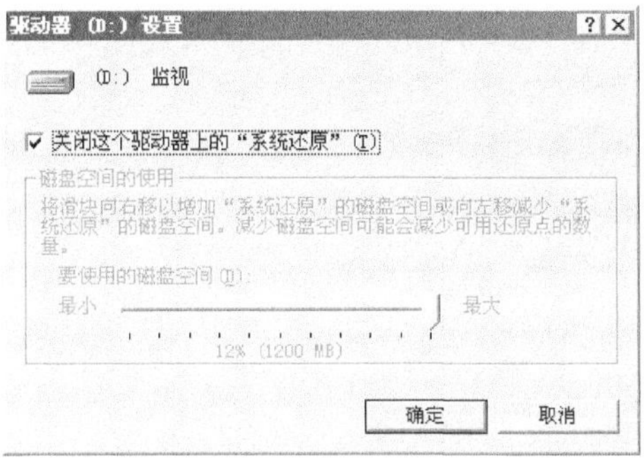

图 7-6 关闭驱动器上的系统还原

4. 使用系统还原向导

（1）"系统还原向导" 的功能。

"系统还原向导"引导执行系统还原中每项任务的所有步骤。使用系统还原可以执行下列任务：

- 通过选择"恢复我的计算机到一个较早的时间"来启动还原系统的过程，将计算机还原到早期的时间或状态。
- 通过选择"创建一个还原点"来创建还原点，可以从日历中选择日期，然后选择一个还原点将计算机还原到早期状态。
- 通过选择"撤销我上次的恢复"选项以撤销上次还原。如果最近完成了还原操作，则"撤销我上次的恢复"选项将显示在系统还原列表中。可以使用此选项撤消最近的还原操作。只有在已完成还原之后才可使用该选项。
- 通过单击"系统还原设置"按钮访问系统还原设置。

（2）"系统还原向导" 的启动。

- 选择"开始"→"所有程序"→"附件"→"系统工具"→"系统还原"命令，即可打开"系统还原向导"，打开的界面如图 7-7 所示。

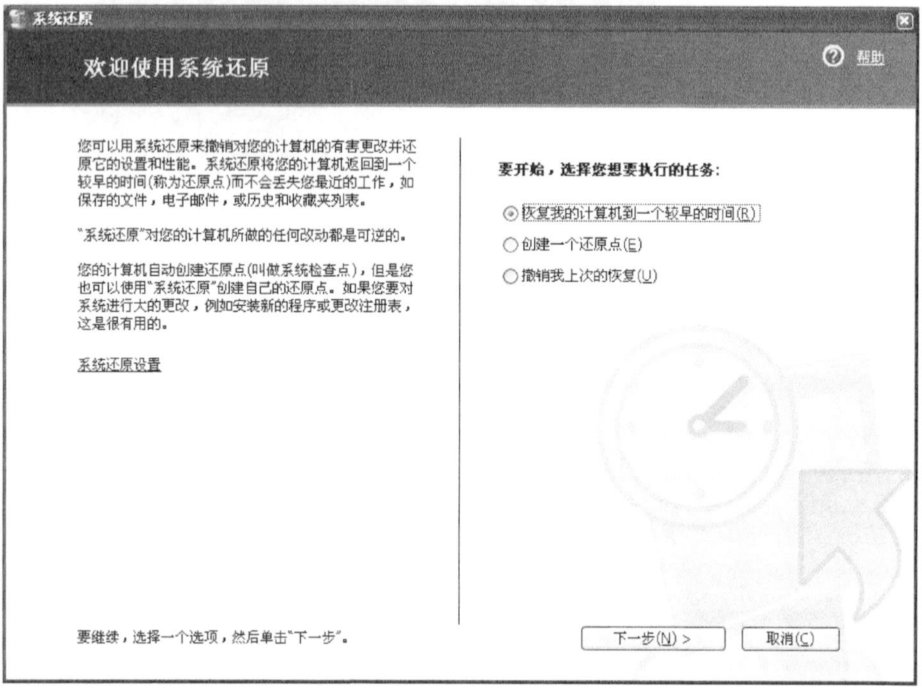

图 7-7 “系统还原向导”启动窗口

- 选择想要执行的任务，然后单击“下一步”按钮，即可完成所要执行的任务。

7.1.3 系统文件检查程序 SFC

1. 概述

“系统文件检查程序”（System File Checker）的作用是在重新启动计算机后扫描和验证所有受保护的系统文件。

“系统文件”就是 Windows 用来加载、配置和运行操作系统的文件。一般情况下不要删除或移动系统文件。

“Windows 文件保护”就是在 Windows 2000 以前的 Windows 版本中，安装除了操作系统之外的软件可能会覆盖一些共享系统文件，诸如动态链接库（.dll 文件）和可执行文件（.exe 文件）。覆盖系统文件后，系统性能会无法预见，程序运行不稳定，操作系统也会出现故障。

在 Windows 2000 和 Windows XP 中，Windows 文件保护可以防止替换受到保护的系统文件，例如 .sys、.dll、.ocx、.ttf、.fon 和 .exe 文件。Windows 文件保护在后台运行，可保护 Windows 安装程序安装的所有文件。

Windows 文件保护能检测到其他程序要替换或移动受保护的系统文件的企图。Windows 文件保护能检测文件的数字签名，以确定新文件的版本是否为正确的 Microsoft 版本。如果文件版本不正确，Windows 文件保护会使用 Dllcache 文件夹或 Windows CD 中存储的备份文件替换该文件。如果 Windows 文件保护无法定位相应的文件，它会提示用户输入该位置。Windows 文件保护还会将事件写入事件日志，注明曾有过文件替换企图。

默认情况下，Windows 文件保护一直处于启用状态，同时允许 Windows 数字签名文件替换现有文件。

“系统文件检查程序”必须以命令方式运行于命令行解释器。

2. “系统文件检查程序”sfc 语法

（1）语法。

sfc [/scannow] [/scanonce] [/scanboot] [/revert] [/purgecache] [/cachesize=x]

（2）参数。

/scannow：立即扫描所有受保护的系统文件。

/scanonce：一次扫描所有受保护的系统文件。

/scanboot：每次重新启动计算机时扫描所有受保护的系统文件。

/revert：将扫描返回到默认操作。

/purgecache：立即清除“Windows 文件保护”文件高速缓存，并扫描所有受保护的系统文件。

/cachesize=x：设置“Windows 文件保护”文件高速缓存的大小，以 MB 为单位。

/? ：在命令提示符显示帮助。

3. “系统文件检查程序”sfc 执行示例

启动命令提示符窗口，并保持使用当前“命令提示符”窗口。

在提示符“C:\Documents and Settings\Administrator>”后键入：“sfc /?”，界面如图 7-8 所示。

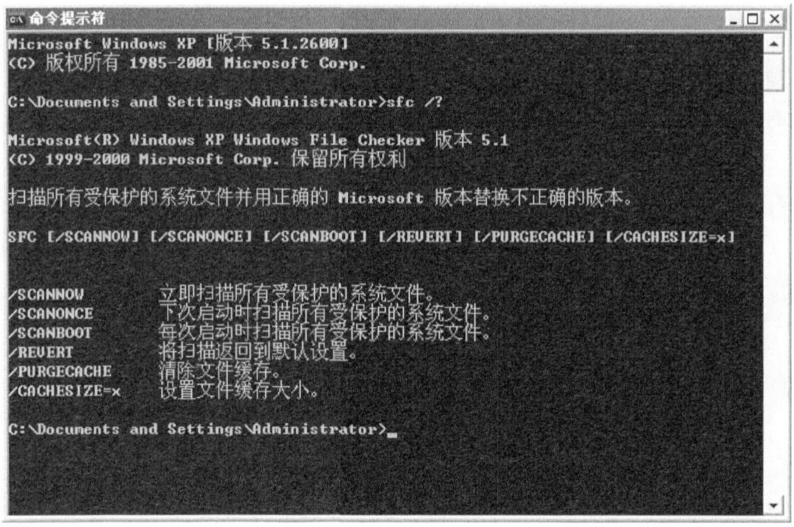

图 7-8 “sfc /?”命令执行窗口

4. 直接启动系统文件检查

“sfc /scannow”命令可以直接启动系统文件检查，如图 7-9 所示。

图 7-9　系统文件检查过程

7.1.4　磁盘碎片整理

1. 磁盘碎片整理程序概述

（1）什么是碎片。

当用户创建和删除文件和文件夹、安装新软件或从 Ineternet 下载文件时，卷会形成碎片。通常情况下，计算机会在对文件来说足够大的第一个连续可用空间上存储文件。如果没有足够大的可用空间，计算机会将尽可能多的文件保存在最大的可用空间上，然后将剩余数据保存在下一个可用空间上，并依此类推。

当卷中的大部分空间都被用作存储文件和文件夹后，大部分的新文件则被存储在卷中的碎片中。删除文件后，在存储新文件时剩余的空间将随机填充。

卷中的碎片越多，系统读写文件所花费的时间越多，计算机的文件输入/输出系统性能就越低。

（2）碎片整理。

磁盘碎片整理程序可以分析本地卷和合并碎片文件和文件夹，以便每个文件和文件夹都可以占用卷上单独而连续的磁盘空间。这样，系统就可以更有效地保存和访问文件和文件夹。通过合并文件和文件夹，磁盘碎片整理程序还将合并卷上的可用空间，以减少新文件出现碎片的可能性。合并文件和文件夹碎片的过程称为碎片整理。

碎片整理花费的时间取决于多个因素，其中包括卷的大小、卷中的文件数和大小、碎片数量和可用的本地系统资源。首先分析卷可以在对文件和文件夹进行碎片整理之前，找到所有的碎片文件和文件夹。然后就可以观察卷上的碎片是如何生成的，并决定是否会从卷的碎片整理中受益。。

磁盘碎片整理程序可以对使用文件分配表 (FAT)、FAT32 和 NTFS 文件系统格式化的文件系统卷进行碎片整理。

2. 整理碎片的最佳操作

（1）整理碎片之前进行分析。

在整理碎片之前请对卷进行分析。对卷进行分析后，一个对话框会告诉用户该卷中碎片文件和文件夹的百分比，以及建议是否进行碎片整理。应定期对卷进行分析，而只有在磁盘碎片整理程序建议时才整理碎片。至少每周进行一次卷分析是很好的指导准则。如果不需要经常对卷进行碎片整理，那么可以每月进行一次卷分析，而不用每周。

（2）添加大量文件后进行分析。

当用户添加大量的文件或文件夹后，卷上可能有过多的碎片，这种情况下一定要对卷进行分析。一般来讲，应对访问频繁的文件服务器上的卷比单个用户所使用的卷更经常地进行磁盘碎片整理。

（3）确保磁盘至少有 15% 的可用空间。

磁盘必须至少有 15% 的可用空间，磁盘碎片整理程序才能进行完全充分的碎片整理。磁盘碎片整理程序使用该空间作为文件碎片的排序区域。如果卷的可用空间少于 15%，那么磁盘碎片整理程序只能部分地对其进行整理碎片。要增加卷的可用空间，请删除不需要的文件或将其移至其他磁盘。

（4）在使用率较低期间进行碎片整理。

请在低卷使用期间对文件服务器的卷进行碎片整理，以便将磁盘碎片整理过程对文件服务器性能的影响降到最低程度。磁盘碎片整理程序对卷进行碎片整理所花费的时间取决于几个因素，包括卷的大小、卷上零碎的文件数及可用的系统资源。

（5）安装软件或安装 Windows 之后进行碎片整理。

安装软件、升级或全新安装 Windows 后对卷进行碎片整理。安装软件之后卷上会形成许多碎片，所以请运行磁盘碎片整理程序以帮获得最佳的文件系统性能。

3. 确定是管理员组的成员及组概述

有些过程必须以管理员或 Administrators 组成员身份登录才能完成。如果计算机与网络连接，则网络策略设置也可以阻止用户完成相应步骤。

4. 磁盘碎片整理程序的运行方式

磁盘碎片整理程序有 Windows 窗口界面和命令行两种方式。

（1）磁盘碎片整理程序窗口介绍。

磁盘碎片整理程序窗口界面如图 7-10 所示。

图 7-10 磁盘碎片整理程序窗口

磁盘碎片整理程序的窗口包括两部分。窗口上部显示本地计算机上的卷。窗口下部显示卷上碎片量的图形化表示。显示的颜色表示卷的大体状况：

- 红色区域表示零碎的文件；
- 蓝色区域表示连续的（不是零碎的）文件；
- 白色区域表示卷上的可用空间；
- 绿色区域表示不可移动的文件，这些文件无法通过磁盘碎片整理程序重新定位。

在文件分配表 (FAT)/FAT32 卷上，绿色区域一般表示页面文件（也称作对调文件）。不过，格式化成 NTFS 文件系统的卷上，它们也可能表示由 NTFS 更改日志和 NTFS 日志文件使用的空间。

磁盘碎片整理程序不会合并卷上的所有可用空间。尽管碎化成数百片的可用空间会对性能产生负面影响，但是可用空间分裂成少数碎片几乎不会影响性能。将所有可用空间合并到一处几乎不会带来性能上的改善。

通过比较"分析显示"和"碎片整理显示"，可以查看进行碎片整理后对卷的改善。

（2）从命令行运行磁盘碎片整理程序。

除了使用磁盘碎片整理程序整理磁盘外，也可以使用命令 defrag 对磁盘进行分析和整理。此处不再对 defrag 的使用进行介绍。

5．分析卷

选择"开始"→"所有程序"→"附件"→"系统工具"→"磁盘碎片整理程序"命令，即可打开磁盘碎片整理程序。单击要检查碎片文件和文件夹的卷，再单击"分析"按钮，例如选择 D 盘，界面如图 7-11 所示。

图 7-11 D 磁盘碎片分析过程窗口

磁盘碎片整理程序完成分析卷后，会显示出对卷的分析结果，如图 7-12 所示。它同时也会显示一个对话框，建议是否需要对卷进行碎片整理，如图 7-13 所示。

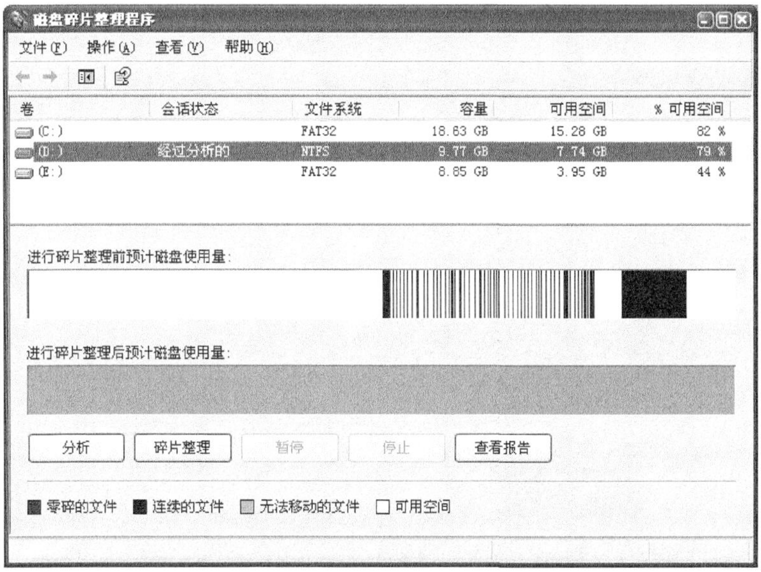

图 7-12 卷的分析结果

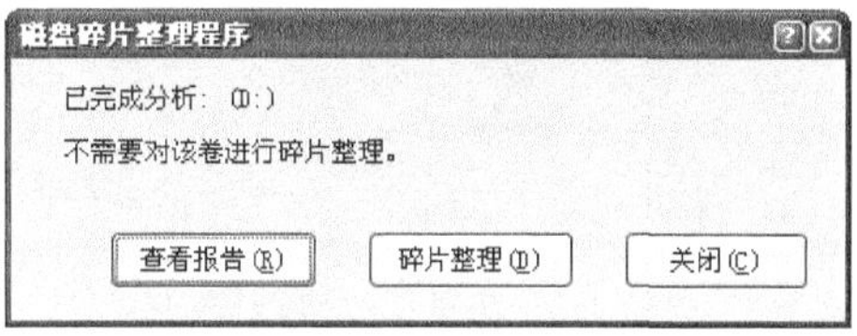

图 7-13 提示对话框

单击“查看报告”可以查看分析报告，其中显示了更详细的卷信息以及最多碎片文件的列表，如图 7-14 所示。

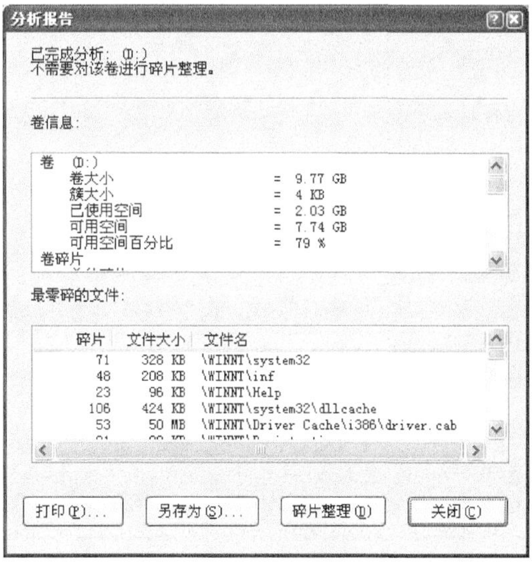

图 7-14 分析报告窗口

注意：必须以管理员或 Administrators 组成员身份登录才能完成该过程。如果计算机与网络连接，则网络策略设置也可以阻止完成此步骤。

6. 整理卷的磁盘碎片

（1）打开磁盘碎片整理程序。

单击要进行碎片整理的卷，然后单击“碎片整理”，例如选 D 卷，界面如图 7-15 所示。

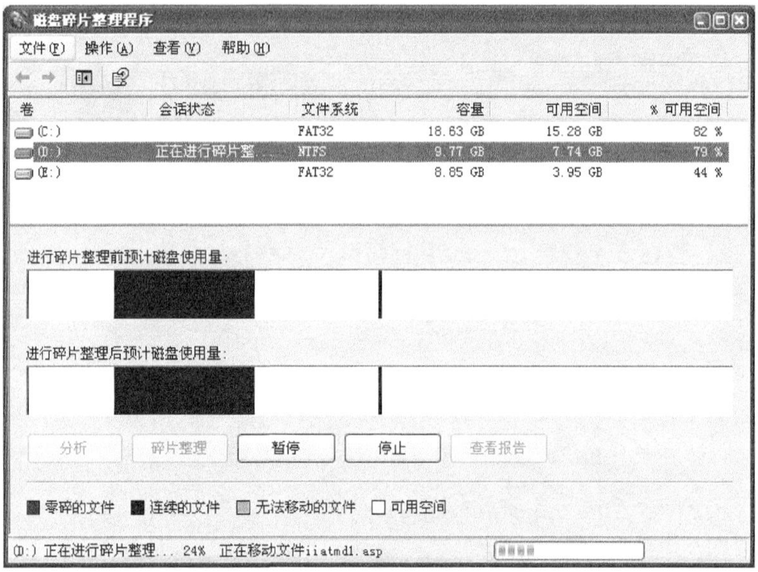

图 7-15　D 卷碎片整理窗口

完成磁盘碎片整理后，磁盘碎片整理程序会在“碎片整理”中显示整理结果，结果如图 7-16 所示。

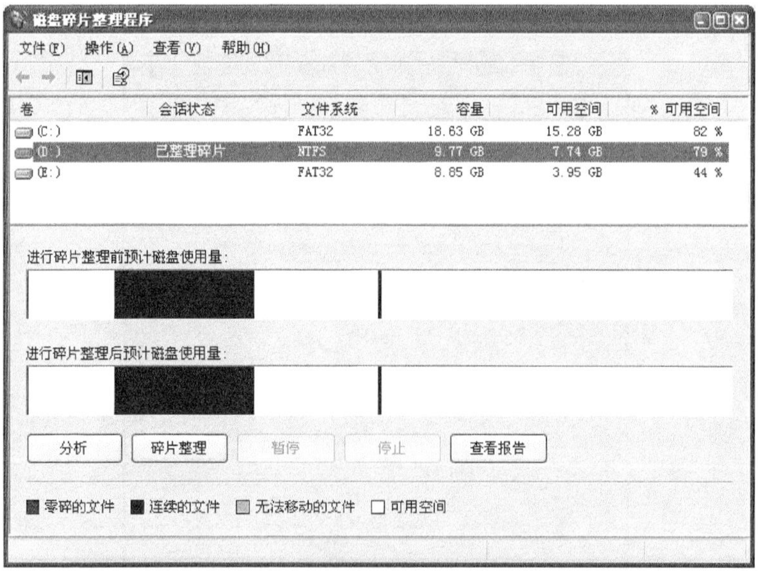

图 7-16　D 卷碎片整理结果显示窗口

（2）单击“查看报告”，以查看显示已整理卷的详细信息的碎片整理报告，如图 7-17

所示。

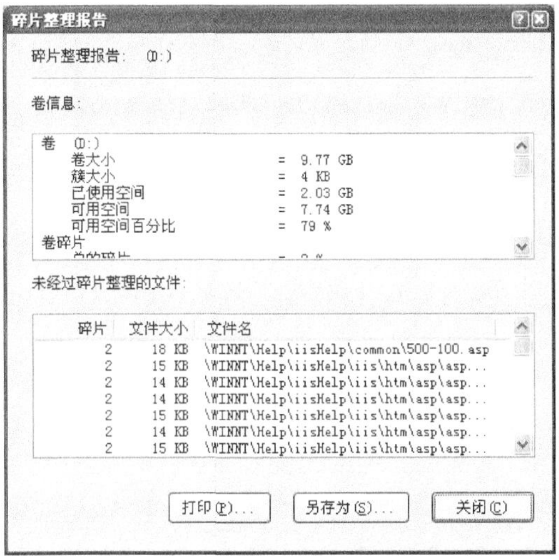

图 7-17 D 卷碎片整理报告

（3）分析和碎片整理显示与报告。

分析或整理卷后，可以通过被称为“分析显示和碎片整理显示”的彩色水平条形图查看分析或整理后的结果。也可以通过“分析报告或碎片整理报告”更详细地查看报告结果。由于磁盘碎片整理程序不允许在打开文件时移动和合并额外空间，所以额外空间在报告中显示为额外的碎片。

7.1.5 注册表工具

1. Windows 注册表

Windows 注册表是用于存储计算机的配置信息的数据容器。注册表包含操作过程中 Windows 持续引用的每个用户的配置文件、计算机上安装的程序和每个程序可以创建的文档类型、文件夹和程序图标的属性设置、系统中现有的硬件、正在使用的端口等信息。

注册表按层次结构组织，由项、子项、配置单元和值几项组成。

2. 注册表编辑器

注册表编辑器是用来查看和更改注册表设置的高级工具，注册表中包含了有关计算机如何运行的信息。Windows 将它的配置信息存储在以树状格式组织的数据库（注册表）中。

文件夹表示注册表中的项，并显示在注册表编辑器窗口左侧的定位区域中。在右侧的主题区域中，显示项中的值项。双击值项时，将打开编辑对话框。

（1）注册表编辑器项。

注册表编辑器的定位区域显示文件夹，每个文件夹表示本地计算机上的一个预定义的项。访问远程计算机的注册表时，只出现两个预定义项：HKEY_USERS 和 HKEY_LOCAL_MACHINE。

文件夹/预定义项	说明
HKEY_CURRENT_USER	包含当前登录用户的配置信息的根目录。用户文件夹、屏幕颜色和“控制面板”设置存储在此处。该信息被称为用户配置文件。
HKEY_USERS	包含计算机上所有用户的配置文件的根目录。HKEY_CURRENT_USER 是 HKEY_USERS 的子项。
HKEY_LOCAL_MACHINE	包含针对该计算机（对于任何用户）的配置信息。
HKEY_CLASSES_ROOT	HKEY_LOCAL_MACHINE\Software 的子项。此处存储的信息可以确保当使用 Windows 资源管理器打开文件时，将打开正确的程序。
HKEY_CURRENT_CONFIG	包含本地计算机在系统启动时所用的硬件配置文件信息。

下表列出当前由系统定义和使用的数据类型。

数据类型	说明
REG_BINARY	未处理的二进制数据。多数硬件组件信息都以二进制数据存储，而以十六进制格式显示在注册表编辑器中。
REG_DWORD	数据由 4 字节长的数表示。许多设备驱动程序和服务的参数是这种类型并在注册表编辑器中以二进制、十六进制或十进制的格式显示。
REG_EXPAND_SZ	长度可变的数据串。该数据类型包含在程序或服务使用该数据时确定的变量。
REG_MULTI_SZ	多重字符串。其中包含格式可被用户读取的列表或多值的值通常为该类型。项用空格、逗号或其他标记分开。
REG_SZ	固定长度的文本串。
REG_FULL_RESOURCE_DESCRIPTOR	设计用来存储硬件元件或驱动程序的资源列表的一列嵌套数组。

（2）启动“注册表编辑器”。

要打开“注册表编辑器”，依次单击“开始”→“运行”命令，键入 regedit 或 regedt32，然后单击“确定”按钮，打开的“注册表编辑器”窗口如图 7-18 所示。

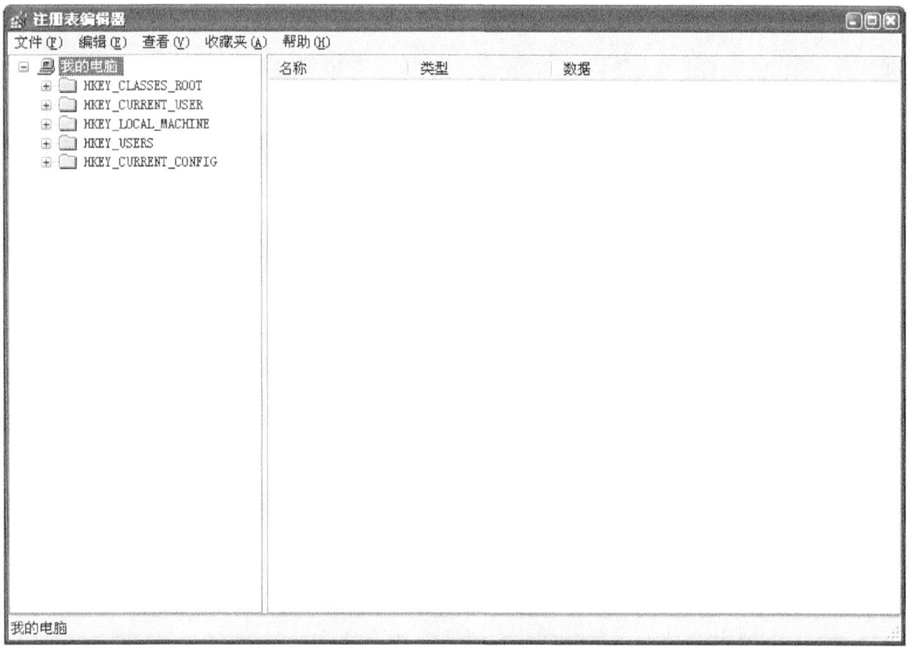

图 7-18 “注册表编辑器”窗口

（3）使用“注册表编辑器”。

使用“注册表编辑器”可以完成以下主要的注册表编辑、维护等工作：

- 更改项和值；
- 导入或导出注册表项；
- 加载或卸载注册表配置单元；
- 维护注册表安全性；
- 打印全部或部分注册表。

7.2 微机常用维护测试软件

7.2.1 系统测试软件 HWiNFO

系统测试软件 HWiNFO 是由 Martin Malik 公司发布的。它是一个专业化的、支持最新技术和标准的系统测试软件。

HWiNFO 的版本较多，下面以 HWiNFO32 1.62 汉化版为例，介绍 HWiNFO 的功能。

1. 启动 HWiNFO32

正确安装后，单击“开始”→“程序”→“HWiNFO32”→“HWiNFO32”命令，即可启动 HWiNFO32。启动后，其主界面如图 7-19 所示。

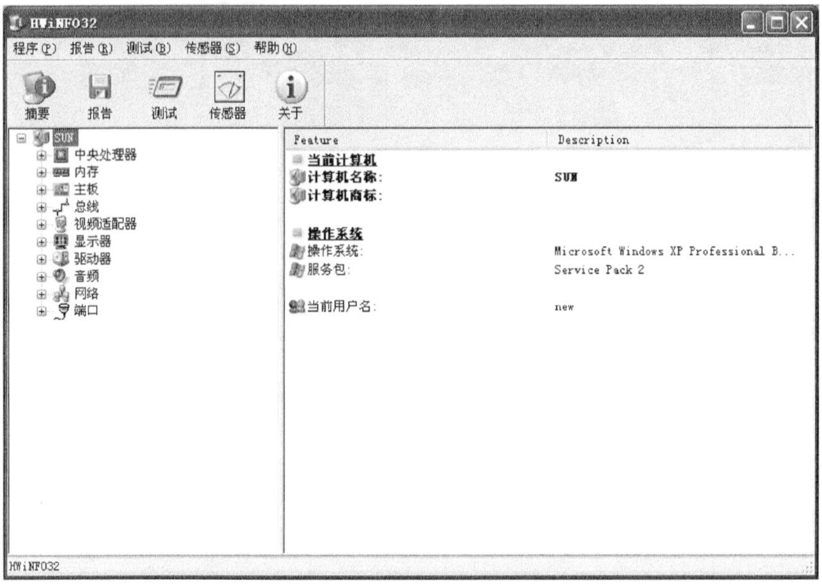

图 7-19 HWiNFO32 主界面

HWiNFO32 主菜单的功能都以常用工具栏的形式直接摆放在面板上，方便用户使用。

2. HWiNFO32 的功能

（1）快捷按钮的功能。

- 摘要：单击该按钮，将弹出的“摘要”对话框。在该窗口中，显示了计算机的处理器、主板、驱动器等所有硬件配置信息，如图 7-20 所示。

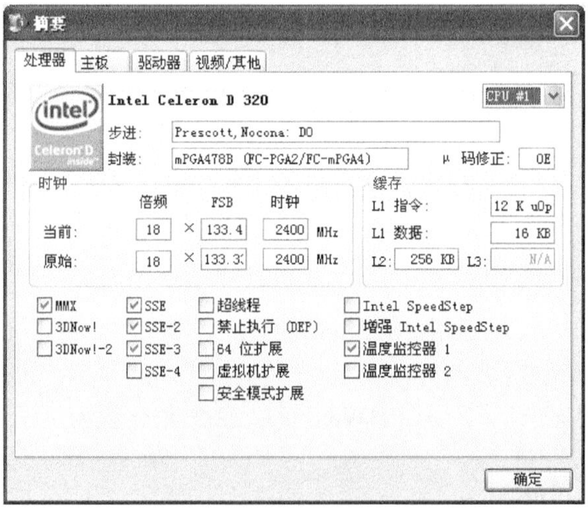

图 7-20 “摘要”对话框

- 报告：单击该按钮，将弹出“创建日志”对话框。

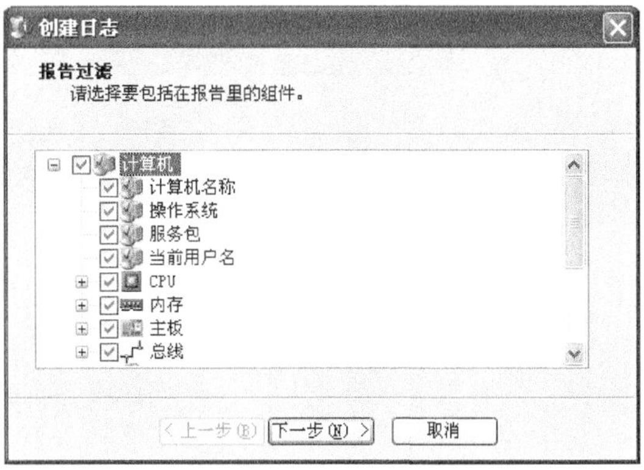

图 7-21 “创建日志”对话框

在该对话框中，选中要包含在报告里的组件，然后，单击“下一步”按钮，弹出如图 7-22 所示的“创建日志”对话框。

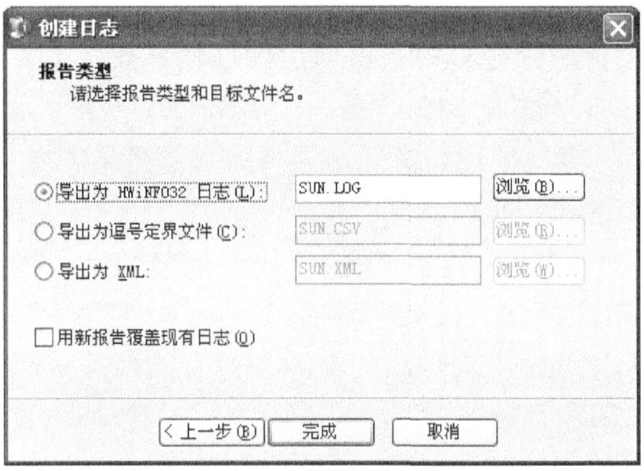

图 7-22 创建记录文件对话框

在该对话框中，选中待输出的档案文件的类型，扩展名可以为 LOG、CSV、XML，然后，在编辑框中输入文件名，可单击浏览按钮改变文件存放路径，最后，单击“完成”按钮即可。

● 测试 ：单击该按钮，将弹出如图 7-23 所示的“选择要执行的测试”对话框。

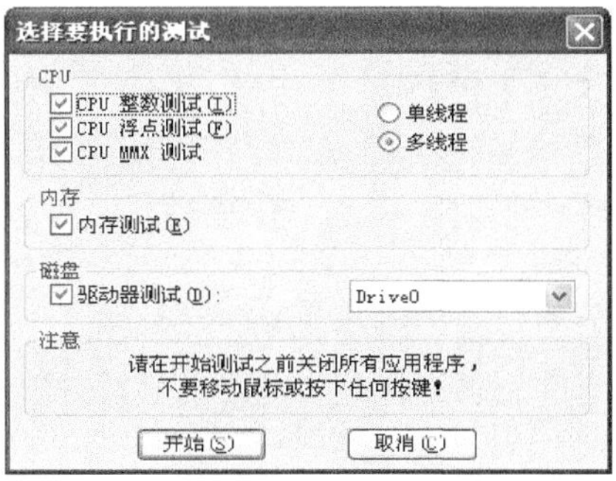

图 7-23 “选择要执行的测试”对话框

在该对话框中，可以对 CPU、内存、磁盘进行测试，选择所需测试项，再单击“开始”

按钮，片刻后，弹出如图 7-24 所示的“HWiNFO32 测试结果”对话框。

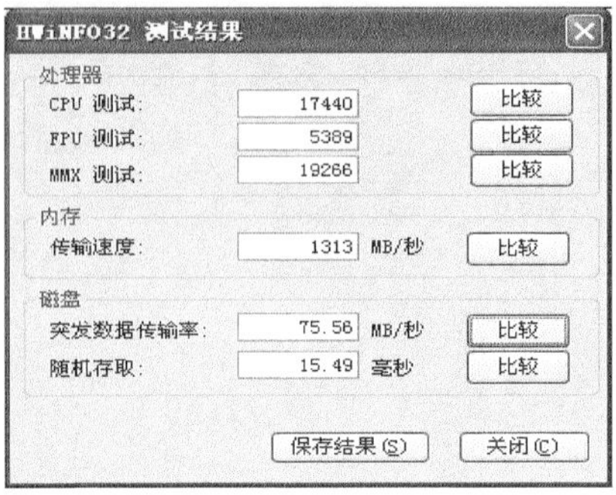

图 7-24　HWiNFO32 测试结果

在此对话框中，可以单击“比较”按钮，查看相关类型产品的指标比较，还可以单击“保存结果”按钮，将测试结果保存到相应的目录中。

- 传感器：单击该按钮，可测试连接的传感器的相关信息。

（2）窗口信息。

HWiNFO32 的主窗口分左右两子窗口，硬件信息在左窗口以树显示，在右窗口中显示的是每一项的明细信息，如图 7-19 所示。HWiNFO32 所能测试的硬件信息为以下 10 项。

- 中央处理器：测试处理器的系统（单或多处理器系统）、处理器封装数量、处理器内核数量、逻辑处理器数量。
- 内存：测试常规信息（总计内存大小）、当前性能设置（当前内存时钟、当前定时、内存运行方式）。
- 当单击本机的内存信息时，则显示该内存的相关信息。包括常规模块信息、模块特性、模块同步、特征。
- 主板：该测试项包括计算机、主板（主板型号、主板芯片组、主板插槽）、BIOS（BIOS 制造商、BIOS 日期等）。

在这一项中，还可以查看即插即用节点、ACPI 设备、SMBIOS DMI 等相关信息。

- 总线：测试已用板卡的总线类型及每一板卡的相关参数等。
- 视频适配器：测试包括视频芯片组（名称、视频内存）、显卡（名称、总线、BIOS 版本、序列号等）、性能。
- 显示器：该测试常规信息（名称、序列号、生产日期、尺寸等）、高级参数（显示类型、输入信号等）、DPMS 输入信号、DPMS 模式。
- 驱动器：测试软驱和 IDE(ATA/ATAPI)驱动器的信息。IDE(ATA/ATAPI)驱动器的信息包括常规信息、驱动器构造、传输模式、设备标志、特征、自监控、分析与报告技术。
- 音频：测试所使用的音频类型及性能。
- 网络：测试常规信息（网卡名称、供货商等）、性能（最大连接速度、发送缓冲大小、接收缓冲大小）。
- 端口：测试串口、并口、USB 的相关信息。

7.2.2 系统测试软件 Sisoftware Sandra

SiSoftware Sandra（the System Analyser Diagnostic and Reporting Assistant）是现在公认的权威系统分析评测工具，从 1995 年诞生，到今天已走过了十余年的发展历程，拥有超过 30 种以上的基准测试项目。它可对 CPU、主板、内存、硬盘、光储、SCSI 设备、APM/ACPI 设备、鼠标、键盘、网络等硬件进行基准理论对比测试。SiSoftware Sandra 有多种版本，下面以 SiSoftware Sandra 2007 为例介绍 SiSoftware Sandra 的功能。

正确安装后，单击“开始”→“程序” →“SiSoftware”命令，然后，单击“SiSoftware Sandra Lite XIIc”，即可启动 SiSoftware Sandra。启动后，其主界面如图 7-25 所示。SiSoftware Sandra 的界面非常友好、直观、易用。其界面的特点是除了简洁的菜单和工具条之外，还将所有的测试、诊断和分析报告项目都罗列在主窗口中，非常方便。

图 7-25 SiSoftware Sandra 主界面

1. SiSoftware Sandra 的主窗口

软件的主窗口由上到下排列：命令菜单、工具栏、工作区。工具栏可以通过单击选项夹进行切换，选项夹依次分为 Home（主页）、Tools（工具）、Benchmarks（基准）、Hardware（硬件）、Software（软件）、Testing（检测）、Support（支持）共 7 个。其中，主页是总领全局的，在这个页面中可以直接进入其他的六个领域。菜单上的“Tools”菜单对应着工具栏的“Tools”选项夹。“Views”菜单可以定义选项夹中内容的显示方式、大小图标、排列模式。

2. 硬件测试实例

硬件的检测在安装未知机器时非常有用，不需要拆开机箱查看芯片标识，只要运行一下该软件，便可以掌握机器的核心配置。

打开“Hardware”选项夹，有若干个硬件信息项可供分析查询，如图 7-26 所示。

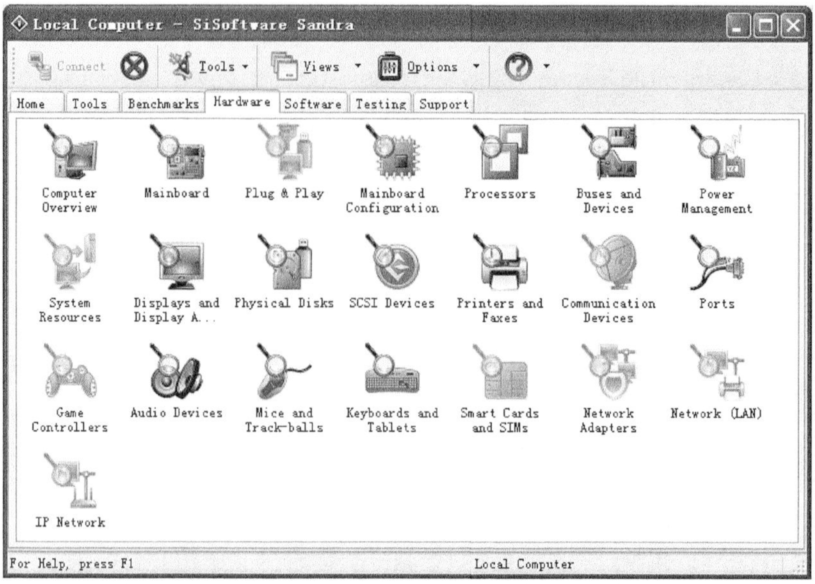

图 7-26 Hardware 界面

（1）Computer Overview。

单击"Computer Overview"，可以得到计算机的全部硬件信息概述，重要部件的详细信息可以从相应的配件测试信息中得到，Computer Overview 的运行界面如图 7-27 所示。

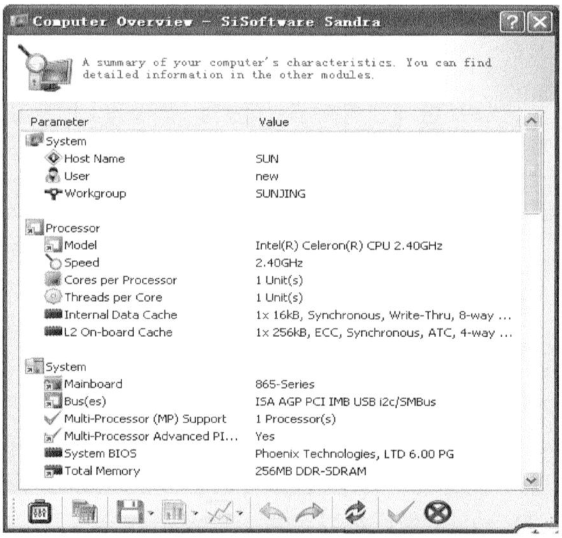

图 7-27 Computer Overview 界面

如果在浏览列表时感觉不方便，只想看自己感兴趣的内容，那就单击该页面左下角的"Options"，通过去掉默认的勾选，看到更简约的明细信息。还可以将显示的内容通过"粘贴到剪贴板上"按钮或直接按组合键 Ctrl+C 将信息剪贴，然后复制到记事本或 Word 中做备案，非常的方便。

（2）Mainboard（测试主板信息）。

单击“Mainboard”，可以看到目前使用的主板的信息，如主板厂家、内存控制器、芯片组、内存模块、环境监控器、电压、Hub 控制器等，主板上的内容尽收眼底，如图 7-28 所示。通过上面的信息列表，可以确定主板的厂家、使用的版本、BIOS 版本、内存插槽性能参数与个数等信息，从而了解和掌握自己的机器配置，这些信息还可以在升级时做参考或恢复驱动程序时使用。

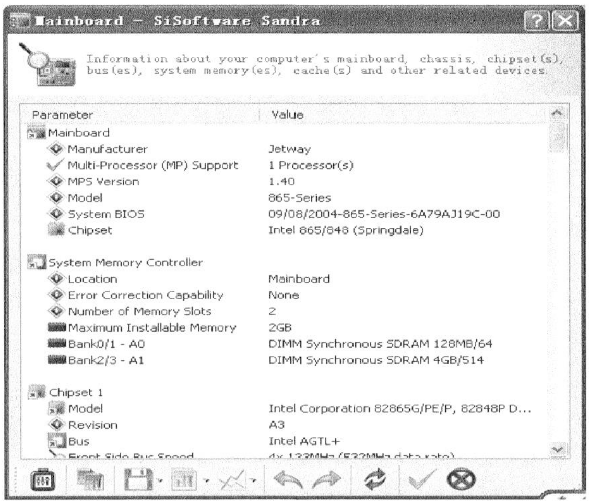

图 7-28 Mainboard 界面

（3）Mainboard Configuration。

单击“Mainboard Configuration”，可以得到本机的 BIOS 等信息，如图 7-29 所示。

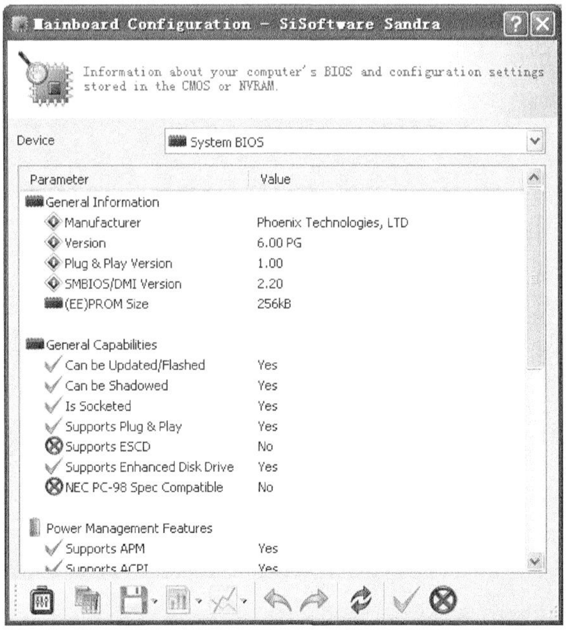

图 7-29 “Mainboard Configuration”窗口

（4）Processors。

单击“Processors”，可以得到本机 CPU 的相关信息，如图 7-30 所示。

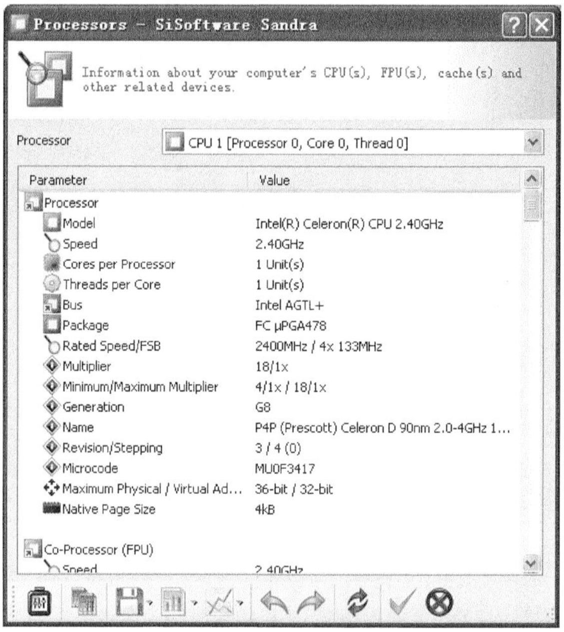

图 7-30 Processors 信息

3. Software（软件测试）

除了硬件测试之外，用户还常常需要了解机器中所有的软件信息，比如系统、服务、进程等内容。

打开“Software”选项夹，有若干个信息项可供分析查询，如图 7-31 所示。

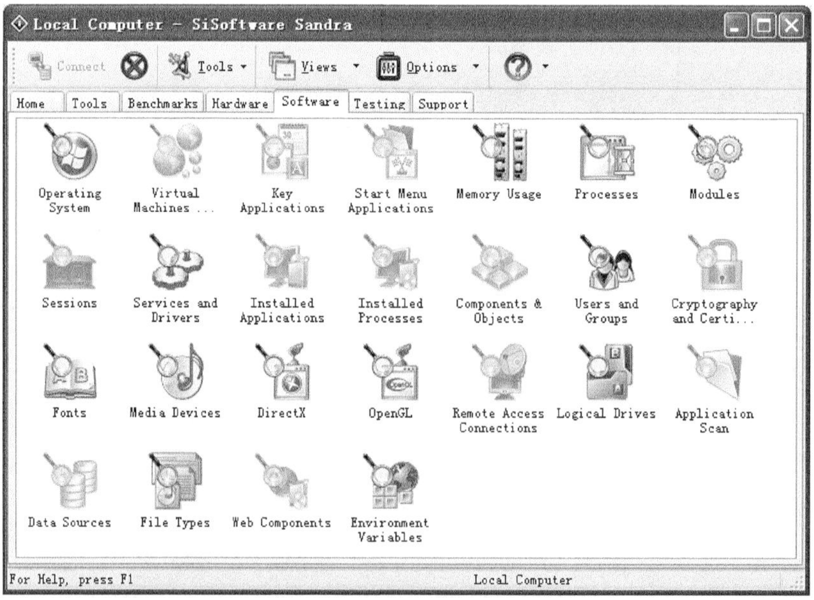

图 7-31 Software 界面

从图 7-31 中可以看到，从操作系统到正在运行的进程模块、第三方软件，在这个页面中都可以查询到。

（1）Operationg system。

主要提供本机所使用的操作系统的相关信息。

（2）Processes。

通过“Processes”项，可以查到当前后台运行的进程及其包含的模块。

（3）DirectX。

对于常玩游戏或从事三维制作的读者，要看系统的 DirectX 性能和配置，就可以点“DirectX”项，查询 Direct3D Devices、DirectDraw Devices 等信息。

（4）Environment Variables。

通过“Environment Variables”项，可以查到当前、系统及用户的各种环境变量值。

4. Benchmarks（基准）

通过 SiSoftware Sandra 的基准和检测功能，可以检测计算机的整体硬件性能。基准就是检测机器运算处理能力（整数与浮点）、多媒体处理器、文件系统性能、物理硬盘、内存带宽、网络带宽等项目。每个项目有四个参考值，通过下拉菜单可以选择多个同类部件进行比较，并以条形图显示，比较结果一清二楚。这样就能提高认识硬件的能力。

（1）Processor Arithmetic。

Processor Arithmetic 是 CPU 的数学运算测试项目。在测试中，程序会同时进行整数和逻辑运算性能、浮点运算性能测试、SSE3、SSE4 指令集检测。在实际应用中，浮点运算能力直接关系着计算机的多媒体处理能力。

（2）Processor Multi-Media。

Processor Multi-Media 检验 CPU 的多媒体生成运算能力。具体测试项目也是分为整数运算和浮点运算两项。计量单位是 it/s，意思为每秒进行的循环计算次数。此项测试同样会调用 SSE3 和 SSE4 指令集，如果处理器不支持的话得分会有所下降，界面如图 7-51 所示。

（3）Memory Latency。

Memory Latency 可线性记录 CPU 缓存、系统内存在吞吐 1KB～64MB 数据包时的延迟时间，计量单位为 ns 纳秒。通过曲线的变化，用户能直观的看出 L2 缓存和内存的延迟状态。此功能已能支持 HT 超线程、双核独立 L2 缓存和共享 L2 缓存多种模式。

（4）Power Management Efficiency。

Power Management Efficiency 功能是针对 Intel 自动降频技术“ESIT”、“Speedstep”和 AMD 功耗控制技术 Cool’n’Q 开发的。意在考察 CPU 在不同负载下频率的变化，从而体现各家变频降耗技术的有效性。此功能原理是在后台进行不同编码格式的视频流处理，通过负载的变化来激活变频降耗技术。当然，CPU 要是没有开启或不支持此类技术，那得到的结果就会是一条直线。

5. Testing（检测）

通过检测，可以了解机器的配置文件情况，比如 Config.nt、Boot.ini、AutoExec.nt 三方面的内容。

6. 其他方面

这个方面就是辅助用户做备案工作和无人看守维护，比如将分析到的信息通过剪贴板放到记事本或 Word 中，以备日后查询；让它生成一个关于某个部件或机器整体的性能参数方面报告；为用户如何提高机器性能出个高招；为机器设置环境监视器等，都在 Tools 和 Support 中得到了体现。

7.3 常用杀毒软件

7.3.1 计算机病毒知识

所谓计算机病毒，实际上是一个可以自我复制和传播的程序。该程序可以直接或间接地运行，当计算机运行了带病毒程序后，病毒就会驻留在内存中，并在一定的条件下，进行自我复制并感染其他文件和磁盘。计算机病毒具有很大的危害性，可以破坏计算机系统内的可执行文件和数据文件，干扰系统的正常工作，甚至导致整个系统瘫痪。因此，计算机用户应对此引起足够的重视。下面就有关计算机病毒的特点、分类及防治的一般方法作一简单介绍。

1. 计算机病毒的特点

计算机病毒一般具有以下几个特点：

- 破坏性；
- 潜伏性；
- 可触发性；
- 传染性。

2. 计算机病毒的分类

计算机病毒可以从不同角度分类。若按病毒的寄生方式和传染机制，可以将计算机病毒分为引导型、文件型、混合型及宏病毒四类。

引导型病毒主要是将病毒体隐藏于磁盘的引导扇区中。在系统启动时，引导扇区病毒用它自己的数据来代替原始引导数据，并将病毒装入内存，同时取得对微机系统的控制权，伺机发作。

文件型病毒隐藏在可执行文件中，使文件的代码变长。这种病毒在运行程序时即被激活，并感染其他程序文件（主要感染.EXE 文件和.COM 文件）。

混合型病毒同时具有引导型和文件型病毒的特点，它既寄生在磁盘的引导扇区，又寄生于可执行文件中，发现和删除较为困难。

宏病毒与前几类计算机病毒不同，它只感染微软公司的字处理软件 WORD 生成的.DOC 和.DOT 文件。只要 WORD 打开感染了宏病毒的文档，病毒便会侵入计算机中并传播。

3. 计算机感染病毒后的症状

通常计算机感染病毒后都有某些特定的症状，根据这些症状可初步判断计算机是否已感染病毒。一般当出现以下现象时应怀疑计算机可能已感染病毒。

- 屏幕上显示一些莫名其妙的信息或图像；
- 系统运行时频繁地死机或突然重新启动；
- 系统运行速度明显下降；
- 未读写磁盘期间，磁盘指示灯突然发亮；
- 磁盘空间明显减小；
- CMOS 中的信息频繁丢失；
- 磁盘文件无故增加；
- 磁盘文件或数据无故消失。

4. 防治计算机病毒的一般方法

病毒的侵入必将对系统资源构成威胁，因此，防止计算机病毒的侵入要比病毒侵入后再去发现和清除它更重要。作为计算机用户，应以预防为主，以防病毒软件查杀为辅。下面介绍防治计算机病毒的一般方法：

（1）系统中的数据要定期进行备份；

（2）凡不需要再写入数据的文件都应分别存放在不同的子目录中；

（3）经常检查一些可执行文件的长度，当发现文件长度发生变化时，应考虑是否计算机染上病毒；

（4）对公用软件和共享软件应谨慎使用，对于来路不明的软件应先用防毒软件检查，确定无毒后再使用；

（5）对于带有硬盘的微机，不从软盘引导系统，可有效地防止引导型病毒的侵入；

（6）使用高版本 BIOS 对硬盘主引导区和 DOS 分区加以保护；

（7）定期用最新版本的杀毒软件对整个系统进行查杀；

（8）对执行重要工作的机器要专机专用，专盘专用。

下面以瑞星杀毒软件为例对杀毒软件的功能与使用方法进行简单介绍。

7.3.2 瑞星杀毒软件

瑞星杀毒软件是针对流行于国内外危害较大的计算机病毒和有害程序，由我国企业自主研制的反病毒安全工具。下面以瑞星 2008 版为例，来介绍瑞星杀毒软件的功能。

1. 启动瑞星杀毒软件

（1）在安装向导“结束”窗口中勾选“运行杀毒软件主程序”选项，则安装完成后自动运行杀毒软件主程序 。

（2）除此之外，还可以通过单击桌面快捷方式，执行程序菜单命令等多种方式快速启动瑞星杀毒软件主程序。

2. 主程序界面介绍

“首页”即瑞星杀毒软件主程序启动后的默认界面，如图 7-32 所示，是用户使用的主要操作界面，此界面为用户提供了瑞星杀毒软件常用的功能和快捷控制选项。通过简便、友好的操作界面，用户无需掌握丰富的专业知识即可轻松地使用瑞星杀毒软件。

图 7-32 瑞星杀毒软件主程序界面

（1）菜单栏。

用于进行菜单操作的窗口，包括“操作”、“视图”、“设置”和“帮助”四个菜单选项。

（2）标签页。

菜单栏的下面是 6 个标签页面，分别是首页、杀毒、监控、防御、工具、安检。

● 首页。

在瑞星杀毒软件的首页中，显示了操作日志、瑞星信息中心和操作按钮三部分信息。操作日志是为用户提供全面的操作日志信息，包括程序版本、上次在线升级日期、病毒库发布日期和上次全盘查杀日期等；瑞星信息中心为用户提供最新的安全信息；操作按钮为用户提供快捷的操作方式。

● 杀毒。

为用户提供自定义的杀毒方式，用户在对象栏中可以选择查杀目标和快捷方式，在设置栏中可以方便地对病毒的处理方式和隔离区空间大小等进行设置，界面如图 7-33 所示。

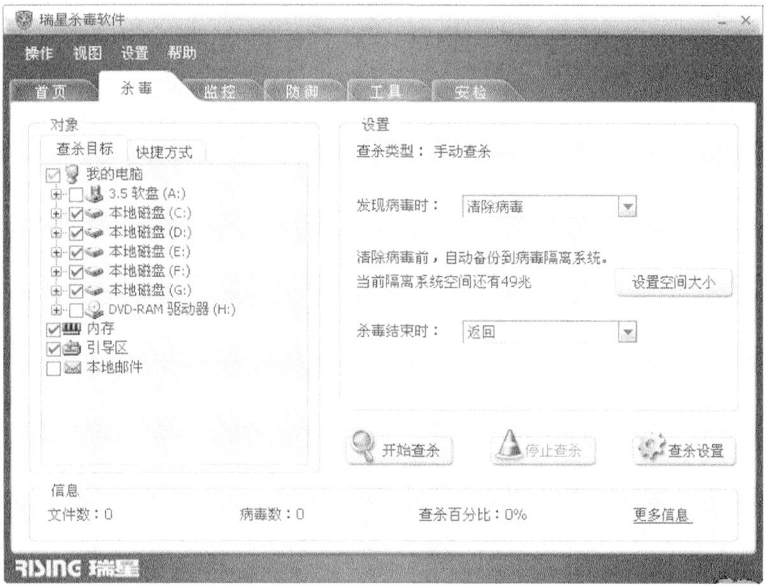

图 7-33 杀毒

- 监控。

监控界面如图 7-34 所示。此界面显示了瑞星监控及其状态。包括的监控有文件监控、邮件监控和网页监控。用户可以通过单击“开启”或“关闭”按钮控制监控状态。

图 7-34 监控

- 防御。

主动防御是一种阻止恶意程序执行的技术。瑞星的主动防御技术提供了更开放的高级用户自定义规则的功能，用户可以根据自己系统的特殊情况，制定独特的防御规则，使主动防御可以最大限度的保护系统。

其中，主动防御功能包括：系统加固、应用程序访问控制、应用程序保护、程序启动控制、恶意行为检测、隐藏进程检测和自我保护等功能。

- 工具。

工具界面包含病毒隔离系统、其他嵌入式查杀等瑞星工具，能够显示工具名、版本信息、大小、操作、帮助、简单介绍、更新时间等信息。这些工具可以按照名称、大小、版本信息进行排序。单击“运行”按钮可以启动相应工具。在界面底部，单击“检查更新”按钮，程序将连接到瑞星网站下载最新的工具包，提供给用户最新的使用工具。如果用户在使用中有不理解的地方，单击“帮助”链接到瑞星帮助文件了解帮助信息。

- 安检。

为用户提供全面的评测日志，方便用户了解当前计算机的安全等级及系统状态。并根据用户计算机的情况推荐用户进行相应的操作，提高计算机的安全等级。用户可以单击“详细报告”了解检查项目具体细节。

3. 查杀病毒

（1）识别病毒类型。

病毒列表：若瑞星杀毒软件发现病毒，则会将文件名、所在文件夹、病毒名称和状态显示在窗口中。在每个文件名称前面有图标标明病毒类型，各图标含义如图 7-35 所示。

	未知病毒		引导区病毒		未知宏病毒
	Dos下的com病毒		Windows下的le病毒		未知脚本病毒
	Dos下的exe病毒		普通型病毒		未知邮件病毒
	Windows下的pe病毒		Unix下的elf文件病毒		未知Windows病毒
	Windows下的ne病毒		邮件病毒		未知Dos病毒
	内存病毒		软盘引导区病毒		未知引导区病毒
	宏病毒		硬盘主引导记录病毒		
	脚本病毒		硬盘系统引导区病毒		

图 7-35 病毒列表

在病毒列表中，用鼠标右键单击某项，选择“病毒信息”，可连接到瑞星反病毒资讯网了解此病毒的病毒分类、传播途径、行为类型以及相应的解决方案等详细信息。

（2）手动查杀病毒。

启动瑞星杀毒软件。确定要扫描的文件夹或者其他目标，在“查杀目标”中被勾选的目录即是当前选定的查杀目标 。

单击“开始查杀”按钮，则开始查杀选定的目标，发现病毒立即清除；扫描过程中可随时单击“暂停查杀”按钮来暂时停止查杀病毒，按“继续查杀”按钮则继续查杀，或单击“停止查杀”按钮停止查杀病毒。查杀病毒过程中，文件数、病毒数和查杀百分比将显示在下面，并且可以通过“更多信息”链接查看查杀病毒的详细情况，其中包括当前查杀文件路径、查杀信息、查杀进度、病毒列表等。

查杀结束后，扫描结果将自动保存到杀毒软件工作目录的指定文件中，可以通过历史记录来查看以往的查杀病毒结果。

（3）定时查杀病毒。

定时扫描是指在特定时间，让瑞星杀毒软件自动启动，并对预先设置的目标进行病毒扫描。

操作方法如下。

在瑞星杀毒软件主程序界面中，选择“设置”→“详细设置”→“定制任务”→“定时查杀”命令。

在“定时查杀”页设置“查杀频率”和“时间”，再按“确定”按钮保存设置。

定时杀毒为用户提供了自动化的、个性化的杀毒方式。

（4）Linux 引导查杀。

用瑞星杀毒软件 2008 版光盘启动系统，进入 Linux 状态下杀毒界面，具体步骤如下：

- 先将计算机启动顺序设为光盘启动；
- 将瑞星杀毒软件 2008 版光盘放入光盘驱动器；
- 重新启动计算机，系统将自动从光盘启动；
- 用户将看到启动画面，启动后自动进入瑞星 Linux 杀毒主界面。然后即可进行查杀病毒、恢复硬盘数据。

（5）文件粉碎。

文件粉碎功能将废弃文件数据完全粉碎、清除，无法用常规手段恢复，保证用户隐秘资料的安全。粉碎文件的操作将导致被粉碎的文件无法恢复，须慎重选择，防止误操作造成数据丢失。

在准备粉碎的文件或文件夹上单击右键，选择“粉碎文件”命令，出现“瑞星文件粉碎器”界面，粉碎列表中显示了用户已选择的准备粉碎的文件或文件夹。单击“添加”按钮可以添加其他想要粉碎的文件到列表中；选中列表中某个文件或文件夹单击“移除”按钮可以把已选择的文件或文件夹从列表中删除；单击“清空”按钮将把粉碎列表清空。确定准备粉碎的文件后，单击“开始”按钮，即对列表中的所有文件执行粉碎操作。

4. 监控功能

（1）文件监控。

文件监控用于实时的监控系统中的文件操作，在操作系统对文件操作之前对文件查毒，从而阻止病毒运行，保护系统安全。用户可以设置文件白名单和目录白名单，避免对于确定安全的文件或者目录频繁访问。

（2）邮件监控。

用户在接收或发送邮件时，邮件监控可以对接收和发送的邮件进行病毒扫描，防止病毒通过邮件传播，感染计算机。

（3）网页监控。

网页监控通过监控网页脚本来检测恶意网页内容，在脚本执行之前会先检查网页脚本是否存在问题，若检查到可疑网页脚本，网页监控会提示用户进行处理。

5．主动防御

通过一定规则过滤应用程序，当发现其存在恶意行为的时候，便告知用户，将处理此恶意行为的权力交给用户，由用户决定放过还是拒绝此类危险动作，从而达到主动预防病毒的作用。

6．工具

（1）病毒隔离系统。

病毒隔离系统将安全隔离并保存染毒文件的备份，用户可以从中对染毒文件进行恢复。此功能为了防止异常错误给用户造成文件的损失，为用户提供一个统一的病毒文件恢复机制。

（2）漏洞扫描。

瑞星漏洞扫描是对 Windows 系统存在的“系统漏洞”和“安全设置缺陷”进行检查，并提供相应的补丁下载更新和安全设置缺陷修补的工具。

（3）其他嵌入式杀毒设置。

瑞星杀毒软件嵌入式杀毒工具是在用户使用即时通讯软件（如 MSN Messenger）、压缩工具（如 WinZip）和下载工具（如 FlashGet）时，会自动调用瑞星杀毒软件对接收的文件进行病毒扫描，防止病毒通过外来文件传播到本地。

（4）硬盘数据备份与恢复。

瑞星硬盘数据备份，只备份了硬盘的重要信息（而非所有信息），与操作系统提供的系统还原等传统备份、恢复功能有很大差别。

瑞星杀毒软件在安装后默认启用了定时备份硬盘数据，用户也可以执行“详细设置”→“定制任务”→“硬盘备份”命令，更改此项设置。

当用户遇到数据文件丢失的时候，可尝试进行数据恢复，为避免数据恢复过程中出现意外，进行恢复之前请务必先对硬盘现有的数据进行备份，恢复后的硬盘不保证操作系统能够正常运行。

数据恢复操作是一项有很大风险且无法保证成功的操作，请谨慎使用。

（5）账号保险柜。

瑞星账号保险柜能够将瑞星杀毒软件支持的软件自动加入到应用程序保护功能中。

7．升级

（1）定时升级。

使用定时智能升级能保持及时升级到最新版本，从而可以查杀各种新病毒。

（2）软件升级。

瑞星网站定期提供升级程序文件，这样在实现大跨度版本升级（如从 2007 版及其以前版本升级到 2008 版）以及由于光盘安装版本陈旧导致安装失败或重新安装操作系统后全新安装瑞星软件时，都可以方便快速地更新瑞星杀毒软件的版本。

升级方法：登录瑞星网站，使用产品序列号和用户 ID 进入产品升级更新服务页面。单击升级程序文件的下载按钮即可开始下载，下载完成后拷贝到已经安装有瑞星杀毒软件的计算机上直接运行即可。

7.4 压缩工具软件

随着应用软件功能的不断增强，各类软件有愈来愈大的趋势，其磁盘存储量也随之增大。另外，图形图像文件也大量占用磁盘空间。文件庞大，不易管理，传送耗时等，都给用户带来不便。而使用压缩软件，不仅可以节约磁盘空间，而且使文件管理更加容易。因此，压缩工具软件已经成为用户手边必备的工具之一。

7.4.1 压缩工具软件 WINZIP

WINZIP 是 Nico Mak Computing 公司开发的著名 ZIP 压缩文件管理器。它有操作简便、压缩运行速度快等显著优点。WINZIP 是一种支持多种文件压缩方法的压缩解压缩工具，几乎支持目前所有常见的压缩文件格式。WINZIP 还全面支持 Windows 中的鼠标拖放操作，用户用鼠标将压缩文件拖曳到 WinZip 程序窗口，即可快速打开该压缩文件。同样，将欲压缩的文件拖曳到 Winzip 窗口，便可对此文件压缩。

1. 启动 WINZIP

单击“开始”→“程序” →“WINZIP”，启动 WINZIP。启动画面如图 7-36 所示。

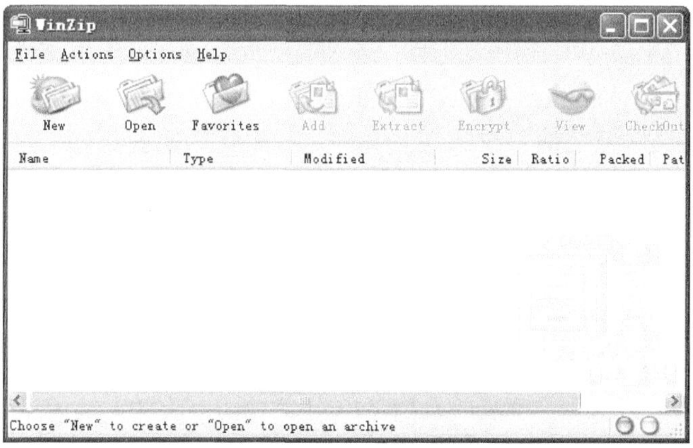

图 7-36 WINZIP 启动画面

2. WINZIP 常用功能

下面就以 WINZIP 9.0 为例来学习一下它的常用功能。在图 7-44 所示，可以看到窗口的上面有一排大按钮，它们是 WINZIP 的主要功能按钮。

- New： 新建压缩文件；
- Open：打开现有压缩文件；
- Favorites：列出你最常用的 ZIP 压缩文件；

- Add：增加需压缩的文件到压缩文件中；
- Extract：把压缩文件解压；
- View：在压缩文件内查看文件具体内容；
- Checkout：将压缩文件内文件全部解压缩或是安装应用程序；
- Wizard 启动 WINZIP 压缩向导。

另外，WINZIP 还可自动识别压缩文件的 Install.exe 或是 setup.exe，若压缩文件中存在这类文件，则 Checkout 按钮变为 Install 按钮。

3. WINZIP 使用举例

（1）建立一个新压缩文件的方法。

启动 WINZIP 后，用鼠标单击工具栏上的“New”按钮，弹出“New Archive”对话框，在“文件名：”框中输入将要建立的压缩文件的保存路径和文件名“D:\try.zip”；

单击“OK”按钮，弹出名为“Add”的对话框，在“Add From”框中选定要压缩的文件夹或文件。如“d: \dan”，即选中该文件夹下的所有文件。单击“Add”按钮，压缩文件包 try.zip 就建好了。

（2）打开已有的压缩文件的方法。

通常可在资源管理器中双击压缩文件名来打开一个已经存在的压缩文件。

启动 WINZIP 后，用鼠标单击工具栏上的“open”按钮；弹出“Open Archive”对话框，在“文件名：”框中输入要打开的压缩文件的文件名，单击“打开”按钮。还可以向 ZIP 文件中追加文件或文件夹。打开要追加文件或文件夹的压缩文“件 d：\dan.zip”；在工具栏单击“Add”按钮，在出现的“Add”对话框中选定要追加的文件或文件夹。

单击“Add”按钮。WINZIP 将把那个文件添加到 dan.zip 压缩文件中了。

（3）删除压缩文件中的文件或文件夹的方法。

同样，也可以从压缩文件中删除某些文件。只要先选定要删除的文件或文件夹；然后在文件名上单击鼠标右键，从弹出的快捷菜单中选择“Delete...”命令，再单击出现的“Delete”对话框中的“Delete”按钮，这个文件就从这个压缩文件中删除了。若在出现的“Delete”对话框中的“files”选项中选择“Entire archive”，则是要删除这个 zip 文件。

（4）解压缩文件或文件夹的方法。

首先打开压缩文件；然后选择要解压的文件或文件夹，用鼠标单击工具栏上的“Extract”按钮；弹出“Extract”对话框，如图 7-37 所示；在出现的“Extract”对话框的“Extract To：”框中选择目的文件夹 c:\4000200；单击“Extract”按钮，文件就被解压到了 c:\4000200 下。

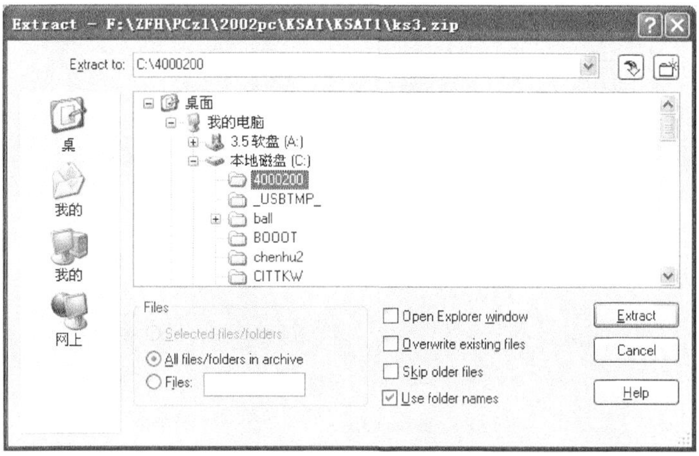

图 7-37 “Extract”对话框

（5）创建自解压文件。

在 “Actions”菜单中选择“Make .EXE File”项（或按 Shift＋K 组合键），出现如图 7-38 所示的“WinZip Self Extractor Personal Edition”对话框；

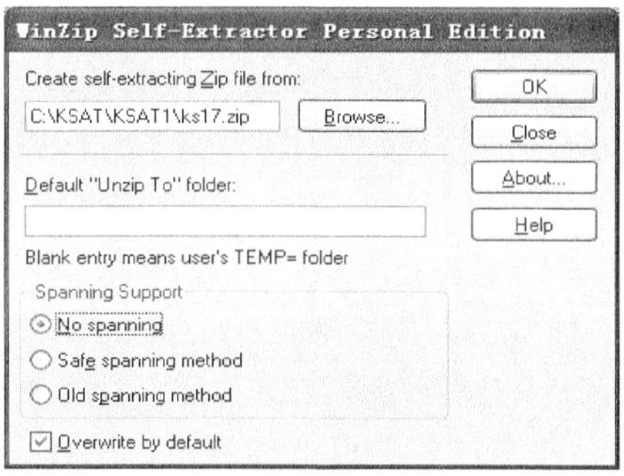

图 7-38 “WinZip Self Extractor Personal Edition”对话框

在“Create Self Extracting.ZIP Form”框中选择或输入要转换成自解压文件的文件名；

单击“OK”按钮，弹出“WinZip Self Extractor Personal Edition”对话框，如图 7-39 所示。

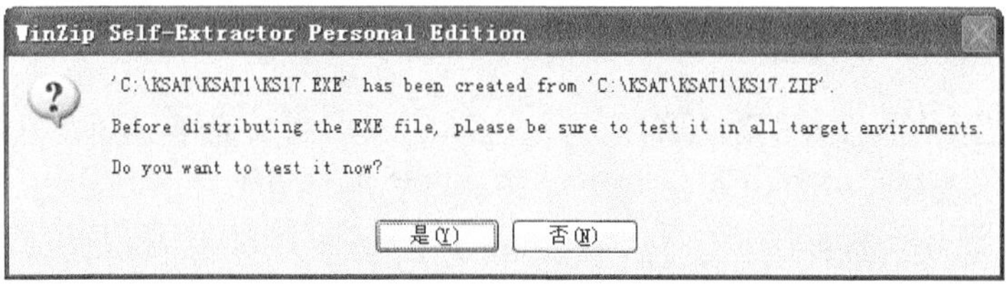

图 7-39 WinZip Self Extractor Personal Edition

这是问是否要测试一下压缩的文件，单击“否(N)”按钮，再点“Close”，自解压文件就做好了，打开资源管理器看看。

（6）创建分卷压缩文件。

WinZip 还允许把文件压缩保存到几张软盘上。

单击工具栏中的“New”按钮，程序弹出“New Archive”对话框；

在“File Name”文本框中输入需创建的压缩文件名称软盘盘符 A:\1.ZIP；

单击“OK”按钮，再单击工具栏上的“Add”设置对话框。选择 D:\temp 下的所有文件。在“Multiple Disk Spanning”下拉文本框中设置分卷压缩方式，画面如图 7-40 所示。

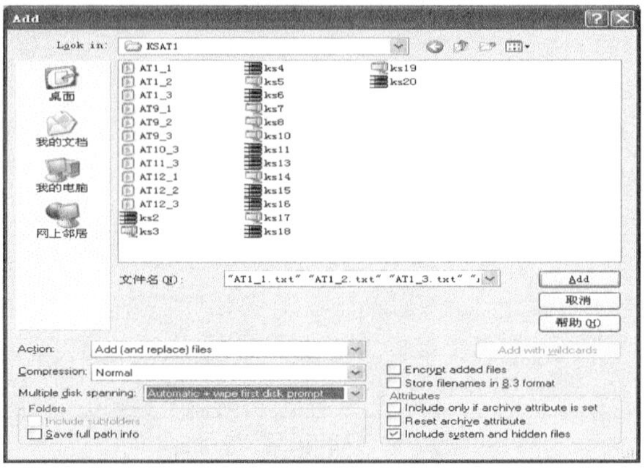

图 7-40 “Add”对话框

“Automatic”项：自动检测软盘可用空间并进行分卷压缩文件的创建，一般选择此项。

“Automatic ＋ wipe first disk prompt”项：自动检测软盘的可用空间，并进行分卷压缩文件的创建。在进行压缩时，提示用户是否删除软盘中已有的数据。

“No spanning”项：不进行分卷文件创建，只向软盘中压缩数据。

单击“Add”按钮，程序开始压缩，当软盘满了时，WinZip 会提示插入下一张软盘。在使用分卷压缩时，你要注意一点，WINZIP 的分卷压缩只支持软盘上的压缩，是无法把文件分卷压缩在硬盘上的。

前面学了 WinZip 的各种操作，其实 WinZip 有很多便捷的操作，可以在资源管理器中直接进行压缩、解压缩、向压缩文件中添加文件等。比如要解压缩一个文件，在资源管理器中找到这个文件 123.zip，在文件名上点鼠标右键，选择“Extract to folder d:\123”，这个压缩文件就被解压缩到和它同名的一个目录中了。再比如要向这个压缩文件中添加一个新文件，用鼠标点一下这个新文件，把它拖到压缩文件上，当鼠标箭头上出现了一个”+”号时松手，这个文件就被添加进去了。

7.4.2 压缩工具软件 WinRAR

WinRAR 是当今流行好用的压缩工具，全新的图形用户操作界面使它的易用性可以和目前最流行的压缩软件 WinZIP 相提并论。它具有如下特点：

- 支持鼠标拖放及外壳扩展，完美支持 ZIP 档案，内置程序可以解开 CAB、ARJ、LZH、TAR、GZ、ACE、UUE、BZ2、JAR 等多种类型的压缩文件；
- 具有估计压缩功能，你可以在压缩文件之前得到用 ZIP 和 RAR 两种压缩工具各三种压缩方式下的大概压缩率；
- 具有历史记录和收藏夹功能；
- 压缩率高，而资源占用相对较少；
- 具有固定压缩、多媒体压缩和多卷自释放压缩；
- 使用简单方便，配置选项不多，仅在资源管理器中就可以完成你想做的工作；

- 对于 ZIP 和 RAR 的自释放档案文件(DOS 和 WINDOWS 格式均可)，单击属性就可以轻易知道此文件的压缩属性，如果有注释，还能在属性中查看其内容；
- 新版更加强了 NT/2000 在信息安全和数据流方面的功能，并对不同的需要保存不同的压缩配置。

下面介绍 WinRAR 的功能。

1. 启动 WinRAR

单击“开始”→“程序”→“WinRAR”命令，启动 WinRAR。启动后画面如图 7-41 所示。

2. WinRAR 的主菜单

WinRAR 的主菜单有：Files（文件）、Commands（命令）、Favorites（收藏夹）、Tools（工具）、Options（选项）和 Help（帮助）。

（1）Files：其下拉菜单如图 7-42 所示。

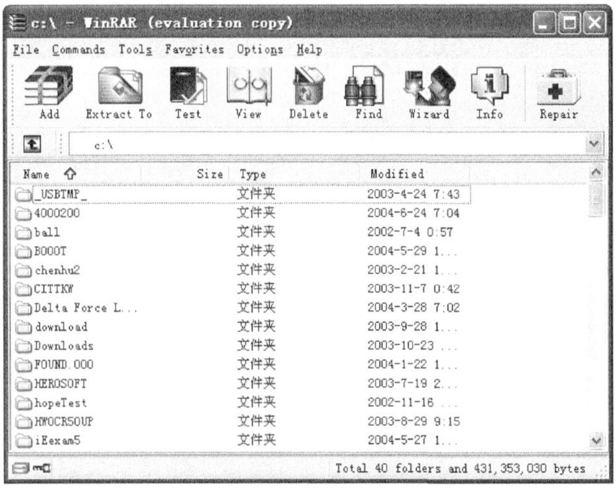

图 7-41 WinRAR 启动画面

（2）Commands：其下拉菜单如图 7-43 所示。

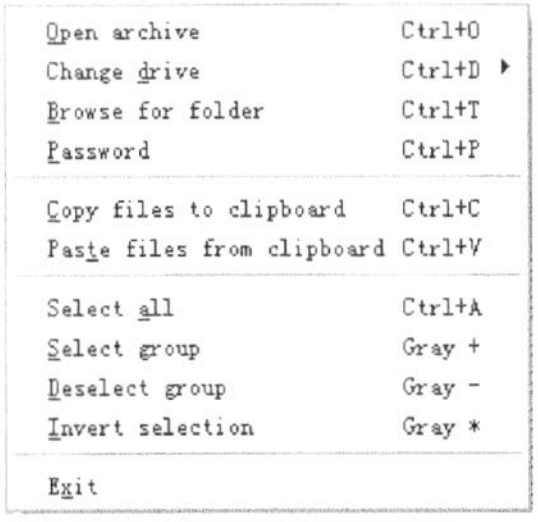

图 7-42 Files 下拉菜单

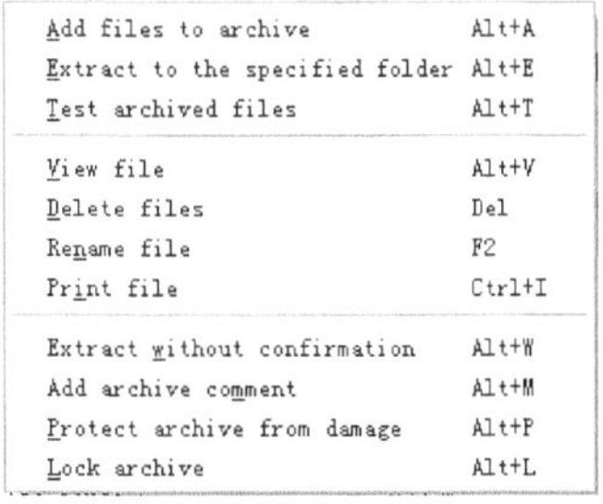

图 7-43 Commands 下拉菜单

（3）Tools：其下拉菜单如图 7-44 所示。

（4）Options：其下拉菜单如下图 7-45。

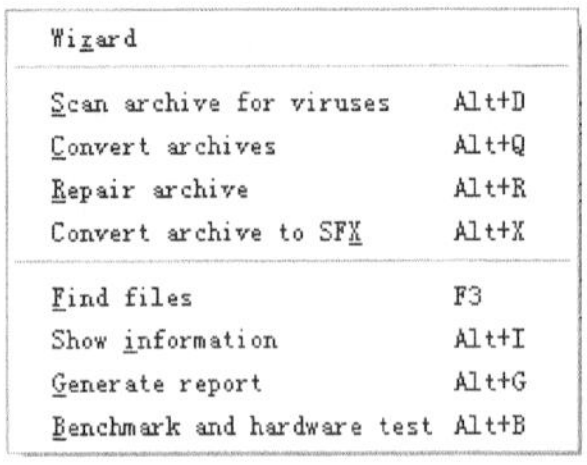

图 7-44 Favorites 下拉菜单

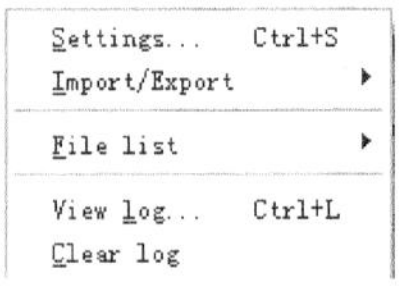

图 7-45 Options 下拉菜单

3. WinRAR 的主要功能按钮

在 WinRAR 启动画面，可以看到窗口的上面有一排大按钮，它们是 WinRAR 的主要功能按钮。其功能如下。

- Add：增加需压缩的文件到压缩文件中；
- Extract To：把压缩文件解压；
- Test：检查压缩文件（包括子文件夹）；
- View：在压缩文件内查看文件具体内容；
- Delete：在压缩文件内删除文件；
- Repair：修复被损坏的压缩文件；
- Estimate：评估选定文件的压缩比。

4. WinRAR 的使用实例

（1）建立新压缩文件。

如果要压缩文件，先用鼠标选择好文件，再单击“Add”按钮，弹出如图 7-46 所示的对话框，对话框中“Archive”项是压缩文件的路径和文件名，点“Browse”指定好文件名；“Archive forma”中可以选择压缩成 RAR 文件，还是压缩为 ZIP 文件，选择默认的 RAR，点“OK”按钮，RAR 开始压缩文件。

图 7-46 压缩文件

（2）打开已有压缩文件。

用鼠标单击菜单“Files”的下拉子菜单“Open archive”，弹出名为“Find archive”对话框，在“文件名(N):”框中输入要打开的压缩文件的文件名，单击“打开”按钮。

选择一压缩文件，单击面板上功能按钮“View”，A 即可打开该压缩文件。

（3）向压缩文件中添加文件或文件夹。

打开要追加文件或文件夹的压缩文件；在工具栏单击“Add”按钮图标；在出现的“Archive name and parameters”对话框中选定要追加的文件或文件夹；单击“OK”按钮。

删除压缩文件中的文件或文件夹的方法

先选定要删除的文件或文件夹；然后单击 面板上的功能按钮“Delete”，这个文件或文件夹就从这个压缩文件中删除了。

（4）解压缩文件或文件夹。

先选好要解压缩的文件，再点一下工具栏上的“Extract To”按钮，弹出“Extraction path and options”对话框，在弹出对话框中的“Destination path”中输入要解压缩到的目录，或从右面的目录树中选择一个目录，单击“OK”按钮，如图 7-47 所示，文件就被解压缩到这个目录中了。

图 7-47 “Extraction path and options”对话框

（5）创建自解压文件。

选择并打开一个压缩文件。在“Tools” 菜单中选择“Convert archive to SFX”项（或按 Alt+X 组合键），出现“Archive”对话框；单击“OK”按钮，开始创建自解压文件。

（6）创建分卷压缩文件。

WinRAR 有很方便的分卷压缩功能，可以指定每一个压缩包的大小。先用鼠标选择需要压缩的文件，再点一下“Add”按钮，弹出如图 7-47 所示的对话框，在压缩窗口中有一项“Split to volumes,bytes”，在这里指定一个压缩包的大小，单击“OK”按钮，这样，WinRAR 就会把文件按指定的大小压缩成几个压缩包了。

（7）解压缩部分文件。

WinRAR 中把压缩文件做为一个文件夹来管理，在它的文件列表中，双击一个 RAR 文件，可以像查看文件夹一样查看压缩文件内部的文件,而且还可以选择这些文件进行解压缩。 其解压缩的方法也很简单。

先选定要解压缩的文件，再点一下工具栏上的“Extrace to”按钮，在弹出的解压缩对话框中选择好要解压的目录，点“OK”按钮，被选定的文件就被解压缩到指定的目录中了。

前面学了 WinRAR 的各种操作，其实 WinRAR 有很多便捷的操作，可以在资源管理器中，在文件名上点鼠标右键，直接进行压缩、解压缩、向压缩文件中添加文件等。

7.5 系统优化软件

“Windows 优化大师软件”(下称“Windows 优化大师”)由共软网络出品。Windows 优化大师同时适用于 Windows 98/Me/2000/XP/2003/Vista 操作系统平台，能够为系统提供全面有效、简便安全的优化、清理和维护手段，让系统始终保持在最佳状态。

7.5.1 Windows 优化大师

1. 安装运行

Windows 优化大师是一个共享软件。下载完毕后将其解压安装后，运行就可以进入软件的主界面。如图 7-48 所示。

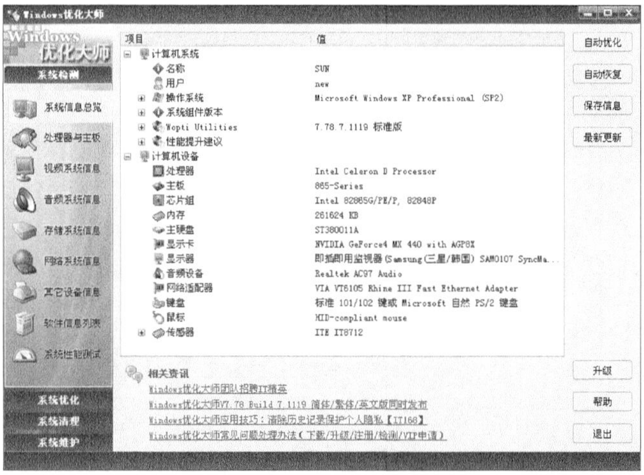

图 7-48 Windows 优化大师

2. 系统检测

系统检测主要是向使用者提供系统的硬件、软件情况报告，同时提供的系统性能测试帮助使用者了解系统的 CPU/内存速度、显示卡速度等。检测结果用户可以保存为文件以便今后对比和参考。检测过程中，Windows 优化大师会对部分关键指标提出性能提升建议。

系统检测模块按照系统信息总览、处理器与主板、视频系统信息、音频系统信息、存储系统信息、网络系统信息、其他设备信息、软件信息列表、系统性能测试九个大类。

注意：在不同的操作系统下，优化大师在自动识别操作系统后，将向用户提供系统检测信息。

（1）系统信息总览：检测操作系统的基本情况，同时显示系统的主要硬件设备列表。

（2）处理器与主板：检测电脑的 CPU、BIOS、主板(包括芯片组、主板插槽、接口等)、系统制造商、芯片、总线、设备等。

（3）视频系统信息：检测用户的显卡和显示器。

（4）)音频系统信息：检测 Wave 输入/输出设备、MIDI 输入/输出设备、音频附加设备和混音设备。

（5）存储系统信息：检测系统的内存、硬盘和光驱的信息。

（6）网络系统信息：检测局域网和广域网的信息。

（7）其它设备设备：检测键盘、鼠标、USB 控制器、打印机、即插即用设备的信息。

（8）软件信息列表：检测用户电脑中安装了的软件。

Windows 优化大师检测到的软件为使用者已安装的 Windows 软件，用户可展开列表中的项目，Windows 优化大师将对该项目进行详细说明，例如：软件名称、版本、发布商、发布商的网址（鼠标单击可直接访问该网址）、软件安装日期、卸载命令及参数等。

单击“卸载”按钮，用户可以在 Windows 优化大师中卸载选中的软件。如果部分软件已经卸载或已经安装了更新的版本而其软件信息依然存在，用户可以选中后单击“删除”按钮来删除旧软件的相关信息。

（9）系统性能测试：系统性能测试将通过对用户系统的 CPU/内存速度、显卡/内存速度、硬盘性能进行测试后进行评分。

3. 系统优化

下面介绍其中的几项常用功能。

（1）磁盘缓存优化。

计算机设置为较多的 CPU 时间来运行应用程序或者后台服务。该项对于普通用户建议选择为应用程序，对于服务器用户请选择后台服务。

分配最多的系统资源给前台应用程序。本选项仅在 Windows XP 下有效。适合于通常同时只运行一个应用程序或游戏的用户，经常同时进行多任务操作的用户请勿选择。

缩短关闭无响应程序的等待时间。强制 Windows 立即关闭无响应的应用程序，并将修正下述系统问题：当从一个应用程序启动另一个应用程序时，新创建的窗体将会躲在当前已开启窗体的背后，并且在任务栏上的新窗体按钮会不断闪动，选择此项，将自动把最新的窗体放在所有窗体的最前面。建议选择。

输入输出系统是设备和中央处理器（CPU）之间传输数据的通道，当扩大其缓冲尺寸时数据传递将更为流畅。但是，过大的输入输出缓存将耗费相同数量的系统内存，因此具体设置多大的尺寸要视物理内存的大小和运行任务的多少来定。一般来说，如果内存有 64MB，就可将其 1MB、2MB 或 4MB；128MB 内存可设为 4MB、8MB 或 16MB；256MB 内存可设为 16MB 或 32MB；512MB 内存可设为 64MB。如果有更多内存，还可将其设为 128MB。

由于设置输入输出缓存要涉及内存容量，日常运行任务的多少，因而一直以来都比较繁琐。现在简单了，可以用鼠标或键盘调整上面的调节棒，当调整到适合当前系统的大小时，Windows 优化大师将在调节棒左上方给出“推荐”提示。

内存性能配置。该项有以下三种选择配置。

- 最小内存消耗。适合大多数普通用户，台式机推荐。
- 最大网络吞吐量。适合网络服务器用户。服务器推荐。
- 平衡。适合兼顾平时本机应用程序和网络吞吐量的用户。不推荐。
- 当出现致命错误时，Windows 2000/XP/2003/Vista 将会自动重新启动。可以选择以下选项。
- Windows 自动关闭停止响应的应用程序。Windows 2000/XP/2003/Vista 当诊测到某个应用程序已经停止相应时可以自动关闭它。建议选择。
- Windows 关机时自动清理页面文件。

这里所说的“清理”页面文件并非是指从硬盘上完全删除 pagefile .sys，而是对其进行“清洗”和“整理”，从而为下次启动更好地利用虚拟内存作好准备。注意：启用此功能后关闭系统时会延长 Windows 2000/XP/2003/Vista 的关机时间，但是比较起下一次开机时具有干净而整齐的虚拟内存页面文件，关机时的等待还是值得的。建议用户根据自己的实际需要选择。

- 启用大系统缓存(服务器可选)。

启用该选项将在内存中开辟一块大的内存空间用于磁盘文件的预读取操作。

注意：由于启用该系统缓冲会占用较多的物理内存，使得能被程序利用的可用物理内存减少。个人电脑用户或内存较小的系统上虽然启用此项后文件系统的性能得到了提高，但系统的整体性能却大打折扣并且可能会导致硬件驱动或应用程序的一些问题。网络服务器通常需要更多的内存缓冲文件，而 PC 通常需要更多的内存运行程序，因此仅建议服务器用户启用此项。部分软件（如：SQL Server、Exchange Server 等）在安装时会自动启用该项。界面如图 7-49 所示。

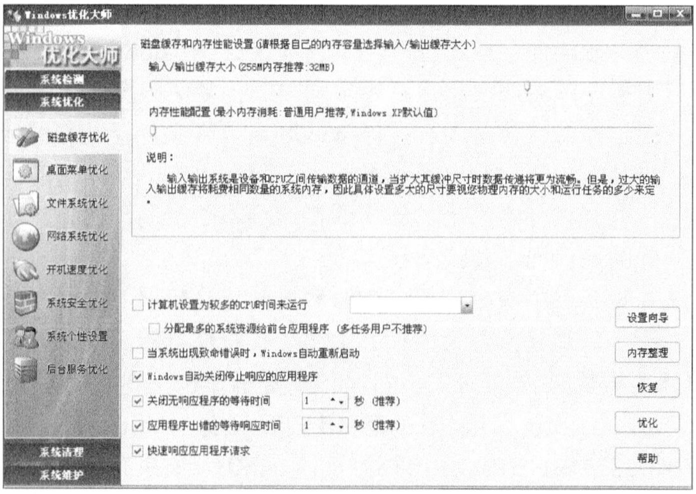

图 7-49 磁盘缓存优化

需要选哪个选项，就单击该选项前的小方框，当你选好你需要的选项后，单击“优化”按钮，磁盘缓存优化的功能就设好了，在 Windows 优化大师界面的底部会出现提示你重新启动系统。

如果想把所有选项改回 Windows 的默认值，单击“恢复”按钮，然后重启系统。

此标签下的其他设置，可以在帮助文件的说明下进行选择。

（2）桌面菜单优化。

Windows 优化大师针对桌面菜单速度的优化提供了以下功能：

- 开始菜单速度的优化可以加快开始菜单的运行速度。
- 菜单运行速度的优化可以加快所有菜单的运行速度。
- 桌面图标缓存的优化可以提高桌面上图标的显示速度，该选项是设置系统存放图标缓存的文件最大占用磁盘空间的大小。
- 重建图标缓存。
- 关闭开始菜单动画效果。
- 关闭平滑卷动效果。
- 加速 Windows 刷新率。
- MS Office 2000 平滑卷动。
- 禁止系统记录运行的程序、使用的路径和用过的文档。
- 让 Windows 使用传统风格的开始菜单和桌面以节省资源开销。
- 关闭开始菜单动画效果将关闭“单击从这里开始”的动画提示。
- 关闭动画显示窗口、菜单和列表等视觉效果。
- 启动系统时为桌面和 Explorer 创建独立的进程。
- 当 Windows 用户界面或其中组件异常时自动重新启动界面。

（3）文件系统优化。文件系统优化的主要功能如下。

- 二级数据高级缓存。
- 关闭调试工具自动调试功能。
- 优化 NTFS 性能，禁止更新最近访问日期标记。
- 优化 NTFS 性能，禁止创建 MS-DOS 兼容的 8.3 文件名。
- 需要时允许 Windows XP/2003/Vista 自动优化启动分区。空闲时允许 Windows XP/2003/Vista 在后台优化硬盘。

（4）网络系统优化。

它的基本功能和其他一些常见的网络加速软件一样，但是 Windows 优化大师进一步提供了对于局域网的设置，如图 7-50 所示。

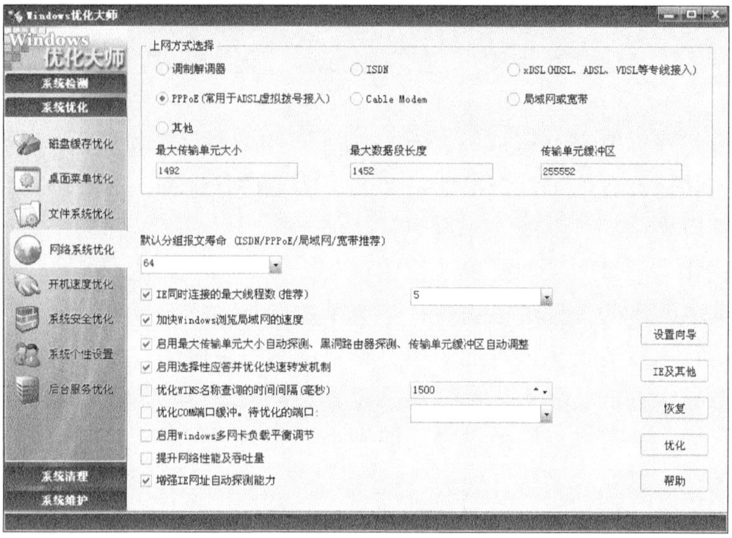

图 7-50 网络优化

（5）系统安全优化。

这是 Windows 优化大师中相当有用的一类功能，为了保护计算机的安全，你不妨尝试一下启用防止匿名用户使用 ESC 键登录、开机后自动进入屏幕保护、退出系统后自动清除文档历史记录等功能，界面如图 7-51 所示。

图 7-51 系统安全优化

（6）自动优化。

系统的优化、维护和清理常常让电脑初学者头痛，最简便的办法是使用“Windows 优化大师”的自动优化功能。

单击“Windows 优化大师”的“自动优化”按钮，进入自动优化窗口，如图 7-52 所示。

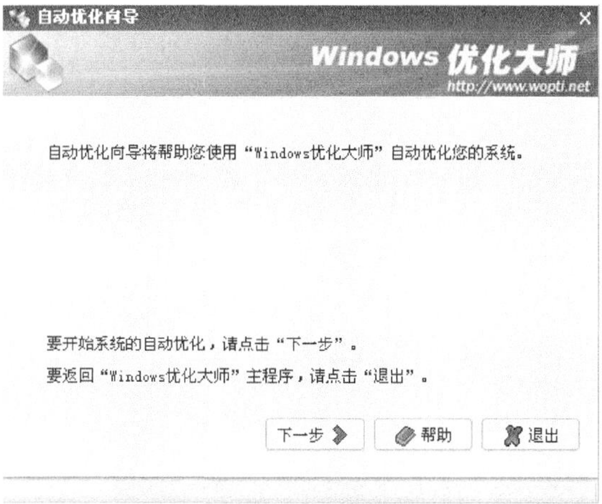

图 7-52 自动优化（1）

自动优化的界面为向导模式。单击“下一步”按钮，Windows 优化大师将要求选择接入 Internet 的方式等项目以便自动生成优化方案。界面如图 7-53 所示。

- 自动分析注册表中的冗余信息。选择此项，自动优化将按 Windows 优化大师推荐的分析选项自动扫描分析注册表中的冗余信息。
- 自动分析各分区中的垃圾文件。选择此项，自动优化将按 Windows 优化大师推荐的分析选项自动扫描分析各硬盘分区中的垃圾文件。

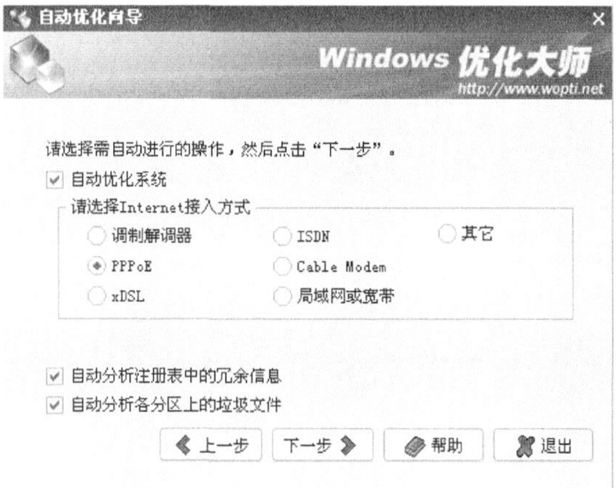

图 7-53 自动优化（2）

单击“下一步”按钮，自动优化窗口将显示优化组合方案。

单击“下一步”按钮，将进行自动优化，自动优化完毕后软件会提示用户优化完毕。

若用户选择了“自动分析注册表中的冗余信息”或“自动分析各分区中的垃圾文件”，将在第四步进行自动分析。

若用户选择了“自动分析注册表中的冗余信息”或“自动分析各分区中的垃圾文件”，单击“下一步”按钮，将自动删除分析扫描到的条目。

若用户不需要自动清理某一条目，可单击“详细信息”去掉该条目前的选中标志。建议用户在自动优化全部结束后，关闭所有当前正在运行的程序，重新启动计算机，以便让优化效果立即生效。

在自动优化前，Windows 优化大师将注册表进行了备份，备份文件名为 AutoOpti.reg.womb。如果使用时遇到问题，可以在注册表清理中进入恢复窗口，选择 AutoOpti.reg.womb 进行恢复。也可以选择自动恢复功能将系统恢复到默认状态。

注意，如果用户的 C 盘不是 NTFS 文件系统，自动优化将不会对 NTFS 文件系统优化，用户必须手动进入文件系统优化页面后选择相应选项来提高 NTFS 文件系统性能。

4. 系统清理

（1）注册信息清理。

注册表是 Windows 操作系统、硬件设备以及应用程序得以正常运行和保存设置的一个树状分层结构的数据库系统。它记录了计算机的硬件配置和用户安装在机器上的软件信息。

一些应用程序在删除后，没有删除注册表中的相关信息，导致注册表越来越臃肿。日积月累，这些冗余信息不仅影响了注册表本身的存取效率，还会导致系统整体性能的降低。因此，Windows 用户有必要定期清理注册表。

进入 Windows 优化大师的注册信息清理界面，如图 7-54 所示。

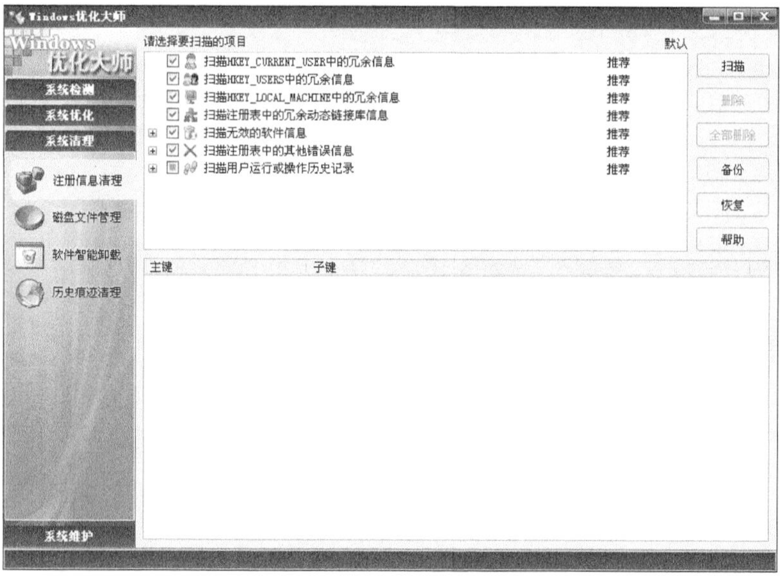

图 7-54 注册表清理界面

（2）磁盘文件管理。

Windows 系统中随着各类应用软件的安装、删除、卸载，使用户硬盘上的垃圾文件日渐增多，不仅占用了大量空间，降低了系统运转速度。为解决上述问题，给用户提供一个自由安详的操作氛围，Windows 优化大师提供了强大的磁盘文件管理功能。

其操作方法非常简单：在驱动器和目录选择列表中选择要扫描分析的驱动器或者目录，然后鼠标单击“"扫描”，开始寻找垃圾文件的工作；扫描结束后，注册用户直接单击“全部删除”即可完成清理工作。界面如图 7-55 所示。

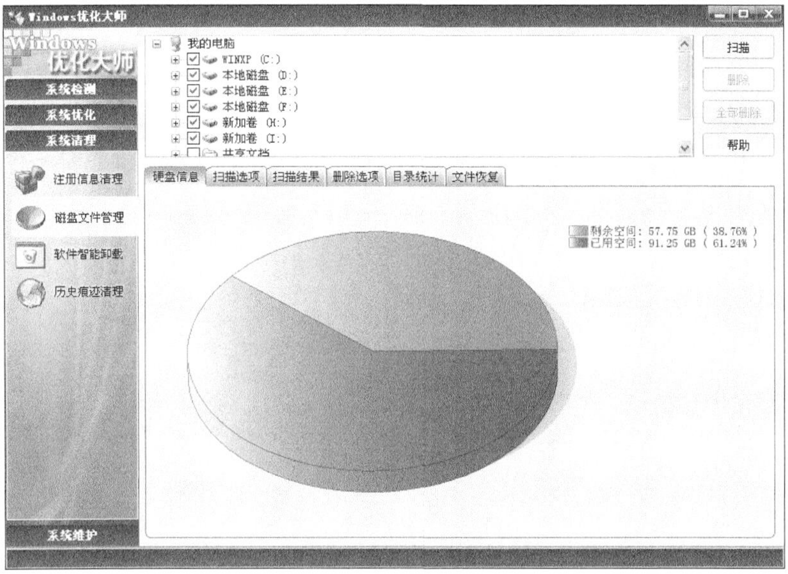

图 7-55 垃圾文件清理

（3）软件智能卸载。

电脑爱好者们在使用自己的 PC 时都会安装或多或少的应用软件。软件安装比较容易，部分软件甚至是所谓的绿色软件（绿色软件：指无需安装即可使用的应用程序），然而在卸载应用程序时，可能会碰到以下几种情况：一是软件的卸载程序已被损坏导致反安装失败，用户不得不直接删除该应用程序；二是对于部分绿色软件由于其在运行过程中动态生成了部分临时文件或更改了用户的注册表，直接删除会在系统中留下冗余信息。长此以往，这两种情况会导致使用者的系统越来越臃肿，降低运行速度。

Windows 优化大师针对上述情况，向用户提供了“软件智能卸载”功能，如图 7-56 所示。它能够自动分析指定软件在硬盘中关联的文件以及在注册表中登记的相关信息，并在压缩备份后予以清除。用户在卸载完毕后如果需要重新使用或碰到问题可以随时从 Windows 优化大师自带的备份与恢复管理器中将已经卸载的软件恢复。

图 7-56 软件智能卸载

用户在卸载完毕后，如果需要恢复已卸载的应用程序，可单击“恢复”按钮进入 Windows 优化大师自带的备份与恢复管理器，只要使用者没有删除相关的备份信息，都可以从这里恢复历史上曾经卸载的应用程序。

（4）历史痕迹清理。

在日常使用中，系统会记录用户的操作历史以便下次更方便地操作，但也有泄漏用户隐私的危险，特别是在公用的电脑中。

历史痕迹清理模块可以帮助用户清除这些历史记录，一方面保护了用户的隐私，另一方面也使系统更加干净，进一步提高了运行速度。如图 7-57 所示。

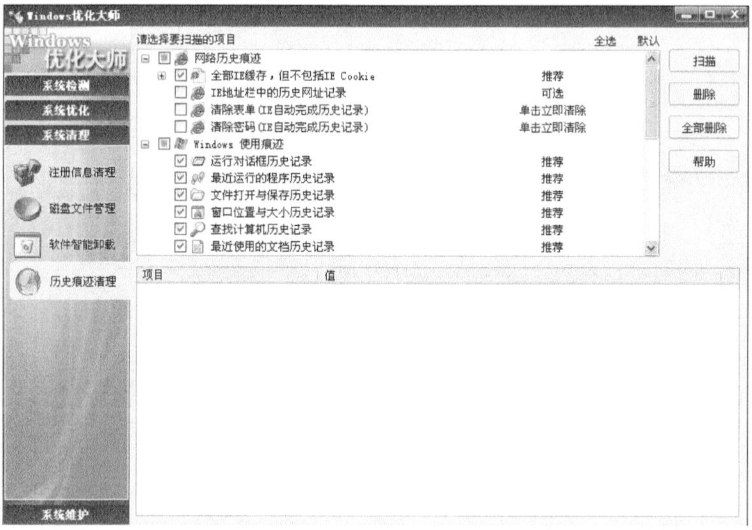

图 7-57 历史痕迹清理

5. 系统维护

（1）系统磁盘医生。

Windows 优化大师向 Windows 2000/XP/2003/Vista 用户提供了系统磁盘医生功能。它不仅能帮助使用者检查和修复由于系统死机、非正常关机等原因引起的文件分配表、目录结构、文件系统等系统故障。更能自动快速检测系统是否需要做以上的检查工作，以帮助用户节约大量的时间。

该功能的用法非常简单，进入系统磁盘医生界面，如图 7-58 所示，选择要检查的磁盘，单击“检查”即可。用户可以一次选择多个磁盘（分区）进行检查，同时在检查的过程中用户也可以随时终止检查工作。

图 7-58 系统磁盘医生

（2）磁盘碎片整理。

系统使用的时间长了，会产生磁盘碎片，过多的碎片不仅会导致系统性能降低，而且可能造成存储文件的丢失，严重时，甚至缩短硬盘寿命。做为一款系统维护工具，Windows 优化大师向 Windows 2000/XP/2003/Vista 用户提供了磁盘碎片分析和整理功能，帮助用户轻松了解自己硬盘上的文件碎片并进行整理。

注意：Windows 优化大师目前提供的磁盘碎片整理尚不包括整理虚拟内存的页面文件（通常为 pagefile.sys）。因为相对普通文件，页面文件更少出现碎片。

7.5.2 超级兔子

超级兔子是一款完整的系统维护工具，能清理大多数的文件、注册表里面的垃圾，同时还有强力的软件卸载功能，专业的卸载可以清理一个软件在电脑内的所有使用记录。超级兔子启动后，界面如图 7-59 所示。

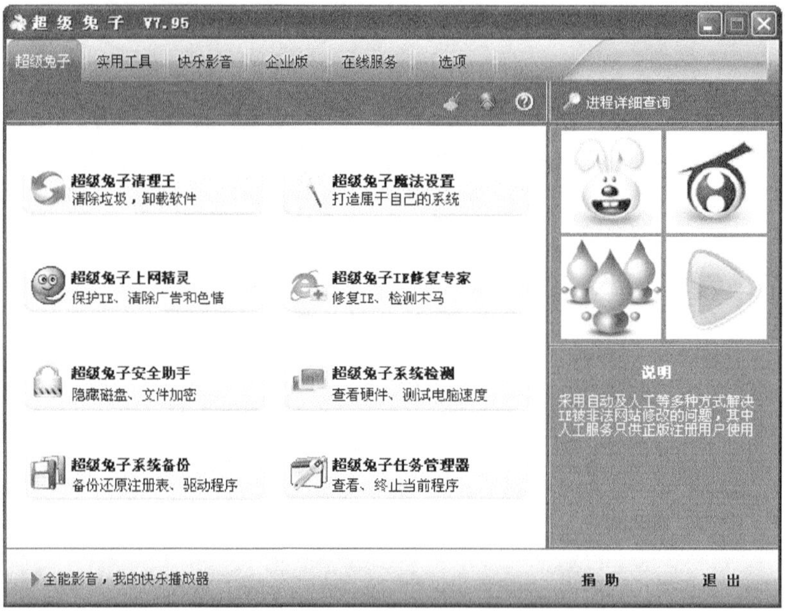

图 7-59 超级兔子

（1）软件共有八大组件，可以优化、设置系统大多数的选项，打造个性化的 Windows。

- 超级兔子清理王。优化系统，清除硬盘与注册表垃圾，卸载各种顽固软件和 IE 插件。
- 超级兔子魔法设置。常用的 Windows 设置软件，清晰的分类让你迅速找到相关功能，提供几乎所有 Windows 的隐藏参数调整。
- 超级兔子 IE 上网精灵。全面保护 IE，禁止 IE 弹出广告窗口及禁止漂浮广告，并可以网站内容进行过滤。
- 超级兔子 IE 修复专家。清除被恶意网页修改的 IE 系统。
- 超级兔子安全助手。集合了开机密码、磁盘隐藏、文件夹伪装、文件加密、文件删除等安全功能。
- 超级兔子系统检测。测试你的系统稳定性，查看硬件信息。
- 超级兔子系统备份。能够对注册表、收藏夹、驱动程序等重要信息进行备份。
- 超级兔子任务管理器。查看系统运行中的窗口、进程、模块、端口，并且，通常在线查询，还能得到常见进程的详细信息及危险级别。

（2）超级兔子多个实用工具。

- 超级兔子桌面搜索精灵。不必在打开浏览器的情况下，帮你快速找到你需要的新闻、MP3、网页的资料。
- 超级兔子快速关机。为 Windows 98/ME/2000 的系统用户提供仿 XP 的关机程序。
- 超级兔子内存整理。为应用软件提供更多的可用物理内存。
- 超级兔子虚拟桌面。让你的桌面由 1 个变成 8 个。

7.6 其他常用工具软件

7.6.1 系统备份 WinRescue

当你的 Windows 操作系统发生问题无法开机，连安全模式也有问题时，大部分的人可能会选择重新安装系统。其实你还可以试试 WinRescue，它可帮你在平时事先备份 Windows 的结构配置相关文件(包括 autoexec.bat、config.sys、msdos.sys、Registry 登录档、Start Menu、桌面捷径、IE 的书签等)并建立紧急救援磁盘，当 Windows 发生问题无法开机时让你使用救援磁盘顺利的开机进入安全模式，然后还原回先前的结构配置。WinRescue 有 DOS 版及 WinRescue 95、WinRescue 98、WinRescue NT 、WinRescue 2000、WinRescue ME 、WinRescue XP 版，WinRescue 95 只能用于 Windows 95 的系统备份，WinRescue 98 只能用于 Windows 98 的系统备份，依此类推，WinRescue XP 只能用于 Windows XP 的系统备份。下面以 WinRescue XP 为例介绍该软件的使用。

1. 启动 WinRescue XP

正确安装 WinRescue XP 后，单击"开始"，"程序"， WinRescue XP 即可启动 WinRescue XP，画面如图 7-60 所示。

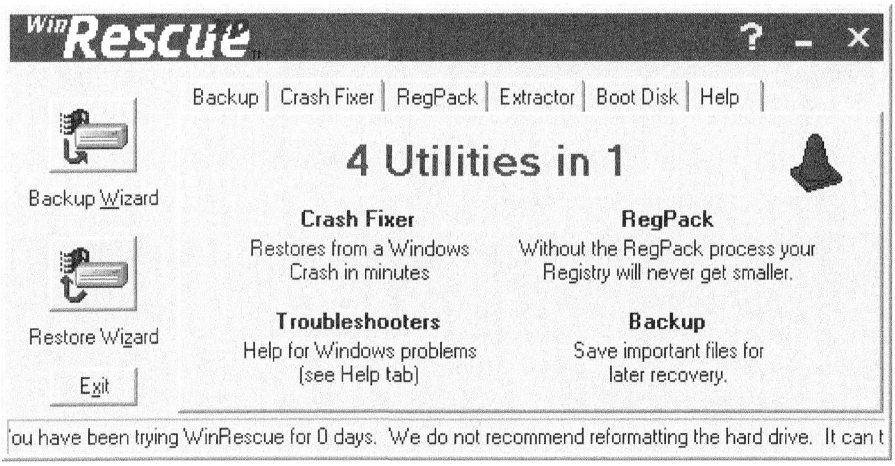

图 7-60 启动 WinRescue XP

2. WinRescue XP 的功能

（1）备份文件。

程序启动后，即可开始进行系统备份，备份文件选择"Backup"标签，如图 7-61 所示。

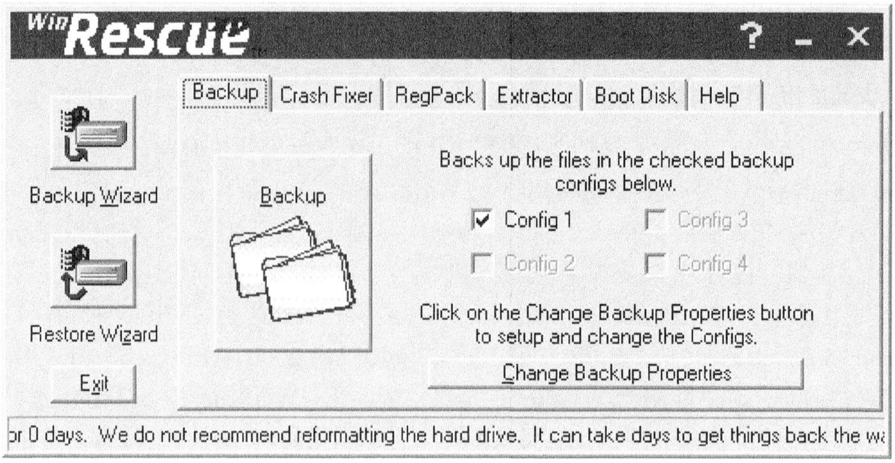

图 7-61 备份文件

● 按缺省参数备份系统文件。

WinRescue 程序默认对系统的重要文件进行备份，主要涉及系统启动文件和桌面、开始菜单、收藏夹等个人设置文件。单击标签中的“Backup”按钮，程序弹出窗口，要求输入本次备份的名称，程序默认名称为当前的日期，然后程序就开始进行备份。备份的文件储存在 WinRescue 程序的安装目录中。

● 更改备份文件的属性。

实际上 WinRescue 所提供的默认设置对于普通用户已经足够了，如果你是一名高级用户，还可以将其他一些重要的文件加到备份列表中，如果要选择其他文件进行备份，可以在图 7-61 中选择“Change Backup Properties”按钮，进入如图 7-62 所示的设置窗口。

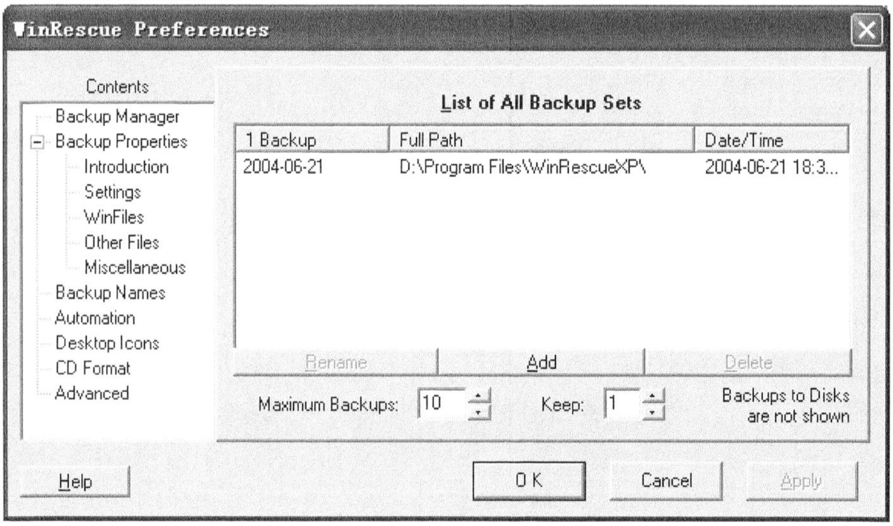

图 7-62 备份文件的属性

● 备份文件的管理。

在“Contents”窗口的目录结构中，选择“Backup Manager”，可以对备份进行管理，如删除较老的备份，重命名和添加永久备份等等。

● 设置备份文件属性。

在“Backup Properties”中，可以设置备份文件的属性，比如备份文件的目标目录和压缩比、备份哪些系统文件，是否要备份其他文件，并把这些配置存放在不同的配置文件中。举一个例子来所明这一过程。单击“settings”，选择修改哪个配置文件，要更改标签最上方的“Backup Config”下拉菜单，选择“Config3”。接下来一步一步地修改备份文件属性。

● 修改备份文件的目录。

修改“target”之后存放备份文件的目录，改为 c:\sj\，如图 7-631 所示。

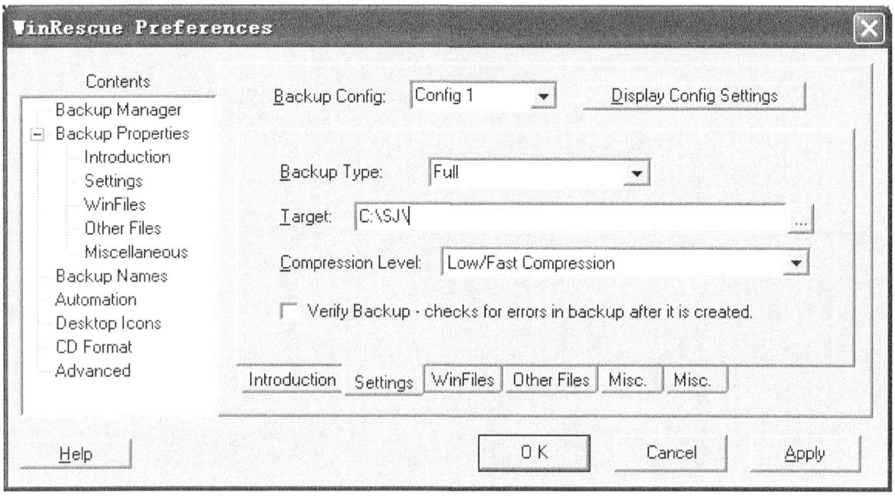

图 7-63 修改备份文件的目录

选中下部的“WinFiles”标签，勾中你要备份的文件，在这里选中所有的系统文件，如图 7-64 所示。

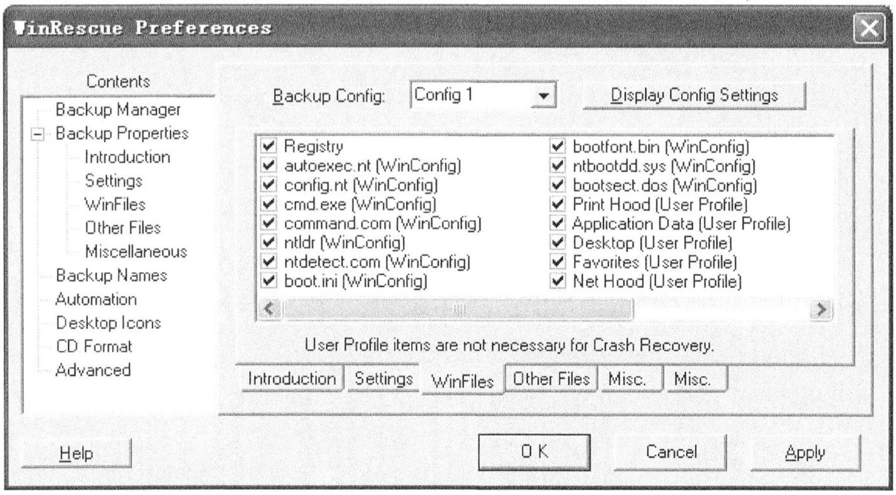

图 7-64 系统文件选择

填写要备份的其他文件。选中下部的“Other Files”标签，单击“New”键钮，会弹出一个选择框，可以选择备份其他文件，如个人的数据资料等。提交后，在“OtherFiles”标签中就会出现一个“Backup1”选项，选中它，如图 7-65 所示。

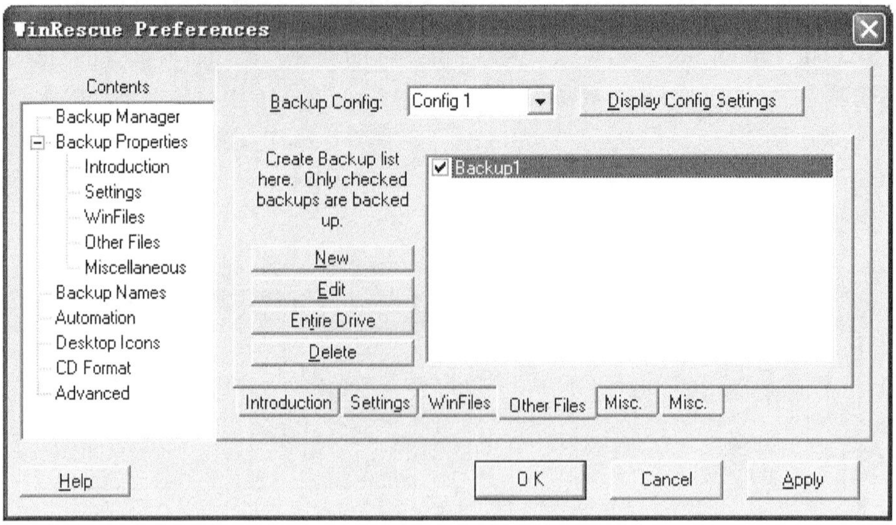

图 7-65 备份的其他文件

填好以上信息后，以后你在进行备份时，只要选中图 7-143 中的 Config1，就可以按你的配置进行备份了。

● 自动备份设置（如图 7-66 所示）。

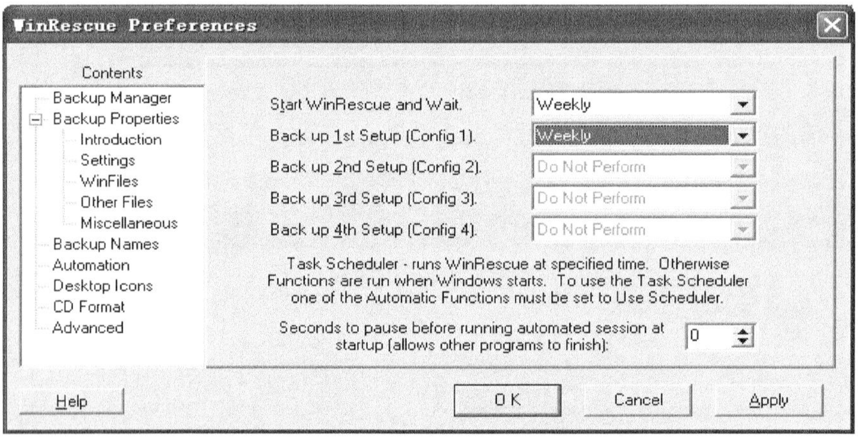

图 7-66 自动备份设置

在图 7-66 所示的设置对话框，在“Contents”窗口的目录结构中，选择 “Automation”，设置自动执行 Winrescue XP 的计划时间，包含如下几个时间设置。

➢ Start Winrescue XP and Wait：自动执行 Winrescue XP 时间。

➢ Automatically perform Backup：自动执行备份时间。

➢ Automatically perform Regpack：自动执行注册表压缩整理时间。

WinRescue XP 提供几种时间选择，如每天（daily）、每周（weekly）、两周（bi－weekly）、每月（monthly）和不执行（Do not Perform）。如果其中某项选择了“Use Scheduler”，就使用 Windows 98 计划任务程序设置自动备份。

● 生成桌面快捷方式。

如图 7-70 所示，在“Contents”窗口的目录结构中，选择设置窗口中的“Desktop Icons”，生成桌面快捷方式，快速执行“启动 WinRescue”或“备份某一配置文件”等命令。当完成对系统备份文件的配置后，单击图 7-69 主界面左侧的按钮“Backup Wizard”即开始备份。

（2）恢复文件。

WinRescue XP 主界面的第二个标签项就是恢复备份如图 7-67 所示。

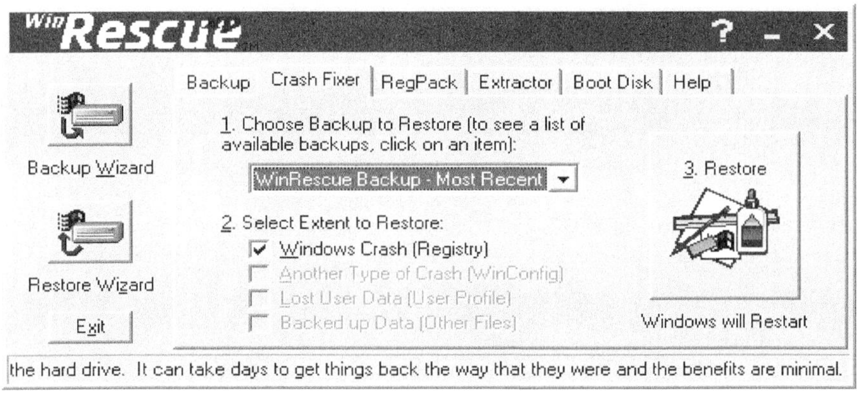

图 7-67 恢复文件

该标签中提供了五种不同的恢复方法，如图 7-68 所示，用户可以根据具体的情况选择。

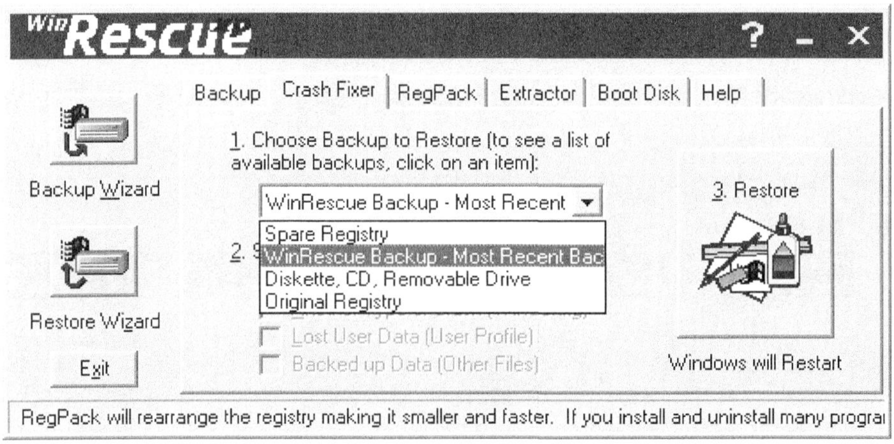

7-68 恢复方法

- Spare Registry。

在 WinRescue XP 做任何一种备份时，都会另外拷贝一份以前的注册表，将其放置在 Windows 目录下，叫做 user.ray 和 system.ray，也就是 Spare Registry，这种情况下恢复的只有这些注册表文件，没有其他设置文件。

- WinRescue Backup（恢复永久备份文件）。

选择下拉文件列表框中一个备份，最上面的是最新备份。

- Diskette,CD,Removable Drive（磁盘备份恢复）。

如果是多卷软盘备份，先插入最后一张盘，然后再按提示插入第一张盘。

- Original Registry（恢复最初的注册表）。

等于重新安装 Windows XP 时的设置，这种方法通常是在上面几种方法都不见效时才使用，如果这种方法也不灵，那么你又可以复习一次 Windows XP 的安装过程了。

WinRescue XP 允许选择恢复备份文件的哪些部分（如图 7-108 的左下方），包括注册表，Windows 配置文件，用户配置文件，在这些都选好后，单击屏幕最右边的“Restore”按钮，WinRescue 就将备份的文件还原到系统中，重新启动系统就可以回到备份时的状态。

（3）其他功能。

- 压缩注册表（如图 7-69 所示）。

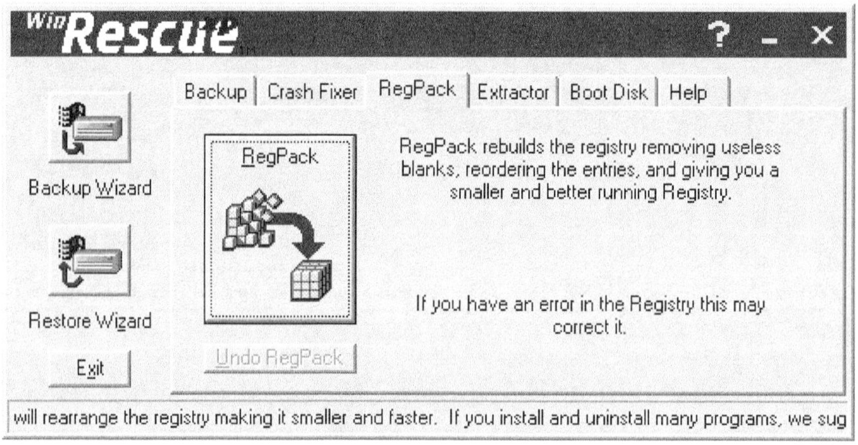

图 7-69 压缩注册表

Windows XP 的注册表会随时间的流逝而越来越臃肿不堪，这极大影响了 Windows XP 的运行速度。WinRescue XP 可以对注册表进行压缩和整理，选择主界面的“Regpack”标签项，按“Check the Registry”扫描注册表是否有错。然后按“RegPack”压缩注册表。

- 应急恢复与制作应急磁盘（如图 7-70 所示）。

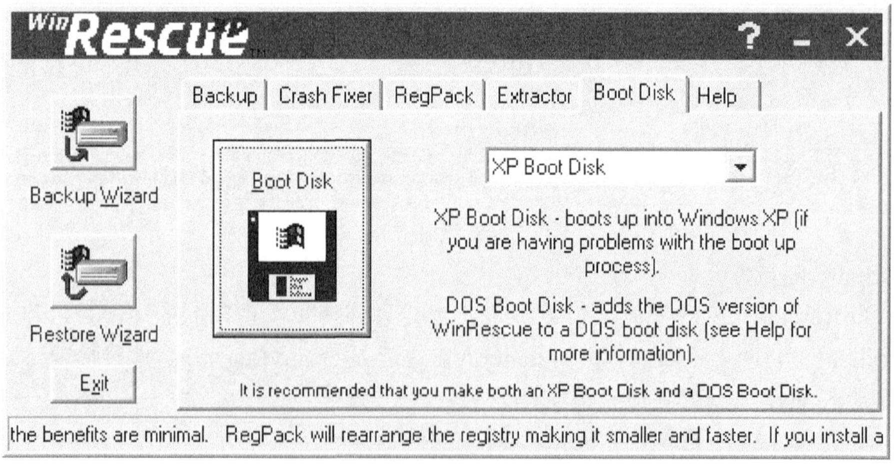

图 7-70 应急恢复与制作应急磁盘

WinRescue XP 作为 Windows XP 的急救员，有一项必不可少的功能就是制作紧急启动盘。WinRescue XP 可以制作两种启动盘，一为“XP Boot Disk”，另一为“DOS Boot Disk”，XP Boot Disk 用于引导扇区损坏而造成 Windows 不能启动时进行修复，DOS Boot Disk 用于因 Windows 本身损坏而不能启动时进行修复。选择主界面窗口中的“Boot Disk”标签项，选择启动盘类型后，单击“Boot Disk”，根据提示进行操作即可。如果以后系统出现了问题不能启动，就可以根据不能启动的原因，用这两张紧急启动盘重新启动机器，执行 DOS 版的恢复程序，恢复了备份的系统文件后，再进入 Windows XP 恢复其他文件，系统就可以起死回生了。

● 帮助。

最后一个“Help”标签可不是一般帮助文件，它还可以帮助你解决一些 Windows XP 的常见问题。

7.6.2 系统备份还原程序 RESCUE

RESCUE 是 Norton Utilites 8.0 工具软件包中的子程序，应用 RESCUE 程序，可将用户当前系统中的重要文件与信息备份在另一磁盘内，并在必要时予以恢复。Rescue 是基于 DOS 的应用程序，随着 Windows 的广泛应用，Rescue 也鲜有人用了，但作为一个维修人员也应有所了解。下面做一简单介绍。

1. 启动

在 DOS 提示符下键入命令：

C：\NU> RESCUE <回车> （假设 RESCUE 软件放在 NU 子目录中）

启动后，屏幕显示如图 7-71 所示。屏幕下部有三个按钮，分别是：Create（建立备份盘）、Restore（用备份盘恢复系统信息）、Cancel（取消）。

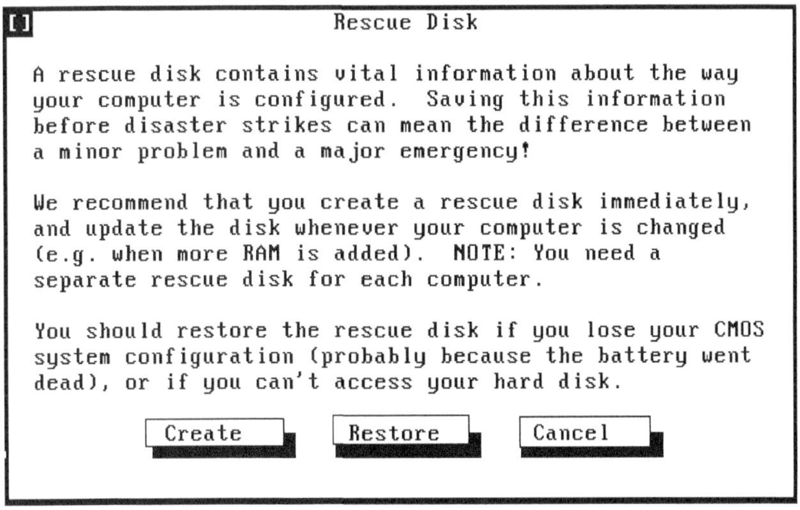

图 7-71 RESCUE 启动屏幕

2. RESCUE 程序的操作使用

（1）建立备份盘。

RESCUE 程序启动后，选择“Create”按钮，此时进入备份窗口，屏幕显示如图 7-80 所示。其中包含的系统设置如下。

● Rescue Drive（备份所用驱动器）；

- Diskette Type（备份软盘类型）；
- Format Rescue Diskette（备份前先对软盘进行格式化）；
- Update changed files only（只备份修改过的文件）；
- Rescue Disk Contents（选择要备份的信息内容）。

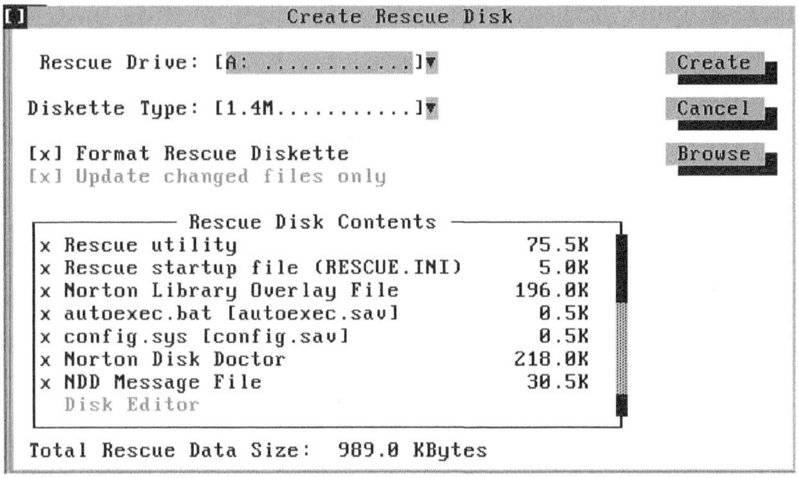

图 7-72　RESCUE 备份窗口

窗口右上方有三个按钮，分别是：Create（建立备份操作）、Cancel（取消）、Browse（增加要做备份的文件），可在该选项里，选择增加 Rescue Disk Contents 窗口中没有列入的文件。

在 Rescue Disk Contents 窗口中，RESCUE 程序已设定了一些比较重要的文件，用户可用空格键选择备份或不备份。窗口下方显示备份共需多少磁盘空间。

当所需设置进行完毕后，按下 Create 按钮开始执行备份操作。此时屏幕出现一个对话框，提示用户插入软盘到相应的驱动器。按回车键后，屏幕又出现一个警告窗口，提示插入的软盘上的所有数据均将被删除。此时再按回车键，开始在软盘上进行备份。备份结束后，屏幕显示一个提示菜单，说明如何恢复硬盘驱动器。

（2）恢复备份的系统信息。

RESCUE 程序启动后，选择“Restore”按钮，此时进入恢复窗口，屏幕显示如图 7-73 所示。

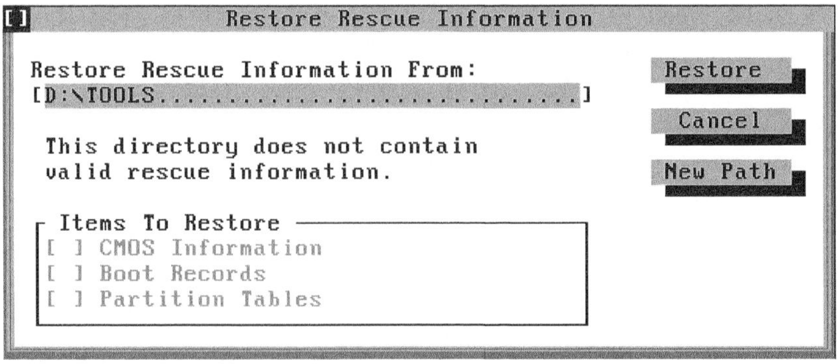

图 7-73　RESCUE 的恢复窗口

在该窗口中，用户需设定以下内容：

- Restore Rescue Information From：建立的 RESCUE 磁盘驱动器及路径；
- CMOS Information：是否恢复 CMOS 信息；
- BOOT Records：是否恢复磁盘引导记录；
- Partition Table：是否恢复硬盘分区信息。

设置完成后，按下窗口右边的 Restore 按钮，此时开始执行恢复操作。当恢复进行到 CMOS、硬盘分区表或引导记录的时候，系统会将备份这些信息的时间显示在屏幕上，由用户决定是否要进行该项系统的恢复操作。

第 8 章　微机故障的诊断与维修

微机故障是由微机系统软硬件某部分不能正常工作而造成的。快速准确地判断故障部位，找出故障原因是维修工作的关键一步。本章重点介绍微机故障的分类和微机故障诊断的方法，最后进行一些实例分析。

本章重点：

- 故障分类的一般方法
- 利用上电自检诊断故障

8.1　微机故障诊断与维修概述

故障诊断就是利用各种软硬件手段测试、查找故障部位，判断故障原因，根据诊断结果采取相应的故障处理对策。

8.1.1　微机故障的分类

按故障产生的机理来分，微机故障可分为硬件故障与软件故障。硬件故障是组成微机硬件的各板卡、软硬盘驱动器、光盘驱动器、显示器及其适配器、键盘、鼠标器、打印机等设备的电子线路、元器件等工作状态异常；机械传动装置失灵；开关或板卡、线缆插接有误或接触不良等原因造成的。而软件故障则是由于机器所执行的程序模块指令代码错误、系统软硬件资源使用冲突、机器参数配置不当产生的。

按故障持续时间的长短来分，微机故障可分为随机性故障与固定性故障。随机性故障的特点是故障的发生没有规律，时好时坏，这是由于硬件电路的某些器件工作性能不稳定，板卡、插接件接触不良或某些程序错误而出现的故障现象。随机性故障在微机系统中的发生率较高，不太容易判别。固定性故障是由于硬件电路元器件损坏或部分功能失效、机械部件失灵、系统资源冲突以及某些软件功能丧失所引起的重复性故障。

在微机系统中，通常故障的诊断可采用专门测试软件进行诊断定位。若微机系统硬件发生严重故障，导致测试软件无法运行，就只能借助一些通用或专用设备（万用表、示波器、逻辑分析仪、逻辑测试笔等）来判断故障的部位了。本书对故障的诊断定位，一般只到板卡一级。

8.1.2　故障诊断与维修的一般方法

微机系统发生故障的成因很多，其诊断方法也是多种多样的，概括起来可以分为下列四种：

第一种方法是利用微机的上电自检诊断。用微机 BIOS 中的上电自检程序可以初步判别 CPU、ROM BIOS、内部存储器、系统板上的控制电路、软硬盘驱动器、串口和并口、显示卡等器件或设备的工作情况，若某一部分发生故障则在屏幕上显示出错信息或由扬声器发出报警声，由此既可初步诊断出故障部位。此种方法简单可靠，不需要添加任何软硬件设备，是微机系统常用的故障检测手段之一。

第二种方法称为程序诊断法，由于微机本身就是一台高度智能化的设备，运行某些专门的测试软件，就可以对自身的大部分硬件进行反复多次的功能测试，测试结果可以形成报告文件或直接显示在屏幕上。广泛流行的测试软件有：WinBench、QAPLUS、PCTOOLS、NORTON、SPEED、DOS 中的 MSD 等，此外，多数品牌机还随机自带了测试软件。测试的项目主要有：

（1）微机主板：包括 CPU 和 NPU 型号、时钟频率、DMA 控制器、中断控制器、CMOS RAM、时钟/日历等。

（2）串行口和并行口内环测试、外环测试等。

（3）内部存储器：基本内存、扩展内存和扩充内存测试。

（4）磁盘驱动器：硬盘驱动器顺序读、随机读、转速测试，软盘驱动器顺序读、随机读、更换盘片、写保护、转速测试等。

（5）光盘驱动器盘片容量、读测试、Audio-CD、Video-CD 测试等。

（6）显示系统：显示存储器、显示模式、显示色彩、显示属性等。

（7）扬声器、键盘、鼠标器等功能测试。

应该注意的是，采用程序诊断是有前提的，那就是微机系统的主要部件必须能够正常工作，能装入操作系统并能运行测试软件。因此该种方法的应用也不是特别广泛。

第三种方法是硬件替换法。随着集成电路芯片集成度的不断提高，微机主板及各板卡的元器件数量越来越少，芯片级的维修量下降。如果微机系统不能正常启动或用上述诊断方法已判别出故障部位，就可以用好的板卡或器件替换有故障的部件，从而确定存在故障的部位，恢复机器的正常运行。这是一种最直接、最有效、被广泛采用的维修方法。当然，此种方法需要一些可供替换的性能良好的板卡或器件。一般来说，将坏的板卡插到好的主板上，不会造成主板的损坏；同样，将好的板卡插到有故障的主板上也不会损坏板卡。

第四种方法是仪器测试法。如果要对故障进行精确定位，可采用一些通用或专用的仪器设备。此种方法要求维修部门有一定的常用设备，维修人员具备较高的专业技术水平。

本文仅介绍第一种和第三种故障诊断方法。

8.2　利用上电自检诊断

ROM-BIOS 系统是 PC 机系统软件的一部分，它对系统的 I/O 设备提供设备一级的控制，因而是最接近硬件设备的一层软件。BIOS 系统内部功能除中断调用外，还包括系统检测功能，一般来说，该功能的实现是在系统加电期间完成的，故称为上电自检（POST）。利用 POST 程序可以对微机系统的基本硬件设备进行检测诊断。

8.2.1　上电自检诊断

随着技术的发展，微机的硬件结构在不断的更新换代，与之相应的 POST 程序版本也在不断提高，因而 POST 程序的大小、功能、检测范围、出错代码也不尽相同。PC/XT POST 程序代码约为 2K，而 AT 机的测试项目较多，其程序代码长度约为 8K。

POST 程序首先检查系统的核心硬件，例如 CPU、内部总线、常规内存、中断系统、显示存储器、扩展 ROM 和 BIOS 等，当这些核心硬件出现故障时，主机将不能在显示器上显示出错信息，也不能响应由键盘键入的命令，这些错误称为致命性错误，必须排除这些故障才能进行下一步诊断。而非致命性错误一般是指除上述部件之外的硬件错误，如磁盘驱动器控制器错误、串并口错误等。在 POST 的检测项目中，有些不属于硬件故障，有些则是由于 CMOS 参数设置有误而造成的。

图 8-1 示出了目前微机 POST 程序执行过程中显示的信息。最先出现在屏幕上的是显示卡 BIOS 版本号、版权信息及显示卡型号，与早期的 POST 程序相比，目前微机系统的 POST 程序又有了一些新的扩充，主要是增加了对即插即用板卡的测试和初始化，相应地在 ROM BIOS 中增加了即插即用扩充系统配置数据区；增加了对 IDE 端口设备的检测功能，例如硬盘型号及参数、光驱型号等；以及 CMOS RAM 校验与 Cache 类型的测试等。

CPU、DMA 控制器、最低 32KRAM、ROM-BIOS
显示卡等初始化、测试及参数设置

↓

显示显示卡 BIOS 版本号
生产厂商版权信息
显示卡型号

↓

显示 BIOS 版本号
生产厂商版权信息 CPU
型号、时钟频率

↓

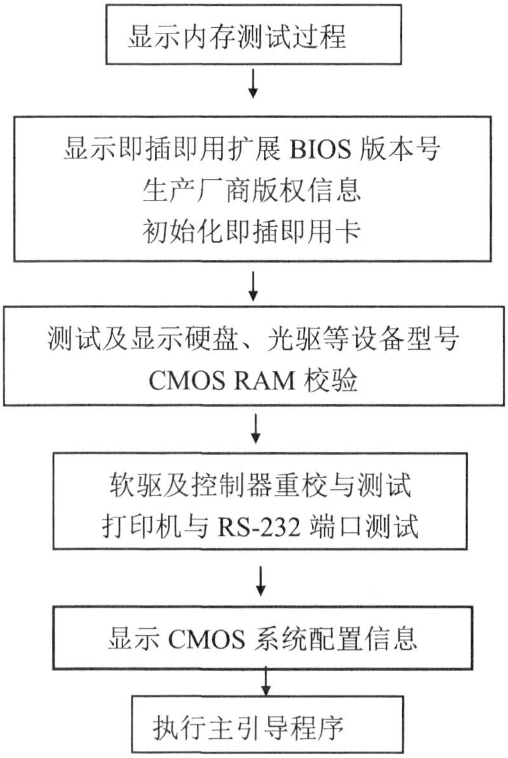

图 8-1　POST 程序执行过程中显示的信息

8.2.2　POST 过程及显示的信息

微机系统加电后自动运行 POST 程序（若内存的前 32KB 有故障则 POST 程序不能正常运行），检测主板上的 CPU、RAM、ROM 和其他控制电路，显示器适配器，软硬盘驱动器和适配器，打印机和适配器以及其他外部设备的控制器等。在自检过程中，若出现错误，POST 将发出声响或显示出错信息，用户可根据这些信息确定故障部位。

1. 扬声器报警

在初始化/测试显示卡及显示存储器之前，如果发现故障，则不能显示出来，而由扬声器发出报警声。报警信息的意义，请参见附录 8 POST 诊断信息表。

2. 错误信息

如图 8-1 所示，在 POST 程序的测试过程中，我们可以依据屏幕上显示的信息，初步判别故障部位，其中主要测试项目包括：

（1）内存测试：以 16KB 为单位测试并显示最低 32KB RAM 以上的内存（仅测试每

个 16KB 的第一个字节），连续检测三次，如果内存有故障，则显示出错信息，例如“内存奇偶校验错”等。

（2）即插即用板卡测试：初始化即插即用板卡，如声卡、MPEG 卡等。测试通过则显示板卡型号，若有故障则提示相应的出错信息。

（3）硬盘、光驱等 IDE 口设备测试：在 CMOS 参数中，若硬盘类型设为 AUTO，则 POST 程序将检测硬盘型号及参数；若系统配有光驱，则测试并显示光驱的型号。硬盘有故障时显示相应的出错信息，如“硬盘检测失败”等。

（4）CMOS 测试：CMOS RAM 中存有微机系统 BIOS 需要的硬件信息、口令及其他一些功能，它需要电池供电，如果电池乏电，将会造成 CMOS 数据丢失，使微机系统不能正常启动。CMOS RAM 有故障时则显示“CMOS 校验和错误”、“CMOS 电池故障”等信息。

（5）系统配置信息：以表格的形式显示 CPU 类型、是否装有协处理器、CPU 时钟、基本内存容量、Ext 内存容量、Cache 容量、软驱类型、硬盘工作模式及容量、显示类型、串并口地址、内存安放位置、Cache 类型等。

（6）软盘驱动器及控制器重校与寻道测试：为装入 DOS 做准备。若有错误则显示相应的出错信息。

（7）串并口初始化及测试：检测基本外设的端口，有故障时显示出错信息。

常见微机 POST 诊断信息见附录 8，仅供维修时参考（不同生产厂家提供的信息可能不同）。

8.3 硬件替换法

微机硬件维修技术可分为芯片级维修和板级维修。芯片级维修需要具有较高的专业技术水平和专门的仪器设备，使用专门设备诊断测试出有故障的芯片，更换芯片或修改外围电路，使板卡得以修复。而板级维修只需判别出怀疑有故障的板卡，然后用性能良好的板卡或设备逐一进行更换，即可查明故障部位。此种方法简便易行，为大多数维修人员所采用。

随着微机硬件技术的发展，芯片的集成度越来越高，往往是一个芯片具有多种功能，多种工作模式，这些功能与工作模式的设定还可能是通过程序控制的，例如，CMOS 中对于主板上串口和并口的设定、软盘驱动器的设定、IDE 口的设定等。此外，若主板某芯片并非完全损坏，而只是部分功能丧失，就没有必要更换主板。这时只要屏蔽掉主板上的该项功能，然后在主板 I/O 扩充插槽上连接具有该功能的板卡即可。

在实际操作上应注意下列几个问题：

（1）注意人身及设备安全。

在拆卸机箱、更换板卡和连接设备时，切记关闭交流电源，谨防触电或损坏设备。

（2）选择合适的板卡或芯片。

板卡和可拔插的芯片是多种多样的，微机系统常用的板卡与芯片有：主板、显示卡、声卡、MPEG 卡、MODEM 卡、多功能卡、网卡、电视接收卡、CPU、内存条、显示存储器芯片等。选择板卡时要注意板卡跳线的设置、使用的总线类型以及所能连接的外设种类、性能与参数。芯片的选择要注意工作电压、时钟频率、存储周期是否合适等。

（3）掌握正确的拔插方法。

无论是拔插板卡还是芯片都应该关闭电源，因为在加电状态下拔插板卡或芯片将产生较大的脉冲电流，足以损坏元器件。此外，为防止人体所带静电损坏器件，在接触板卡或芯片之前应首先放电（可触摸自来水管），特别是在干燥的冬季。拔芯片时应使用专用的起拔器，以免造成板卡或芯片的损坏。拔插板卡时应力量适中，稍有斜度，用一只手稳住主板，不要强拉硬拽。

（4）重新设置 CMOS 参数。

微机主板 CMOS 芯片中保存有微机系统软硬件配置参数，更换板卡或芯片后，应及时修改有关的参数，以保证微机系统的正常运行。例如，主板上的串口与并口功能损坏，可使用多功能卡，这时应改变 CMOS 参数，屏蔽掉主板上的串并口功能，激活多功能卡上的串并口。又如，更换内存条后，要注意存储周期的设置等。

（5）更换驱动程序。

某些板卡的工作需要相应的驱动程序，如声卡、MPEG 卡、显示卡等，更换这些板卡后还要加载相应的驱动程序系统才能正常工作。驱动程序一般随卡附带，也可以向供货商索取或在网上下载最新的版本。

8.4　实例分析

8.4.1　主板及所属器件故障

[例 1]：一台微机，CPU 型号为 P4 3G、512M 内存、80GB 硬盘。开机一段时间后出现死机现象，重新启动时显示器无任何显示，关机后过数分钟重新开机工作正常，但硬盘中有些文件名变成了不可识别的字符，开机时间不久又重复上述现象。

故障分析：从现象上看，开机后机器能正常工作一段时间，然后出现死机，且有一定的规律性，不大可能是由于软件原因造成的，重新开机后，显示器无显示，说明机器的硬件有故障，过数分钟后重新开机，机器恢复正常，进一步说明硬件电路芯片的热稳定性不良。打开机箱检查发现 CPU 风扇已脱落，故障原因是散热不良而导致 CPU 过热（处于自我保护状态），产生误操作直至死机。由此可见，选择 CPU 风扇时一定要注意质量，确保 CPU 正常散热。

[例 2]：某台微机主板 CPU 型号为 P III 667、128M 内存、50 倍速光驱、20GB 硬盘。机器启动后内存检测正常，但安装 HIMEM 驱动程序时显示错误信息：

ERROR: HIMEM.SYS has detected unreliable XMS memory at address 0140263ch

XMS Driver not installed

故障分析：出错信息提示：HIMEM.SYS 检测到不可靠的 XMS 内存，地址是 0140263ch，因而未安装 XMS 驱动程序。故障原因是显而易见的，就是 640KB 以上的内存区局部读写错误，更换内存条后机器恢复正常工作。由此看来，POST 程序对于内存的检查并非十分可靠。

8.4.2 基本外部设备故障

[例 3]：一台微机，开机后启动正常，运行各种软件均正常，但显示的个别字符有毛刺。

故障分析：从现象上看来，显示的字符有毛刺说明显示系统有故障，只是个别字符显示有问题，基本上可以排除显示器故障，更换显示卡后故障排除。

[例 4] ：某针式打印机联机自检均正常，但打印的字符不完整，出现缺划现象。

故障分析：联机自检均正常，说明打印机接口与打印机本身控制电路基本正常，打印的字符有缺划现象可能是由于打印针眼被脏物堵住，个别打印针断裂或打印头部分信号线断开所致。经检查发现打印头中有断针，更换后故障排除。

8.4.3 磁盘、光盘驱动器故障

[例 5]：某型号微机，对硬盘能够进行正常的分区操作，但用 FORMAT 命令进行格式化时出现故障中断，屏幕显示如下信息：

Format failure

Unable to write Boot

Invalid media or track 0 bad - disk unusable

故障分析：该硬盘能进行正常分区，说明硬盘保留扇区没有问题，用 DOS FORMAT 命令格式化时失败并显示不能写入 DOS 引导程序，可以看出该硬盘 DOS 分区的逻辑 0 扇区有物理缺陷。解决办法是重新对该硬盘进行低级格式化，找出坏的扇区，并重新分区及高级格式化。

[例 6]：一台微机，CPU 型号为 Pentium 4 2.4G、80GB 硬盘、512MB 内存、52 倍速光驱。硬盘和光驱共用一条电缆线，安装在主板的第一个 IDE 口上，开机启动，正常进入 CMOS SETUP，但检测不出硬盘。

故障分析：该故障现象的原因很多，可能是主板 IDE 口故障，线缆插接不良，也可能

是硬盘或光驱跳线设置有误，硬盘或光驱损坏等。单独接硬盘测试能测出硬盘类型及参数，单独接光驱也能检测出光驱的型号，这说明硬盘与光驱接线有冲突。经检查发现硬盘与光驱均设置为主设备，将该光驱设为从设备后故障排除。

8.4.4　微机电源设备故障

[例 7]：一台离线式 UPS 电源，用市电供电时只能工作在逆变状态。

故障分析：从故障现象上来看，可能是交流供电电路或市电检测电路失灵。更换有故障的器件后，故障消失。

[例 8]：组装一台微机，CPU 型号为 P4 1.7G、128MB 内存、40GB 硬盘、AGP 显示卡、1.44M 软驱、350W 开关电源。按要求安装完毕后开机，只见主机电源指示灯亮了一下，无任何显示和报警声，关机数分钟后重新开机，重复上述现象。

故障分析：开机时电源指示灯亮了一下，说明开机瞬间有电流通过，随后电流消失，可能的故障原因有两个：一是电源负载电路负载过重，电源进入保护状态；二是电源带负载能力变差或电源保护电路故障。经测试电源负载电路基本正常，换另一开关电源后开机，系统工作正常。

8.4.5　其他板卡故障

[例 9]：为一台微机安装声卡，按使用说明进行硬件连接和软件安装后，在 Windows 98 下用 CD 播放器播放 CD 时无声音输出。

故障分析：首先检查是否已加载声卡驱动程序，系统资源设置是否有冲突，若无问题，可将耳机与光驱上的耳机插孔连接，检查是否有声音输出，若有输出，则可能是光驱与声卡的音频连线有问题，一般声卡上都有两三个连接插座，在插入之前要仔细检查，确定插入哪个插座，可用万用表测出接地端，然后再对应插入，经重新连接后本故障排除。

8.4.6　软件故障

[例 10]：某用户计算机先后安装了 Windows 98、Windows 2000 和 Windows XP 三个操作系统，每个系统占用不同的分区，一直工作正常，一天用户重新安装了 Windows 2000，重启后能正常启动 Windows 98、Windows 2000，但不能正常启动 Windows XP。

故障分析：出现此问题的原因是，在 Windows 2000 发行时 Windows XP 还不存在。Windows XP 的引导程序相对以前有所改动，改动后的引导程序可以适用于 Windows 98/2000/XP 等操作系统。但 Windows 2000 的引导程序却不能支持 Windows XP，所以当重新安装 Windows 2000 后，引导程序不能正确加载 Windows XP 系统。解决这个问题，可以用 Windows 2000 启动计算机，然后将 Windows XP 安装光盘上 I386 文件夹中的 NTLDR 和 Ntdetect.com 文件复制到系统驱动器的根目录中就可以了。

第 9 章　计算机日常维护

一台计算机的工作寿命是有限的，如果一台机器维护得好，那么它的使用寿命就会延长，并且一直处于比较好的工作状态，能发挥更大作用。反之，一台无人维护或维护不好的计算机，首先其性能会大幅降低，更重要的是计算机的寿命大大缩短。

我们将计算机的日常维护解释为硬维护和软维护两个方面。所谓硬维护是指在硬件方面对计算机所做的维护，包括计算机使用环境和各种器件的检修维护。而软维护是指通过使用软件（主要是工具软件）让计算机处于较佳的工作状态，例如定期杀毒、整理硬盘及备份重要文件等。

本章重点：

- *硬维护*
- *软维护*

9.1　硬维护

9.1.1 机房环境

要使计算机使用寿命长，必须使它处于一个适宜的工作环境中。例如一台安装在纺织厂车间中的计算机，震动和噪音使计算机的硬盘损坏；大量的飞毛经常堵塞计算机的各种运动部件，使打印机、鼠标、风扇等不能工作，这台计算机的运行状况和使用寿命就可想而知了。

一个适宜安装使用计算机的环境应具备以下条件。

1. 温度

温度对于计算机的正常运行十分重要。现在的计算机虽然集成化程度很高，计算机本身散热性能也好，但过高的温度仍然会使计算机工作时产生的热量散不出去，轻则缩短计算机的使用寿命，重则烧毁计算机的芯片。通常情况下，计算机应工作在 20～25℃的环境下，所以机房最好安装空调设备。

2. 湿度

机房应保持通风良好，湿度不能过高，否则计算机内的线路板很容易腐蚀，使板卡过早老化报废。所以机房最好安装通风设备。

3. 粉尘

由于计算机各组成器件非常精密，如果有较多粉尘存在，就有可能堵塞计算机的各种接口，使计算机不能正常工作。防止粉尘应做到以下几点：

（1）不将计算机安置于粉尘高的环境中。类似于面粉厂、煤厂、纺织厂车间或附近区域均不宜安装。如确实需要安装，应做好防尘工作。

（2）进机房工作应换上较干净的鞋，防止将灰尘带入。机房地面应经常保持洁净，条件好的机房应铺设地板。

（3）在机房内进行教学时，不要使用玻璃黑板。应使用不会产生粉尘的写字水笔及写字板。

4. 电源

由于市电供应存在高峰期和低谷期，电压不稳定容易，对计算机电路和器件有时会造成损害。另外，如果突然停电，可能造成计算机内数据丢失，严重时还会造成计算机系统不能启动。所以，对计算机进行电源保护势在必行。正规机房应配备 UPS, 在规定时间内必须使用的计算机或具有重要用途的应配备可长期工作的 UPS，以保证计算机的正常运行。

5. 静电

静电有可能造成计算机芯片的烧毁，为防止静电对计算机的损害，可以在打开计算机机箱前用手接触自来水管、暖气管等可以放电的物体，除去身上的静电。另外在安放计算机时将机壳用导线接地，可以起到很好的效果。

6. 振动和噪音

计算机不能工作在震动和噪音很大的环境中，因为震动和噪音会造成计算机中器件的损坏，如造成硬盘的损坏或数据丢失。如果计算机与电话线连接，并且机箱未接地，在计算机开机时若使用电话可能会有噪音，机箱接地能够很好地解决这一问题。如果确实需要将计算机设置在震动和噪音大的环境中，应考虑安装防震/隔音设备。

9.1.2 主机安放

主机安放应当平稳，保留必要的工作空间。设置保存磁盘、光盘等常用备品备件的地方，使工作时方便。安放主机时要调整好显示器的高度，保持显示器上边缘与视线基本平行，太高或太低都容易使操作者产生疲劳感。

9.1.3 显示器维护

显示器表面带有大量静电，时间长后会吸附大量灰尘，影响显示器的使用。去除显示器表面灰尘，应当用软纸或软布轻轻擦试，如果灰尘难以清除，可用脱脂棉沾取少量水小心擦试。另外，长期使用的显示器机壳内会积攒大量灰尘，不清除会加速显示器的老化，清除方法同电视机除尘类似，注意不要碰坏电路元件，不能用酒精液，不能放在强磁场区。

9.1.4 键盘维护

对于计算机的键盘需有两个方面要注意。首先，在敲键时注意动作轻柔，强烈的敲击会减少键盘的寿命；其次，要注意键盘的清洁，特别是公用计算机，可以定期用微湿的布擦拭键的表面。

9.1.5 鼠标维护

鼠标分为光电鼠标和机械鼠标两种，两种鼠标都有各自的优点。一般来说，光电鼠标的寿命比较长，但机械鼠标结构简单，价格便宜。机械鼠标的内部有一个滚动小球，一般是由硬橡胶制成，由小球滚动带动鼠标内检测元件来控制光标在屏幕上的运动。机械鼠标使用时间长后，脏物会粘在检测轴上，使鼠标操作不灵活。可将鼠标底盖打开，取出小球用湿布擦干净；如果表面附着物较多可以用酒精擦，然后再把检测轴上附着的脏物清理干净。鼠标垫对于机械鼠标的正常使用很重要，太光滑和太粗糙都不利于鼠标的正常使用。光电鼠标的鼠标垫上有细小的栅格，是起定位作用的，光电鼠标没有鼠标垫或合适的桌面不能正常工作。

9.1.6 光驱维护

计算机的光驱易出问题，其故障率仅次于鼠标。其实如果维护的好，光驱可以正常使用多年，若使用不当或保养不当，有的光驱只能使用半年左右。光驱维护应注意以下几点：

（1）使用正版光盘。尽管有些盗版光盘（尤其是 VCD 盘）也能正常播映，但由于质量低劣，盘上光道有偏差，光驱读盘时频繁纠错，这样激光头控制元件容易老化，时间长后，光驱纠错能力大大下降，挑盘严重，影响其正常使用。

（2）避免长时间播放 VCD。连续播放 VCD 几个小时后，光驱的疲劳度大大增加，持续下去，将严重影响光驱寿命。

（3）定期用光驱清洗盘清洁光驱。每次使用光驱时，光盘都不可避免地带入一些灰尘，这些灰尘如果落到激光发射头上，就会造成光驱数据读取困难。而光驱清洁盘会将激光发射头上的灰尘扫落。如果灰尘积累较多，可将光驱打开，用吹耳球直接将激光发射头表面的灰尘吹落（注意不要用纸或布擦拭激光发射头表面）。对于严重污染的激光发射头，要用专用清洁剂清洗。切不可使用水、含水清洁剂、有机强溶剂（ 如酒精、乙醚等）清洗，否则会破坏激光发射头上的增透膜，降低光驱的读取能力。

9.1.7 打印机维护

1. 针式打印机

针式打印机容易发生故障的部位是打印头，由于使用不当容易发生断针现象，如果在使用中加以注意，那么这种情况就可以避免。使用针式打印机应注意以下几点：

（1）避免使用太软或太硬的纸。针式打印机只适用于普通硬度的纸，太软或太硬的纸容易造成断针。

（2）及时更换色带。如果色带到了该更换时不更换，那么色带被打穿后其破损的边缘就容易阻止针头的运动造成断针。

（3）打印机不用时要注意关闭电源，并防止灰尘进入，以延长打印机的使用寿命。

2. 喷墨打印机

喷墨打印机因其打印机效果好、噪音低而日益成为家用打印机的首选对象，在其日常使用中应注意以下事项。

（1）须确保打印机在一个稳固的水平面上工作，不要在打印机顶端放置任何物品。打印机在打印时必须关闭其前盖，以防止灰尘进入机内或其他坚硬的物品阻碍打印机小车的运动，引起不必要的故障。如果同时打开了两墨盒(一个黑色墨盒，一个彩色墨盒)应把其中一个墨盒放入随机所赠的墨盒匣里。

（2）禁止带电插拔打印电线，这样会损坏打印机的打印口以及 PC 的并行口。如果打印输出不太清晰，有条纹或其他缺陷，可用打印机的自动清洗功能清洗打印头，但需要消耗少量墨水。若连续清洗几次之后打印的效果仍不满意，这时可能墨水己用完，需要更换墨盒。

（3）确保使用环境的清洁。使用环境灰尘太多，容易导致字车导轴润滑不好，使打印头在打印过程中运动受阻，引起打印位置不准确或撞击机械框架造成死机。有时，这种死机因打印头未回到初始位置，在重新开机时，打印机会首先让打印头回到初始位置，接着将进行清洗打印头操作，所以造成墨水不必要的浪费。

解决这个问题的方法是经常将导轴上的灰尘擦掉，并对导轴进行润滑（选用流动性较好的润滑油，如缝纫机油）。

（4）墨盒未使用完时，最好不要取下，以免造成墨水浪费或打印机对墨水的计量失误。

（5）关机前，让打印头回到初始位置(打印机在暂停状态下，打印头自动回到初始位置)。有些打印机在关机前自动将打印头移到初始位置，有些打印机必须在关机确认处在暂停状态(即暂停灯或 PAUSE 灯亮)才可关机。这样做一是避免下次开机时打印机重新进行清洗打印头操作浪费墨水；二是因为打印头在初始位置可受到保护罩的密封，使喷头不易堵塞。

（6）部分打印机在初始位置处于机械锁定。此时如果用手移动打印头，将不能使之离开初始位置。注意不要强行用力移动打印头，否则将造成打印机机械部分的损坏。

9.1.8 光盘的保存与维护

光盘存储信息量大，保存时间长，但如果保存不当也容易损坏或造成可读性差。因此，光盘要存放在专用的光盘盒里，避免灰尘或脏物污染，避免硬物划伤。如果光盘在购买时是简装，那么为了长期保存，应另外配备光盘盒。

光盘一面印有盘名，另一面平整光亮。光盘分为三层，由正面到背面分别为透明衬底、数据层、保护层。许多人在保存光盘时往往只注意保护正面不被划伤，而忽视背面。实际上，光盘的背面也很重要。如果这一面层划伤或脱落，就会造成漏光，激光发射头发射的激光得不到反射会造成光盘不能正常使用，甚至会损坏光驱。

有些人为保护光盘，在光盘外包一层柔软的塑料袋，这样在短时间内的确会起到保护作用，但长时间后塑料老化，可能会和光盘粘在一起，在揭开塑料袋时有可能剥离保护层和数据层，造成光盘损伤。

9.2 软维护

计算机的维护除了硬件范围的维护外，平时对计算机所做的系统备份、数据备份、磁盘整理等也属于维护范畴，称为软维护。

9.2.1 系统备份

由于种种原因，计算机有时会造成系统崩溃。轻则重装操作系统，重则造成硬盘数据丢失。造成系统崩溃的原因有很多种，例如计算机病毒、硬盘局部损坏、系统重要文件丢失等。虽然这种情况并不经常发生，但是一旦发生，却会给计算机的操作者造成很大麻烦，如果计算机中存放了重要数据还有可能造成损失。这时候，如果你手中有一份系统的备份文件，那么你的麻烦和损失往往会减到最低限度。

有的人认为如果计算机正常操作一般不会出现问题，从而对系统备份不够重视，但是一旦发生问题就会有很大麻烦。为了防止万一，一定要做到有“备”无患。

系统备份包括备份 CMOS 参数、硬盘分区表、文件分配表、计算机启动文件、硬件驱动程序、操作系统设置文件（如 Windows 9.X 操作系统的 win.ini 文件和 system.ini 文件）以及其他与计算机启动相关的文件。在计算机发生故障启动失败或系统崩溃时，用这些文件对计算机的相应文件做恢复和覆盖，大多数情况下可以起到挽救系统或数据的效果。

WinRescue 及 rescue 等工具，是专门用于系统备份的软件，都很好用，可以备份大多数的系统文件，恢复也很方便，用法详见第七章。

当计算机系统或硬盘出现故障时，例如硬盘引导记录故障、CMOS 信息丢失、硬盘误格式化等，都可以利用 WinRescue 恢复盘中的数据。

9.2.2 数据备份

在计算机内总有一些重要的数据或文件，这些文件被误删除或丢失后，会造成很大麻烦。对这些文件的备份，也是计算机日常维护的一项基本内容。

这些文件在建立时，文件名要能反映文件的内容，这样在文件查找和使用时就会很方便。有人喜欢用汉字做文件名，这样做有好处也有坏处。好处是文件的查询很方便，坏处是文件的复制比较麻烦，在 DOS 操作系统下，要检索文件或复制文件必须加载汉字系统。

这些文件的备份可以放在硬盘上。如专门在硬盘上建立一个很小的分区，然后分门别类地存放各种文件，这种方法对与保存数据文件很有效。还可以按照时间的次序存放文件，将某段时间内做的文件存放在一个子目录下，这样查找也很方便。另外，重要文件要备份在软盘上、U 盘或者移动硬盘上，比较重要并且容量大的文件也可以考虑光盘刻录备份。

1. 用压缩软件将文件压缩备份

文件的备份可以使用拷贝的方法，按照上面所讲的直接备份，也可以用压缩软件将文件压缩后再进行备份。文件压缩后备份的好处有以下几点：

（1）可以节约磁盘空间。使用不同的压缩软件压缩不同类型的文件有不同的压缩比。一般来说，压缩软件不同引起的压缩比差异较小，而软件类型的不同对压缩比的影响较大。压缩程度由大到小的顺序为图形文件（JPG 格式除外）、文本文件、可执行文件。文件经压缩后备份，所占空间小了许多，在有限的磁盘空间内可以备份更多的文件。

（2）可以方便较大的文件备份。在软盘上备份大型文件是比较费劲的，因为一张软盘不能容纳整个文件。使用压缩软件中的分卷压缩功能可以方便地解决这一问题，将较大的文件分别备份为若干 1.44MB 的文件。

（3）可以连同文件的路径一同备份。有时需要备份的文件较多，且路径设置复杂，备份起来困难较大。使用压缩软件的连子目录备份功能可以方便地备份。

压缩软件有很多种，在 DOS 环境下常用的有 ARJ、PK 等，在 WINDOWS 环境下常用的有 WINZIP、WINRAR 等。有关这几个软件的使用方法参阅前面章节的介绍。

2 用系统专用备份软件进行文件备份

目前在 Windows 下有专门用来备份文件的工具,利用这些工具也可以进行文件的备份。

9.2.3 扫描硬盘

由于硬盘上的文件是以链表的形式存放的，若其中的一个文件块发生了错误，丢失了连接下一个文件块的簇号，则这个文件将不能使用。此外，失去连接的文件块仍要占据硬盘空间。一些工具软件可以找出这些丢失的簇并试图将它们连接起来。若工具软件不能把丢失的簇恢复成一个文件就自动把它们恢复成几个。按文件类型，用户可查看是否有用。无用的文件即可删除，释放其占用的磁盘空间。

9.2.4 防止病毒

防范计算机系统的防毒在今天看来尤其重要，做好防毒应注意以下几点：

- 宣传教育；
- 规范计算机系统管理制度；
- 减少计算机的交叉使用；
- 进行软件备份；
- 安装防毒软件，并经常升级；
- 不要随意使用外来的软盘或光盘；
- 不要随意访问不知名的站点；
- 不要打开可疑的电子邮件。

在病毒防不胜防的今天，计算机很容易中毒，一旦中毒后，我们可以用两种方法防治：

（1）人工方法。

人工方法难度较大、技术复杂，如对被感染的软件进行杀毒后重新安装、重新启动计算机。

（2）软件方法。

软件方法是比较常用的方法，操作简单，目前常用的有江民杀毒、瑞星、金山毒霸等。随着计算机的发展，病毒也在不断地变换形式，为了减少不必要的麻烦和损失，给计算机安装防火墙可有效降低计算机感染病毒的概率。

附录 1 PC 机的系统资源

1. IRQ

级别		功能 1	功能 2
NMI		奇偶校验/IO 通道检查	
8259A-1	8259A-2		
IRQ 0		定时器通道 0	
IRQ 1		键盘缓冲器满	
IRQ 2		8259A-2 级联	
	IRQ 8	实时时钟	
	IRQ 9	保留	
	IRQ 10	保留	MPEG 卡*
	IRQ 11	保留	
	IRQ 12	保留	
	IRQ 13	协处理器	
	IRQ 14	IDE 1	
	IRQ 15	IDE 2	
IRQ 3		COM 2 或 COM 4	
IRQ 4		COM 1 或 COM 3	
IRQ 5		LPT 2	声卡*
IRQ 6		FDC	
IRQ 7		LPT 1	

注：1.8259A-1 为第一片中断控制器芯片；8259A-2 为第二片。

2.COM 1/COM 3 使用一个中断，若要同时使用 COM 1 和 COM 3，则只能有一个工作在中断方式，另一个只能工作在查询方式；但查询方式的软件要自编，系统一般不提供。COM 2/COM 4 相同。

3. 功能 1 所列为系统只能使用该值，下同；“*”标记为系统约定值，下同。

2. DMA

DMA-1（8 位）	DMA-2（16 位）	功能 1	功能 2
DMA 0		保留	
DMA 1		同步串行通讯	声卡*
DMA 2		FDC	
DMA 3		保留	
	DMA 4	级联	
	DMA 5	保留	
	DMA 6	保留	
	DMA 7	保留	MPEG 卡*

注：DMA-1 为第一片 8237A-5 芯片（8 位数据传送）；DMA-2 为第二片 8237A-5 芯片（16 位数据传送）。

3. I/O

范围(hex)	设备 1	设备 2
000-01F	DMA 控制器-1	
020-03F	中断控制器-1	
040-05F	定时器	
060--6F	键盘	
070--7F	实时时钟，NMI	
080-09F	DMA 页面寄存器	
0A0-0BF	中断控制器-2	
0C0-0DF	DMA 控制器-2	
0F0-0FF	协处理器	
170-177	IDE2	
1F0-1F8	IDE1	
200-207	GAME I/O	
220-233	保留	声卡 *
278-27A	LPT 2	
2C0-	保留	MPEG 卡 *
2E0-2E7	COM 4	
2E8-2EF	COM 3	

续表

范围(hex)	设备 1	设备 2
2F8-2FF	COM 2	
300-31F	实验卡	网卡*
330-331		MPU-401 *
340-34F	SCSI 1 *	
378-37A	LPT 1	
380-38F	SDLC2 *	
388-38B		FM 合成器 *
3A0-3AF	SDLC1	
3B0-3BF	MDA 单显/打印端口	
3C0-3CF	EGA/VGA	
3D0-3DF	CGA 彩显	
3F0-3F7	FDC	
3F8-3FF	COM 1	

注：PC AT 机只对 16 位 I/O 端口的低 10 位译码，范围是：0000H-03FFH。

附录 2 DOS 基本命令

命令名	命令种类	作用	示例
APPEND	外部命令	应用程序在当前目录下找不到的文件,利用此目录到其它目录寻找	APPENDC:\TTF
ATTRIB	外部命令	显示及修改文件属性	ATTRIB +R TT.EXE
CHCP	内部命令	为 DOS 选择字符组(内码页)	CHCP 850
CHDIR(CD)	内部命令	指定或改变磁盘的当前目录	CD CAI
CHKDSK	外部命令	检查修复指定磁盘目录文件及分配表	CHKDSK A:/F
CLS	内部命令	将当前的屏幕清除干净	CLS
COMMAND	外部命令	调用第二层次的命令处理程序	COMMAND
COPY	内部命令	复制文件	COPY A:. C:
CTTY	内部命令	改变输入输出控制台	CTTY AUX
DATE	内部命令	显示或设置系统日期	DATE 10-27-97
DEBUG	外部命令	调试可执行文件	DEBUG
DEL(ERASE)	内部命令	删除文件	DEL C:*.TXT
DELTREE	外部命令	删除指定目录及其下所有文件	DELTREE C:\TEST
DIR	内部命令	显示文件或目录信息	DIR *.BAK /P
DISKCOMP	外部命令	比较两张磁盘内容是否完全一致	DISKCOMP A: A:
DISKCOPY	外部命令	复制磁盘	DISKCOPY A: A:
DOSKEY	外部命令	重新调用 DOS 命令,编辑命令行,建立宏	DOSKEY/DMASC>A.BAT
DOSSHELL	外部命令	启动 SHELL	DOSSHELL/G
EDIT	外部命令	启动 MS-DOS Editor 文字编辑程序	EDIT C:\CC.BAT
EDLIN	外部命令	启动 EDLIN 文字编辑程序	EDLIN C:\CC.BAT
EMM386	外部命令	赋于或解除扩充内存支持	EMM386 ON
EXE2BIN	外部命令	将.EXE 文件转换为.COM 或.BIN 文件	EXE2BIN A.EXE
EXIT	内部命令	退出 COMMAND.COM,回到上层 COMMAND	EXIT
EXPAND	外部命令	解除压缩文件	EXPAND A.EX_ A.EXE
FASTHELP	外部命令	显示所有命令名称及简短说明	FASTHELP

续表

命令名	命令种类	作用	示例
FC	外部命令	比较两文件,显示差异	FC/A A.TXT B.TXT
FDISK	外部命令	在硬盘上建立、删除及显示分区	FDISK
FIND	外部命令	在指定文件中寻找特定字符串	FIND "H" CC.DAT
FORMAT	外部命令	格式化磁盘	FORMAT A:/S
GRAFTABL	外部命令	将彩色/图形符号数据表载入内存	GRAFTABL 860
GRAPHICS	外部命令	将屏幕上的图形打印到打印机上	GRAPHICS COLOR8 /B
HELP	外部命令	提供所有命令的联机帮助	HELP SYS
JOIN	外部命令	将一磁盘联接入另一磁盘的目录中	JOIN A: C:\TTC
KEYB	外部命令	将一个控制键盘的程序载入内存	KEYB
LABEL	外部命令	设置,变更及删除磁盘卷标	LABEL A:\ABC
LOADFIX	外部命令	确认一程序被装入内存前 64K 并执行	LOADFIX C:S.EXE/C
LOADHIGH	内部命令	将程序装入高位内存中	LOADHIGH /L S.EXE
MEM	外部命令	显示内存使用情况	MEM/C/P
MIRROR	外部命令	建立一个或多个磁盘信息	MIRROR
MKDIR(MD)	内部命令	建立子目录	MD C:\CCD
MODE	外部命令	设置打印机,屏幕的操作方式	MODE LPT1
MORE	外部命令	数据在屏幕上分屏显示	TREE|MORE
MOVE	外部命令	文件转移,更改目录名	MOVE C:\F1 C:\F2
NLSFUNC	外部命令	提供 CHCP 用到的 COUNTRY.SYS 文件所在	NLSFUNC
PATH	内部命令	设置文件查找路径	PATH C:\DOS
POWER	外部命令	节省电源消耗	POWER
PRINT	外部命令	将数据文件从打印机输出	PRINT C:\CC.TXT
PROMPT	内部命令	设置或修改当前系统提示符	PROMPT PG
QBASIC	外部命令	启动 DOS-QBASIC 编译程序	QBASIC
REN	内部命令	更改文件名	REN C.EXE D.EXE
REPLACE	外部命令	从源盘选择文件替换目标盘上同名文件	REPLACE A:\S.* C:
RMDIR(RD)	内部命令	删除子目录	RD C:\TTC

续表

SET	内部命令	设置环境变量	SET SUB1
SETVER	外部命令	设置可执行文件使用的 MS-DOS 版本	SETVER CC.EXE 3.30
SHARE	外部命令	装入文件共享支持命令	SHARE
SORT	外部命令	将数据排序后输出到标准输出设备中	DIR|SORT
SUBST	外部命令	将一个子目录当做一个磁盘来用	SUBST E: C:\DOC
SYS	外部命令	向指定磁盘传输启动文件	SYS A:
TIME	内部命令	显示设置系统内部时间	TIME 20:55:45P
TREE	外部命令	显示磁盘中树状目录结构	TREE C:\ /F
TYPE	内部命令	显示指定文件内容	TYPE CC.TXT
UNDELETE	外部命令	恢复被删除文件	UNDELETE *.*
UNFORMAT	外部命令	恢复被格式化的磁盘	UNFORMAT A:
VER	内部命令	查看当前 DOS 版本	VER
VERIFY	内部命令	校验存储在磁盘上的数据是否正确记录	VERIFY OFF
XCOPY	外部命令	连子目录一同复制文件	XCOPY A:\TT C:\TT\
XCOPY	外部命令	连子目录一同复制文件	XCOPY A:\TT C:\TT\

附录 3　部分 CPU 特性一览

本书所提供的一些 CPU 的部分特性仅供读者参考，如果读者在计算机组装实践中所用 CPU 与本书中所列特性不同，则应以 CPU 表面所标数据为准。

部分 Intel CPU 特性一览表

CPU 型号	主频	前端总线	结构	二级缓存	L3	接口类型
Intel Core 2 Extreme QX6850	3 GHz	1333 MHz	65 nanometer	8M	N/A	LGA775
Intel Core 2 Extreme QX6800	2.93 GHz	1066 MHz	65 nanometer	8M	N/A	LGA775
Intel Core 2 Extreme QX6700	2.66 GHz	1066 MHz	65 nanometer	8M	N/A	LGA775
Intel Core 2 Extreme X6800	2.93 GHz	1066 MHz	65 nanometer	4M	N/A	LGA775
Intel Core 2 Quad Q6700	2.66 GHz	1066 MHz	65 nanometer	8M	N/A	LGA775
Intel Core 2 Quad Q6600	2.40 GHz	1066 MHz	65 nanometer	8M	N/A	LGA775
Intel Core 2 Duo E6850	3 GHz	1333 MHz	65 nanometer	4M	N/A	LGA775
Intel Core 2 Duo E6750	2.66 GHz	1333 MHz	65 nanometer	4M	N/A	LGA775
Intel Core 2 Duo E6700	2.66 GHz	1066 MHz	65 nanometer	4M	N/A	LGA775
Intel Core 2 Duo E6600	2.40 GHz	1066 MHz	65 nanometer	4M	N/A	LGA775
Intel Core 2 Duo E6550	2.33 GHz	1333 MHz	65 nanometer	4M	N/A	LGA775
Intel Core 2 Duo E6540	2.33 GHz	1333 MHz	65 nanometer	4M	N/A	LGA775
Intel Core 2 Duo E6420	2.13 GHz	1066 MHz	65 nanometer	4M	N/A	LGA775
Intel Core 2 Duo E6400	2.13 GHz	1066 MHz	65 nanometer	2M	N/A	LGA775
Intel Core 2 Duo E6320	1.86 GHz	1066 MHz	65 nanometer	4M	N/A	LGA775
Intel Core 2 Duo E6300	1.86 GHz	1066 MHz	65 nanometer	2M	N/A	LGA775
Intel Core 2 Duo E4500	2.20 GHz	800 MHz	65 nanometer	2M	N/A	LGA775
Intel Core 2 Duo E4400	2 GHz	800 MHz	65 nanometer	2M	N/A	LGA775
Intel Core 2 Duo E4300	1.80 GHz	800 MHz	65 nanometer	2M	N/A	LGA775
Pentium Extreme Edition 965	3.73 GHz	1066 MHz	65 nanometer	2×2M	N/A	LGA775
Pentium Extreme Edition 955	3.46 GHz	1066 MHz	65 nanometer	2×2M	N/A	LGA775
Pentium Extreme Edition 840	3.20 GHz	800 MHz	90 nanometer	2×1M	N/A	LGA775
Pentium Dual-Core E2160	1.80 GHz	800 MHz	65 nanometer	1 MB	N/A	LGA775
Pentium Dual-Core E2140	1.60 GHz	800 MHz	65 nanometer	1 MB	N/A	LGA775

续表

CPU 型号	主频	前端总线	结构	二级缓存	L3	接口类型
Intel Pentium D 960	3.60 GHz	800 MHz	65 nanometer	2×2M	N/A	LGA775
Intel Pentium D 950	3.40 GHz	800 MHz	65 nanometer	2×2M	N/A	LGA775
Intel Pentium D 945	3.40 GHz	800 MHz	65 nanometer	2×2M	N/A	LGA775
Intel Pentium D 940	3.20 GHz	800 MHz	65 nanometer	2×2M	N/A	LGA775
Intel Pentium D 935	3.20 GHz	800 MHz	65 nanometer	2×2M	N/A	LGA775
Intel Pentium D 930	3 GHz	800 MHz	65 nanometer	2×2M	N/A	LGA775
Intel Pentium D 920	2.80 GHz	800 MHz	65 nanometer	2×2M	N/A	LGA775
Intel Pentium D 915	2.80 GHz	800 MHz	65 nanometer	2×2M	N/A	LGA775
Intel Pentium D 840	3.20 GHz	800 MHz	90 nanometer	2×1M	N/A	LGA775
Intel Pentium D 830	3 GHz	800 MHz	90 nanometer	2×1M	N/A	LGA775
Intel Pentium D 820	2.80 GHz	800 MHz	90 nanometer	2×1M	N/A	LGA775
Intel Pentium D 805	2.66 GHz	533 MHz	90 nanometer	2×1M	N/A	LGA775
Pentium 4 Extreme Edition supporting HT	3.73 GHz	1066 MHz	90 nanometer	2M	N/A	LGA775
Pentium 4 Extreme Edition supporting HT	3.46 GHz	1066 MHz	0.13 micron	512 KB	2 M	LGA775
Pentium 4 Extreme Edition supporting HT	3.40 GHz	800 MHz	0.13 micron	512 KB	2 M	LGA775
Pentium 4 Extreme Edition supporting HT	3.40 GHz	800 MHz	0.13 micron	512 KB	2 M	SOCKET
Pentium 4 Extreme Edition supporting HT	3.20 GHz	800 MHz	0.13 micron	2M	N/A	SOCKET
Pentium 4 672 supporting HT	3.80 GHz	800 MHz	90 nanometer	2M	N/A	LGA775
Pentium 4 670 supporting HT	3.80 GHz	800 MHz	90 nanometer	2M	N/A	LGA775
Pentium 4 662 supporting HT	3.60 GHz	800 MHz	90 nanometer	2M	N/A	LGA775
Pentium 4 661 Supporting HT	3.60 GHz	800 MHz	65 nanometer	2M	N/A	LGA775
Pentium 4 660 supporting HT	3.60 GHz	800 MHz	90 nanometer	2M	N/A	LGA775
Pentium 4 651 Supporting HT	3.40 GHz	800 MHz	65 nanometer	2M	N/A	LGA775
Pentium 4 650 supporting HT	3.40 GHz	800 MHz	90 nanometer	2M	N/A	LGA775

续表

CPU 型号	主频	前端总线	结构	二级缓存	L3	接口类型
Pentium 4 641 Supporting HT	3.20 GHz	800 MHz	65 nanometer	2M	N/A	LGA775
Pentium 4 640 supporting HT	3.20 GHz	800 MHz	90 nanometer	2M	N/A	LGA775
Pentium 4 631 Supporting HT	3 GHz	800 MHz	65 nanometer	2M	N/A	LGA775
Pentium 4 630 supporting HT	3 GHz	800 MHz	90 nanometer	2M	N/A	LGA775
Pentium 4 571 Supporting HT	3.80 GHz	800 MHz	90 nanometer	1M	N/A	LGA775
Pentium 4 570J Supporting HT	3.80 GHz	800 MHz	90 nanometer	1M	N/A	LGA775
Pentium 4 561 Supporting HT	3.60 GHz	800 MHz	90 nanometer	1M	N/A	LGA775
Pentium 4 560 Supporting HT	3.60 GHz	800 MHz	90 nanometer	1M	N/A	LGA775
Pentium 4 551 Supporting HT	3.40 GHz	800 MHz	90 nanometer	1M	N/A	LGA775
Pentium 4 550 Supporting HT	3.40 GHz	800 MHz	90 nanometer	1M	N/A	LGA775
Pentium 4 541 Supporting HT	3.20 GHz	800 MHz	90 nanometer	1M	N/A	LGA775
Pentium 4 540 Supporting HT	3.20 GHz	800 MHz	90 nanometer	1M	N/A	LGA775
Pentium 4 531 Supporting HT	3 GHz	800 MHz	90 nanometer	1M	N/A	LGA775
Pentium 4 530 Supporting HT	3 GHz	800 MHz	90 nanometer	1M	N/A	LGA775
Pentium 4 524 Supporting HT	3.06 GHz	533 MHz	90 nanometer	1M	N/A	LGA775
Pentium 4 521 Supporting HT	2.80 GHz	800 MHz	90 nanometer	1M	N/A	LGA775
Pentium 4 520 Supporting HT	2.80 GHz	800 MHz	90 nanometer	1M	N/A	LGA775
Pentium 4 Supporting HT	3.40E GHz	800 MHz	90 nanometer	1M	N/A	mPGA 478
Pentium 4 Supporting HT	3.20E GHz	800 MHz	90 nanometer	1M	N/A	mPGA 478
Pentium 4 Supporting HT	3E GHz	800 MHz	90 nanometer	1M	N/A	mPGA 478
Pentium 4 Supporting HT	2.80E GHz	800 MHz	90 nanometer	1M	N/A	mPGA 478
Pentium 4 Supporting HT	3.40 GHz	800 MHz	0.13 micron	512 KB	N/A	mPGA 478
Pentium 4 Supporting HT	3.20 GHz	800 MHz	0.13 micron	512 KB	N/A	mPGA 478
Pentium 4 Supporting HT	3 GHz	800 MHz	0.13 micron	512 KB	N/A	mPGA 478
Pentium 4 Supporting HT	2.80C GHz	800 MHz	0.13 micron	512 KB	N/A	mPGA 478
Pentium 4 Supporting HT	2.60C GHz	800 MHz	0.13 micron	512 KB	N/A	mPGA 478
Pentium 4 Supporting HT	2.40C GHz	800 MHz	0.13 micron	512 KB	N/A	mPGA 478
Pentium 4	2.80A GHz	533 MHz	90 nanometer	1M	N/A	mPGA 478

续表

CPU 型号	主频	前端总线	结构	二级缓存	L3	接口类型
Pentium 4	2.40A GHz	533 MHz	90 nanometer	1M	N/A	mPGA 478
Pentium 4	3.06 GHz	533 MHz	0.13 micron	512 KB	N/A	mPGA 478
Pentium 4	2.80 GHz	533 MHz	0.13 micron	512 KB	N/A	mPGA 478
Pentium 4	2.66 GHz	533 MHz	0.13 micron	512 KB	N/A	mPGA 478
Pentium 4	2.53 GHz	533 MHz	0.13 micron	512 KB	N/A	mPGA 478
Pentium 4	2.40B GHz	533 MHz	0.13 micron	512 KB	N/A	mPGA 478
Pentium 4	2.26 GHz	533 MHz	0.13 micron	512 KB	N/A	mPGA 478
Pentium 4	1.80 GHz	400 MHz	0.13 micron	512 KB	N/A	mPGA 478
Pentium 4	2.60 GHz	400 MHz	0.13 micron	512 KB	N/A	mPGA 478
Pentium 4	2.50 GHz	400 MHz	0.18 micron	512 KB	N/A	mPGA 478
Pentium 4	2.40 GHz	400 MHz	0.18 micron	512 KB	N/A	mPGA 478
Pentium 4	2.20 GHz	400 MHz	0.18 micron	512 KB	N/A	mPGA 478
Pentium 4	2 GHz	400 MHz	0.18 micron	256 KB	N/A	mPGA 478
Pentium 4	2 GHz	400 MHz	0.18 micron	512 KB	N/A	mPGA 478
Pentium 4	1.90 GHz	400 MHz	0.18 micron	256 KB	N/A	mPGA 478
Pentium 4	1.80 GHz	400 MHz	0.18 micron	256 KB	N/A	mPGA 478
Pentium 4	1.80 GHz	400 MHz	0.18 micron	256 KB	N/A	mPGA 478
Pentium 4	1.70 GHz	400 MHz	0.18 micron	256 KB	N/A	mPGA 478
Pentium 4	1.70 GHz	400 MHz	0.18 micron	256 KB	N/A	SOCKET423
Pentium 4	1.60 GHz	400 MHz	0.18 micron	256 KB	N/A	mPGA 478
Pentium 4	1.50 GHz	400 MHz	0.18 micron	256 KB	N/A	mPGA 478
Intel® Celeron® D 365	3.60 GHz	533 MHz	65 nanometer	512 KB	N/A	LGA775
Intel® Celeron® D 360	3.46 GHz	533 MHz	65 nanometer	512 KB	N/A	LGA775
Intel® Celeron® D 356	3.33 GHz	533 MHz	65 nanometer	512 KB	N/A	LGA775
Intel® Celeron® D 355	3.33 GHz	533 MHz	90 nanometer	256 KB	N/A	LGA775

续表

CPU 型号	主频	前端总线	结构	二级缓存	L3	接口类型
Intel® Celeron® D 352	3.20 GHz	533 MHz	65 nanometer	512 KB	N/A	LGA775
Intel® Celeron® D 351	3.20 GHz	533 MHz	90 nanometer	256 KB	N/A	LGA775
Intel® Celeron® D 350	3.20 GHz	533 MHz	90 nanometer	256 KB	N/A	mPGA 478
Intel® Celeron® D 347	3.06 GHz	533 MHz	65 nanometer	512 KB	N/A	LGA775
Intel® Celeron® D 346	3.06 GHz	533 MHz	90 nanometer	256 KB	N/A	LGA775
Intel® Celeron® D 345J	3.06 GHz	533 MHz	90 nanometer	256 KB	N/A	LGA775
Intel® Celeron® D 345	3.06 GHz	533 MHz	90 nanometer	256 KB	N/A	mPGA 478
Intel® Celeron® D 341	2.93 GHz	533 MHz	90 nanometer	256 KB	N/A	LGA775
Intel® Celeron® D 340J	2.93 GHz	533 MHz	90 nanometer	256 KB	N/A	LGA775
Intel® Celeron® D 340	2.93 GHz	533 MHz	90 nanometer	256 KB	N/A	mPGA 478
Intel® Celeron® D 336	2.80 GHz	533 MHz	90 nanometer	256 KB	N/A	LGA775
Intel® Celeron® D 335J	2.80 GHz	533 MHz	90 nanometer	256 KB	N/A	LGA775
Intel® Celeron® D 335	2.80 GHz	533 MHz	90 nanometer	256 KB	N/A	mPGA 478
Intel® Celeron® D 331	2.66 GHz	533 MHz	90 nanometer	256 KB	N/A	LGA775
Intel® Celeron® D 330J	2.66 GHz	533 MHz	90 nanometer	256 KB	N/A	LGA775
Intel® Celeron® D 330	2.66 GHz	533 MHz	90 nanometer	256 KB	N/A	mPGA 478
Intel® Celeron® D 326	2.53 GHz	533 MHz	90 nanometer	256 KB	N/A	LGA775
Intel® Celeron® D 325J	2.53 GHz	533 MHz	90 nanometer	256 KB	N/A	LGA775
Intel® Celeron® D 325	2.53 GHz	533 MHz	90 nanometer	256 KB	N/A	mPGA 478
Intel® Celeron® D 320	2.40 GHz	533 MHz	90 nanometer	256 KB	N/A	mPGA 478
Intel® Celeron® D 315	2.26 GHz	533 MHz	90 nanometer	256 KB	N/A	mPGA 478
Intel® Celeron® D 310	2.13 GHz	533 MHz	90 nanometer	256 KB	N/A	mPGA 478
Intel® Celeron® 440	2 GHz	800 MHz	65 nanometer	512 KB	N/A	LGA775
Intel® Celeron® 430	1.80 GHz	800 MHz	65 nanometer	512 KB	N/A	LGA775
Intel® Celeron® 420	1.60 GHz	800 MHz	65 nanometer	512 KB	N/A	LGA775

部分 AMD CPU 特性一览表

CPU 型号	主频(GHz)	前端总线	外频	二级缓存容量	接口类型
AMD Athlon 64 X2 6400+ AM2	3.2	1000MHz	200MHz	1MB×2	Socket AM2
AMD Athlon 64 X2 6000+ AM2	3	1000MHz	200MHz	1MB×2	Socket AM2
AMD Athlon 64 X2 5600+ AM2	2.8	1000MHz	200MHz	1MB×2	Socket AM2
AMD Athlon 64 X2 5200+ AM2	2.6	1000MHz	200MHz	1MB×2	Socket AM2
AMD Athlon 64 X2 5000+ AM2	2.6	1000MHz	200MHz	512KB×2	Socket AM2
AMD Athlon 64 X2 4800+ AM2	2.4	1000MHz	200MHz	1MB×2	Socket AM2
AMD Athlon 64 X2 4600+ AM2	2.4	1000MHz	200MHz	512KB×2	Socket AM2
AMD Athlon 64 X2 4400+ AM2	2.2	1000MHz	200MHz	1MB×2	Socket AM2
AMD Athlon 64 X2 4200+ AM2	2.2	1000MHz	200MHz	512KB×2	Socket AM2
AMD Athlon 64 X2 4000+ AM2	2.1	1000MHz	200MHz	512KB×2	Socket AM2
AMD Athlon 64 X2 4000+ AM2	2	1000MHz	200MHz	1MB×2	Socket AM2
AMD Athlon 64 X2 3800+ AM2	2	1000MHz	200MHz	512KB×2	Socket AM2
AMD Athlon 64 X2 3600+ AM2	1.9	1000MHz	200MHz	512KB×2	Socket AM2
AMD Athlon 64 FX-62 AM2	2.8	1000MHz	200MHz	1MB×2	Socket AM2
AMD Athlon 64 FX-57	2.8	1000MHz	200MHz	1MB	Socket 939
AMD Athlon 64 FX-55	2.6	1000MHz	200MHz	1MB	Socket 939
AMD Athlon 64 3800+ AM2	2.4	1000MHz	200MHz	512KB	Socket AM2
AMD Athlon 64 3500+ AM2	2.2	1000MHz	200MHz	512KB	Socket AM2
AMD Athlon 64 3200+ AM2	2	1000MHz	200MHz	512KB	Socket AM2
AMD Athlon 64 3000+ AM2	1.8	1000MHz	200MHz	512KB	Socket AM2
AMD Sempron 3600+ AM2	2	800MHz	200MHz	256KB	Socket AM2
AMD Sempron 3500+ AM2	2	800MHz	200MHz	128KB	Socket AM2
AMD Sempron 3400+ AM2	1.8	800MHz	200MHz	256KB	Socket AM2
AMD Sempron 3200+ AM2	1.8	800MHz	200MHz	128KB	Socket AM2
AMD Sempron 3000+ AM2	1.6	800MHz	200MHz	256KB	Socket AM2
AMD Sempron 3000+	1.8	800MHz	200MHz	128KB	Socket 754
AMD Sempron 2800+ AM2	1.6	800MHz	200MHz	128KB	Socket AM2

附录 4 POST 诊断报警表

1. AMI BIOS 自检报警含义

声响信号	错误类型	声响信号	错误类型
1 短	DMA 刷新失败	8 短	显示内存读/写测试失败
2 短	奇偶校验电路故障	9 短	ROM BIOS 求和校验失败
3 短	基本 640K RAM 故障	10 短	CMOS 掉电读/写失败
4 短	系统定时器故障	11 短	高速缓存（Cache）故障
5 短	处理器故障	1 长 3 短	内存错误
6 短	键盘控制器门电路 A20 故障	1 长 8 短	显示测试错误
7 短	虚拟模式例外错误		

2. Award BIOS 自检报警含义

声响信号	错误类型	声响信号	错误类型
1 短	系统正常启动	1 长 3 短	键盘控制器错误
2 短	常规错误，进入 BIOS SETUP	1 长 9 短	主板 Flash RAM 或 EPROM 错误
1 长 1 短	RAM 或主板出错	不断地响（长音）	内存插得不稳或损坏
1 长 2 短	显示错误（显示器或显示卡）		

3. POENIX BIOS 自检报警含义

声响信号	错误类型	声响信号	错误类型
1 短	系统启动正常	3 短 1 短 2 短	主 DMA 寄存器错误
1 短 1 短 1 短	系统加电初始化失败	3 短 1 短 3 短	主中断处理寄存器错误
1 短 1 短 2 短	主板错误	3 短 1 短 4 短	从中断处理寄存器错误
1 短 1 短 3 短	CMOS 或电池失效	3 短 2 短 4 短	键盘控制器错误
1 短 1 短 4 短	ROM BIOS 校验错误	3 短 1 短 3 短	主中断处理寄存器错误
1 短 2 短 1 短	系统时钟错误	3 短 4 短 2 短	显示错误
1 短 2 短 2 短	DMA 初始化失败	3 短 4 短 3 短	时钟错误
1 短 2 短 3 短	DMA 页寄存器错误	4 短 2 短 2 短	关机错误

续表

声响信号	错误类型	声响信号	错误类型
1 短 3 短 1 短	RAM 刷新错误	4 短 2 短 3 短	A20 门错误
1 短 3 短 2 短	基本内存错误	4 短 2 短 4 短	保护模式中断错误
1 短 3 短 3 短	基本内存错误	4 短 3 短 1 短	内存错误
1 短 4 短 1 短	基本内存地址线错误	4 短 3 短 3 短	时钟 2 错误
1 短 4 短 2 短	基本内存校验错误	4 短 3 短 4 短	时钟错误
1 短 4 短 3 短	EISA 时序器错误	4 短 4 短 1 短	串行口错误
1 短 4 短 4 短	EISA NMI 口错误	4 短 4 短 2 短	并行口错误
2 短 1 短 1 短	前 64K 基本内存错误	4 短 4 短 3 短	数字协处理器错误
3 短 1 短 1 短	DMA 寄存器错误		